2nd Edition

THE WORLD ATLAS OF COFFEE

START
STOP
HARIO

THE WORLD ATLAS OF
COFFEE

FROM BEANS TO BREWING – COFFEES EXPLORED, EXPLAINED AND ENJOYED

ビジュアル スペシャルティコーヒー大事典 2nd Edition

普及版

ジェームズ・ホフマン　著
丸山健太郎　日本語版監修

日経ナショナル ジオグラフィック

First published in Great Britain in 2018 by
Mitchell Beazley, an imprint of Octopus Publishing Group Ltd,
Carmelite House
50 Victoria Embankment
London EC4Y 0DZ

Revised edition 2018

Japanese translation arranged with Octopus Publishing Group Ltd., London
through Tuttle-Mori Agency, Inc., Tokyo

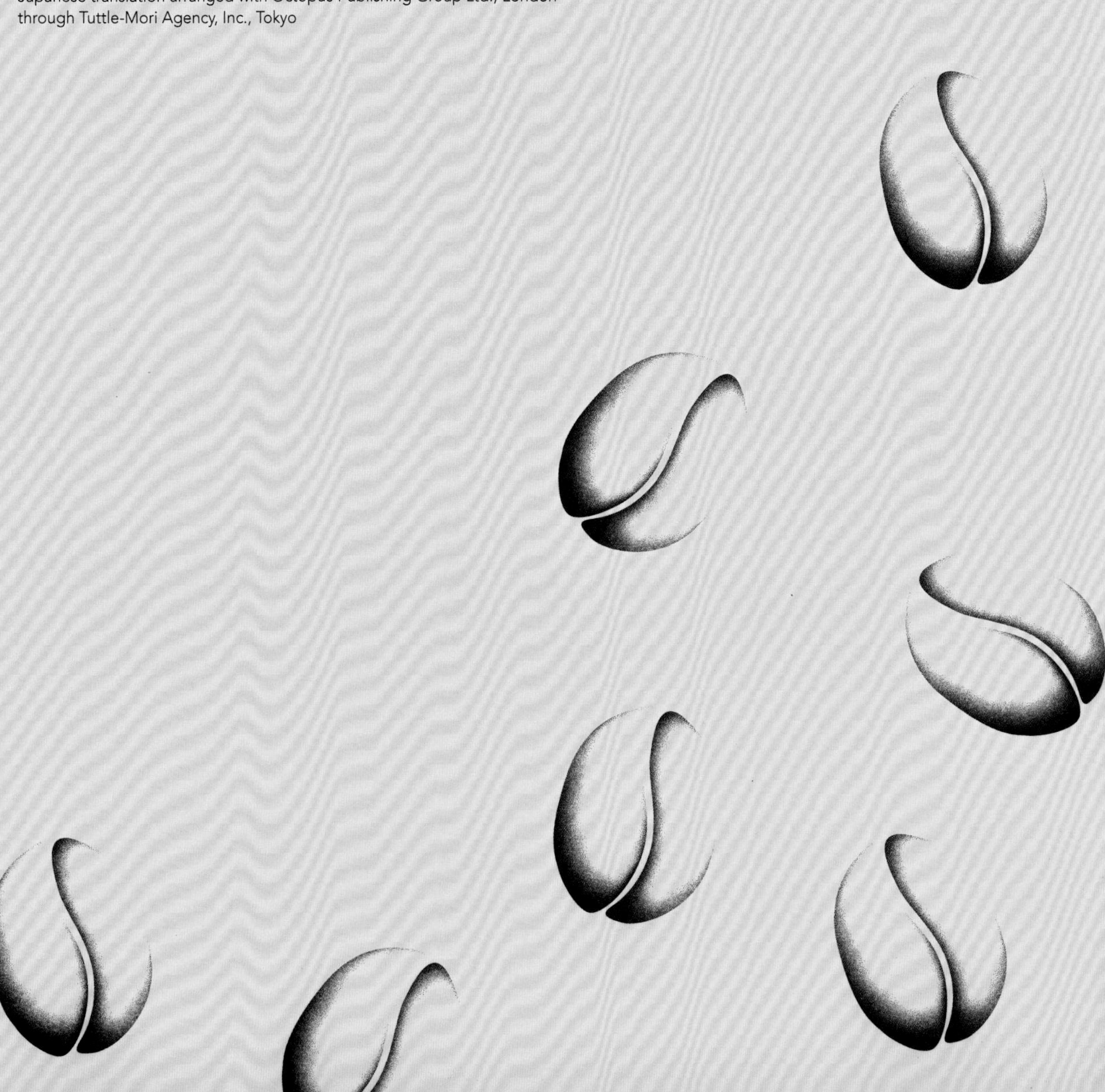

目次

本書は英Octopus Publishing Groupの書籍『THE WORLD ATLAS OF COFFEE』を翻訳して2015年に発行した『ビジュアル スペシャルティコーヒー大事典』を増補改訂した「2nd Edition」の仕様を変更したものです。内容については、原著者の見解に基づいています。

はじめに

「コーヒーが今ほどおいしい時代はない。生産者はコーヒーの栽培についてかつてないほどの知識をもち、多くの品種や、専門的な栽培技術を利用することができる。焙煎業者はこれまで、新鮮なコーヒー豆を使うことの大切さをあまり認識していなかったようだが、彼らの焙煎処理に対する理解も改善されつづけている。現在、極上のコーヒーを出すカフェが次々に登場し、最高の設備を整え、スタッフをしっかりと教育している」と、本書初版の「はじめに」の冒頭には、その頃のコーヒー事情が書かれてあるのだが、それは今でも変わっていない。

おいしいコーヒーの文化は今や世界中で花開いている。大都市にはカフェがたくさんあり、コーヒービジネスは盛況を極めている。おいしいコーヒーを飲んで良い気分になってもらおうと、熱い情熱をもち真剣に取り組んでいる経営者たちがいるのだ。

コーヒー産業は巨大になり、世界中に広がっている。今日では1億2500万人もの人々がコーヒー生産に関わる仕事で生計を立て、世界中どこでもコーヒーは飲まれている。コーヒーはたくさんの国の経済や文化の歴史に密接に関連しているが、いくらコーヒーが好きだといっても、そこまで掘り下げて知ろうとした人はあまりいなかった。だがそうだとしても、コーヒー好きというものは、産地がわかり履歴がしっかりと遡れるようなコーヒーを、熟練のスタッフに淹れてもらって飲みたいと思っているものなのだ。

コーヒー業界は、その特徴によってコモディティコーヒーとスペシャルティコーヒーの二つの分野に分けられる。本書で扱うのは、主にスペシャルティコーヒーだ。スペシャルティコーヒーを定義すると、高品質で味の良いもの。味を決める要素である産地はとりわけ重要だ。一方、コモディティーコーヒーは、とにかく「コーヒー」でさえあればよく、品質はさほど問われない。産地も、収穫時期も、精製方法も重視されていない。そして、たいていの人が考えるコーヒーとは、コモディティーコーヒーであることが多い。熱帯のどこかで栽培され、苦いこともあるが、効率よくカフェインを血中に取り入れて、朝の頭をすっきりさせるためのありふれた飲み物。味わうためにコーヒーを飲み、複雑な香りを心ゆくまで楽しむというような考えは、まだ各地の文化に浸透しているとは言えない。スペシャルティコーヒーとコモディティコーヒーの間には、生産や国際取引の面で異なる点がたくさんある。両者は、まったく違う商品なのである。

スペシャルティコーヒーという新しい世界にブームが来ていたとしても、なかなか一歩を踏み出せないという人もいるだろう。コーヒーに関する専門用語は一般の人には馴染みがない。ところが、カフェのスタッフは、自分たちが淹れたコーヒーの話をしたがるものだ。品種は何だとか、収穫後の精製工程はどんなだとか、生産に携わってきた人々のこととか。聞かされるほうは、つまらなく思ったり、押しつけがましく感じたりすることもある。本書では専門用語の説明のほかに、さまざまな種類のコーヒーに関する情報、また農家と協同組合の違いや興味深いあれこれについてわかりやすく解説する。

初めは、コーヒー豆の種類の多さや尽きることのない情報に、尻込みしてしまうかもしれない。しかし、ほんの少しでもわかるようになってくると、そこがまたコーヒーの魅力なのだと気づく。どうか本書があなたのお役に立ちますように。そして、コーヒーを1杯飲むごとに、少しでも幸せな気分になれますように。

19世紀のインドではコーヒーハウスが人気を博し、英国紳士が会話や商談をしたり、ニュースについて議論したり、うわさ話をしたりと、騒がしい社交の場となった。

第１章
コーヒーの世界へようこそ！

アラビカ種とロブスタ種

「コーヒー」といえば、ある特別な樹木の果実を指す場合が多い。アラビカコーヒーノキ（アラビカ種）である。コーヒーの大半がアラビカ種の果実で、南回帰線と北回帰線の間にある多くの国で栽培されている。コーヒーを産する樹木はアラビカ種のみでなく、今日までに130種近くが特定されている。しかし大量に栽培されているのは、アラビカ種とロブスタ種（ロブスタコーヒーノキ）のみである。

ロブスタ種という名称は実はブランド名で、種の特徴を強調するために使われている（学名は*Coffea canephora*、カネフォラ種とも呼ばれる）。19世紀後半、当時のベルギー領コンゴ（現コンゴ民主共和国）で発見されたロブスタ種は、商品としての潜在力が明らかだった。既存のアラビカ種よりも標高が低く、気温が高い土地でも実を付けることができ、病気にも強かったのだ。こうした性質と栽培が容易なことから、現在でもロブスタ種は低コストで大量生産されている。しかしながら、ロブスタ種には避けられない負の側面がある。味があまり良くないのだ。

非常に上手に生産されたロブスタ種ならば、質の悪いアラビカ種より味が上だという、もっともらしい議論がされることがあるだろうし、実際その主張は正しいかもしれない。しかしだからと言って、ロブスタ種が美味だとは誰も納得しないだろう。コーヒーの味を別のもので表現するのは概して難しいが、ロブスタ種のコーヒーをカップに注ぐと、木のようで、焦げたゴムのような味がすると言えるだろう。たいていが酸味に乏しく、コクと苦味が強い（P67参照）。

もちろんロブスタ種にも質の等級があり、高品質のロブスタ種を生産することは可能だ。長年にわたり、ロブスタ種はイタリアのエスプレッソコーヒー文化の必需品とされてきた。現在、世界中で生産されるロブスタ種の大半は、大規模工場で、最も低質なコーヒーであるインスタントコーヒーとなる運命にある。

インスタントコーヒー産業において、価格はフレーバー（味や香りの総合的な印象）よりはるかに重要である。そして、ファストフードとしてのコーヒーの需要が高いことは、ロブスタ種が世界の年間コーヒー生産量の約40%を占めることからもわかる。この割合は、コーヒーの価格や需要の変動によって多少変化する。例えば、世界のコーヒー価格が上昇すると、多国籍展開する巨大コーヒー企業は、アラビカ種の代わりにより安いコーヒーを求めざるを得なくなり、ロブスタ種の生産増大につながるかもしれない。興味深いことに、かつて焙煎（ばいせん）業者が業務用ブレンドに使っていたアラビカ種をロブスタ種で代用したところ、コーヒー消費量が減少してしまった。原因は、フレーバーの違いかもしれないし、ロブスタ種がアラビカ種の2倍のカフェインを含んでいるせいかもしれない。いずれにせよ、有名ブランドが質を落とすと、消費者は気づく。少なくとも、コーヒーを飲む習慣を変えてしまう。

コーヒーの遺伝的特徴

コーヒー産業は長年、ロブスタ種をアラビカ種の出来の悪い「兄弟」として扱っていた。しかし、遺伝子配列を解析したところ、この2種は「いとこ」でも「兄弟」でもないことがわかった。実はロブスタ種はアラビカ種の「親」だったのである。可能性が最も高いと考えられているシナリオは、「現在の南スーダン共和国に当たる地域のどこかで、ロブスタ種がユーゲニオイデスという野生種と交配し、アラビカ種が生まれた」というものだ。この新種が広がり、コーヒーの生まれ故郷と長く考えられてきたエチオピアで、急激に繁茂しはじめたのである。

右ページ：19世紀の薬用植物学の本に掲載されていた、アラビカ種の白い花と豆、葉。ジェームズ・ソワービーによる銅版画。

70.
Coffea arabica
Published by Phillips & Fardon, Feb.y 1st 1807.

現在、コーヒーノキ属に属する植物は129種確認され、その大半は英国ロンドンにあるキュー王立植物園の研究で明らかになった。コーヒーノキ属の大半が、木も豆も、私たちになじみのある「コーヒー」とは大いに異なっている。多くはマダガスカル原産だが、南アジアの一部の地域や、はるか南のオーストラリア産のものもある。現在、これらの種の商業利用は検討されていないが、コーヒー産業が抱えるある問題のために、科学者は大きな関心を示している。その問題とは、現在栽培されているコーヒー品種に、遺伝子の多様性が欠如していることである。

コーヒーが全世界に広がった経緯を見ると、この作物は共通祖先をもっていることがわかる。コーヒーノキという植物の遺伝構造には多様性がほとんどないため、全世界のコーヒー生産は大変なリスクにさらされている。たった1本の木を襲った病気が、すべての木に広がる可能性があるのだ。こういった事態をかつてワイン産業が経験した。1860年代〜1870年代に、ヨーロッパ全土に広がる数々のブドウ園が、ブドウネアブラムシにより壊滅的な被害に遭ったのである。

植物としてのコーヒーノキ

コーヒーノキ属のなかでも最も興味深いアラビカ種は、一見するとどの木も似ていて、細い幹が無数の枝を広げて、葉や果実を支えている。しかしよく見ると、木によって多くの違いがあることがわかる。その違いは、アラビカ種の品種によって決まる。品種が異なれば、果実の収穫量や色が異なるし、実の付き方も違う。果実が房になって実るものもあれば、枝に間隔を空けてぽつぽつと実るものもある。

葉も種類によって大きく異なる。しかし、いちばん重要なのは、種子からコーヒーが作られ、カップに注がれたときに生じる特徴の違いである。種類によってフレーバーの質も異なり、口当たりにも違いが出ることもある(P67参照)。重要なこととして常に念頭に置きたいのは、多くの生産者は栽培する品種を選ぶ際に、フレーバーを主要な判断材料にはしていないということだ。コーヒー栽培で生計を立てている人は、多くの場合、収穫量や病気への耐性を重視する。すべての生産者がこういった基準で品種を選んでいるわけではないが、品種の選択が収益性や生産者の収入に大きく影響することは、心に留めておくべきである。

種子から木が育つまで

名のあるコーヒー農園の大半には苗床があり、そこで苗木を育ててから農園に植える。コーヒーの種子はまず肥沃な土に植えられ、すぐに発芽する。発芽すると種子が土から出てくるが、その様子は「ソルジャーズ（兵士たち）」と呼

左：オーストラリア、クイーンズランド州にあるコーヒー農園。129種あるコーヒーノキ属の大半はマダガスカル原産だが、いまや世界中の農園で栽培されるグローバルな作物だ。

ばれる。焙煎された豆が緑の細い茎のてっぺんにくっついているような、奇妙な姿だ。この後すぐに、種子から子葉が出てくる。コーヒーノキは生育が速く、6〜12カ月後には苗床から農園に移植することが可能である。

コーヒー栽培は、費用はもちろん、時間も要する。コーヒー農園主は、新たに植えた木がしっかりと果実を実らせ

害虫と病気

コーヒーの木は、さまざまな害虫や病気の影響を受けやすい。最もよく見られるのは、サビ病とコーヒーノミキクイムシの 2 つである。

サビ病

多くの国で「ロヤ」と呼ばれているコーヒーサビ病菌 (*Hemileia vastatrix*) は、葉にオレンジ色の斑点ができるサビ病の原因だ。サビ病にかかると木は光合成ができなくなり、やがて葉が落ち、遂には枯れてしまう。サビ病が最初に記録されたのは 1861 年、東アフリカにおいてだが、研究されるようになったのは、1869 年にスリランカで感染が始まり、その後 10 年にわたってコーヒー農園に壊滅的な打撃を与えてからである。1970 年には、ブラジルにも広がった。おそらくアフリカで船積みされたカカオの種がもたらしたものと考えられていて、すぐに中米に広がった。

サビ病は世界のコーヒー産出国すべてで確認され、気候変動による気温の上昇により、事態はますます悪化している。2013 年、いくつかの中米諸国は、サビ病による被害のために非常事態を宣言した。

コーヒーノミキクイムシ

コーヒーノミキクイムシは、「ブローカ」という名で広く知られる小さな甲虫である。コーヒーチェリーの中に産卵し、卵からかえった幼虫はチェリーを食べるため、収穫量や品質が低下する。この甲虫はアフリカ原産だが、いまや世界中でコーヒーに最も被害を与える害虫となっている。化学殺虫剤やワナ、生物学的コントロールなど、被害を防ぐさまざまな方法が研究されている。

左上：「ソルジャーズ（兵士たち）」と呼ばれる発芽直後のコーヒー。コーヒー栽培の第一歩だ。

左中：間もなく「ソルジャーズ」から子葉が出てくる。

左：6〜12 カ月で苗木が十分に育ったら、苗床から農園に移植できるようになる。

上：コーヒーノキは年に１回もしくは２回、長い雨期の後、強い匂いの花を咲かせる。アラビカ種は自家受粉できるので、木が１本しかなくても、花が咲けば必ず果実が実る。

るまで、3年は待たなければならない。コーヒー栽培を始めると決断するのは、容易なことではない。だからこそ、いったん生産者がコーヒー栽培を断念してしまえば、将来コーヒー栽培を再開するよう説得するのは非常に難しい。

花と果実

ほとんどのコーヒーの主となる収穫期は年に1回である。2期作の国もあるが、2期目の果実はたいてい小さく、品質もやや劣る。コーヒーの栽培周期は、長い雨期から始まる。雨が降ると、コーヒーの木々はジャスミンのような匂いの花をたくさん咲かせる。

ハチなどの昆虫が花を受粉させるが、アラビカ種は自家受粉が可能だ。悪天候によって花が落ちてしまわない限り、木が1本しかなくても、花が咲けば必ず果実が実る。

コーヒーチェリーと呼ばれる赤い果実が収穫できるようになるまで、9カ月かかる。残念ながら、コーヒーチェリーは一斉に熟すわけではないので、生産者は難しい選択を迫られる。ある1本の木からすべての果実を一度に採取すれば、一定量の未熟または熟しすぎの果実を含むことになる。それを避けるには、収穫作業者を雇い、ある木に実った果実を1つずつ、完璧に熟したタイミングで摘むようにするしかない。

コロンビアのチンチナで栽培中のコーヒーの苗木。ここで５カ月ほど育ててから、農園に出荷する。果実を収穫できるのは、それから約３年後だ。

コーヒーチェリー

コーヒーは私たちにとって、日常生活の一部だ。しかし、コーヒーの果実である「コーヒーチェリー」はどうだろう？　コーヒー生産国の人々を除いて、コーヒーチェリーを見たことがある人、少なくともどのようなものか知っている人は、どれほどいるだろうか。

コーヒーチェリーのサイズは品種によって違うが、たいていは小ぶりのブドウと同じくらいの大きさだ。ただし、ブドウと異なり、果肉は外皮の下に薄く付いているだけで、体積のほとんどは実の中心にある種子が占めている。

コーヒーチェリーの色は緑色で、熟すにつれて色づいていく。完熟した実の外皮はたいてい濃い赤色になるが、品種によっては黄色く完熟するものもある。赤く熟す品種と黄色に熟す品種の交配種で、完熟実がオレンジ色になるものも時折見られる。色による品種の違いが収穫量に影響することはないと考えられているが、黄色い実を付けるコーヒーは、完熟実と未熟実の区別がつきにくく、避けられる傾向にあった。実が赤く熟す品種は、緑色から黄色、そして赤色に変化するため、収穫時に完熟実を見分けやすい。

コーヒーチェリーの熟成には、含まれる糖分の量が関係している。糖分は、おいしいコーヒーを生産するために極めて重要な要素だ。一般的に、糖分の含有量が多いほど、良い果実だと言われている。しかし、どれくらい熟してから収穫するかは、生産者によって違いがある。なかには、さまざまな熟成度合いの実を混ぜることで、コーヒーに複雑な風味が加わると信じる生産者もいるが、熟しすぎた果実が混ざるとコーヒーに不快なフレーバーが生じるため、ちょうどよく熟した果実だけを使うべきである。

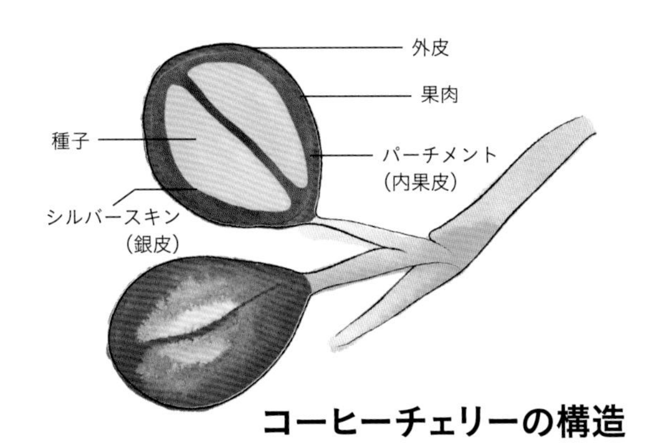

コーヒーチェリーの構造

上：コーヒー豆は、コーヒーチェリーから外皮、果肉、パーチメント、シルバースキンを取り除いたものだ。

左ページ：コロンビアのグアヤバル・コーヒー農園

コーヒーチェリーは甘い

完熟したコーヒーチェリーの果肉は驚くほどおいしい。良質なハネデューメロンの甘さに、爽やかな酸味を少し加えたような味だ。実を搾ってジュースにすることもできるが、完熟実でも水分があまり多くなく、果肉と種子を分ける作業も必要なので、それほど頻繁には行われない。

種子

コーヒー豆はコーヒーチェリーの種子の部分で、「精製」作業によって、種子を覆う外皮と果肉を除去して取り出す。種子はパーチメントと呼ばれる皮（内果皮）と、その下のシルバースキン（銀皮）という薄皮で保護されている。

通常、コーヒーチェリーの中には2つの種子が向かい合わせに入っていて、成長するにつれて向かい合う面が平らになる。これをフラットビーンと呼ぶ。まれに種子が1つしか入っていない果実もあり、ピーベリーと呼ばれる。ピーベリーの種子は丸く、収穫量全体の約5%を占める。フラットビーンとは区別して扱われることが多い。品質が高いと考え、フラットビーンとは異なる方法で焙煎する人もいる。

コーヒーの品種

最初に栽培されたコーヒーの品種はエチオピア原産で、その子孫である品種ティピカは現在も広く栽培されている。今では突然変異や交配によって、他にも多くの品種が存在する。もともと味に明確な特徴をもつ品種もあれば、「テロワール（土壌や生育環境）」や栽培方法、精製工程によって、豆に個性が生まれる場合もある。

アラビカ種のコーヒーがさらに多くの品種に分けられることを知る消費者はそれほど多くない。世界に流通するコーヒーの大半が、今も昔も変わらず原産国で取引されているからだ。複数の農園のコーヒー豆を扱っていたとしても、生産者がどの品種を栽培していたのか、輸出する段階にはわからなくなってしまう。唯一わかるのは、世界のどの地域で栽培されたコーヒーかということだけだ。この状況は変わりつつあるが、品種の違いが1杯のコーヒーの味にどれほどの影響を与えるか、まだ十分には理解されていない。

ここに紹介するのは特によく栽培されている品種だが、味については、明確に区別できるものを除いて明言を避ける。コーヒーをカップに注いだときの風味にはさまざまな要素が影響するし、品種と味との関係は、組織だった研究が不足している現状では、誤解を与えるだけかもしれないからだ。

「バラエティー」と「バラエタル」

しばしば混同されるコーヒー用語に「バラエティー」と「バラエタル」がある。「バラエティー」とは、同一種のうち、遺伝子上はっきりと分類できる「品種」のことを指す。アラビカ種の場合、木の形態や葉、実の違いに現れる。同義語に「カルティベイテッド・バラエティー」を縮めた「カルティバー（栽培品種）」という用語もある。

一方「バラエタル」は、ある品種の特定の商品を指すときに使われる用語である。例えば、ある農園の生産物を指すときに、「100％ブルボン・バラエタルのコーヒー」などと表現する。

ティピカ

ティピカは最も古い栽培品種と考えられていて、他の品種はすべて、ティピカの突然変異や交配によって生まれた。コーヒーを商品作物として最初に世界へ広めたのはオランダ人で、彼らが持ち出した品種がティピカだった。完熟実は赤く、カップに注いだときの風味に優れた品種だが、他の品種に比べて生産量が少ない。現在も世界中の多くの地域で広く栽培されている。クリオロ、スマトラ、アラビゴなどの品種名でも知られている。

ブルボン

ティピカが、マダガスカル島の東にあるブルボン島（現レユニオン島）で突然変異して生まれた品種。収穫量はティピカより多く、スペシャルティコーヒー市場では、特有の甘味を評価し、珍重する声も多い。完熟実の色は種類によってさまざまで、赤、黄色、時としてオレンジ色の場合もある。以前は幅広く栽培されていたが、多くの生産国でより生産性の高い品種に取って代わられた。新種に劣る生産性を高値によって補うほどには、当時の市場が成熟していなかったためだ。

ムンド・ノーボ

ティピカとブルボンの自然交配種で、名前は1940年代にこの種が発見されたブラジルの地名に由来する。生産性が比較的高く、耐久性があり、病気にも強い。ブラジルによくある標高1000〜1200メートル（3300〜3900フィート）

程度と比較的標高が低い環境でもよく育つ。

カトゥーラ

1937年にブラジルで発見されたブルボンの突然変異種で、比較的生産性が高い。実が多くなりすぎて、木が耐えられずに枝枯れを起こしてしまうことがあるが、適切な農園管理によって防ぐことができる。コロンビアや中米で特に人気のある品種だが、ブラジルでもよく見られる。カップに注いだときの風味は高く評価されていて、標高の高い産地のものほど品質が高いが、収穫量が減る。完熟実は赤いものと黄色いものがある。樹高が高くならない矮性(わいせい)種または半矮性種で、手摘み作業に適し、人気がある。

カトゥアイ

1950年代〜1960年代に、ブラジルのカンピーナス農業試験場(IAC)が開発した、カトゥーラとムンド・ノーボの交配種。カトゥーラの矮性とムンド・ノーボの生産性や耐久性をかけ合わせている。カトゥーラと同じく、完熟実は赤いものと黄色いものがある。

マラゴジッペ

ブラジルで発見されたティピカの突然変異種で、よく知られている品種の1つ。大粒で見栄えがよいため、人気が高い。葉が非常に大きいが、生産性はそれほど高くない。「エレファント(象)」「エレファントビーン(象豆)」などとも呼ばれる。完熟実は通常赤くなる。

SL28

現在、珍重されている品種。1930年代に、ケニアのスコット研究所(SL)が、乾燥に強いタンザニア原産の品種

ブルボン

カトゥーラ

ゲイシャ

から選別した。完熟実は赤く、サイズも平均よりかなり大きい。果実味のあるフレーバーのコーヒーができると考えられていて、ブラックカラント（カシス）に例えられることが多い。サビ病への耐性が非常に弱く、標高の高い場所での生産に適している。

SL34

マダガスカル島の東にあるブルボン島（現在のレユニオン島）からアフリカ大陸へ持ち込まれ、タンザニアからケニアへと伝わった「フレンチ・ミッション」と呼ばれるブルボンから選別された。SL28と同じく非常に果実味のあるフレーバーをもつが、カップに注いだときの風味では劣ると考えられている。サビ病に弱く、完熟実が赤いという点は、SL28と共通だ。

ゲイシャ

ゲイシャはエチオピア西部にある町の名前にちなんだ品種で、「Geisha」と「Gesha」のどちらが正しいアルファベット表記か意見が分かれているが、前者の方が一般的。コスタリカからパナマへと伝わった品種だが、起源はエチオピアだと考えられている。花や香水を思わせる香りの高いコーヒーができると考えられ、近年需要が高まり、価格が急騰している。

2004年にパナマのエスメラルダ農園が品評会に出したことで急激に注目され、人気が出はじめた。傑出した個性が評価され、オークションで異例の高値である21米ドル／重量ポンドで落札された。この記録的な落札価格は2006年、2007年と続けて更新され、2007年には130米ドル／重量ポンドに達した。これは、一般的なコーヒーのおよそ100倍の価格である。これがきっかけで、中南米の生産者の多くがこの品種の栽培を始めた。

パーカス

1949年、エルサルバドルのパーカス家によって発見された、ブルボンの突然変異種。赤い完熟実のなる木は、樹高が低く、収穫しやすい。カップに注いだときの風味は、ブルボンに似て良質だと考えられている。

パカマラ

ビジャ・サルチ

コスタリカの町サルチで発見され、その名が付いた。パーカスと同様、ブルボンの突然変異種で、矮性をもつ。現在は栽培方法が工夫されて生産性が非常に高くなり、カップに注いだときの風味も素晴らしい。完熟実は赤い。

パカマラ

1958年にエルサルバドルで開発された、パーカスとマラゴジッペの交配種。マラゴジッペと同じく、葉や果実、種子が非常に大きい。独特の味わいは好意的に評価されることが多い。チョコレートや果物のような味だが、ハーブやタマネギのような臭いが出ることもある。完熟実は赤い。

ケント

1920年代にインドでこの品種を改良した農園主にちなんで名づけられた。サビ病への耐性を強化するように改良されたが、新種の病気にかかると枯れることがある。

S795

インドで開発された品種で、ケントと、先に改良されたサビ病に強いS288との交配種。インドとインドネシアで広く栽培されているが、近年はサビ病への耐性が弱まっていると考えられている。

アラビカの野生種

上述の品種のほとんどはティピカから派生しているため、遺伝的に非常に似通った特徴をもつ。一方、現在エチオピアで栽培されている品種の大半は、選別された栽培品種でなく、恐らく他の種や品種と自然交配して自生した野生種である。こうした野生種の遺伝的多様性やカップに注いだときの風味は、まだ分類や調査が進んでいない。

コーヒーの収穫

コーヒーチェリーを丁寧に収穫することは、最終的にカップに注がれるコーヒーの品質にとって根本的に重要だ。当然のことだが、完熟実を収穫して作ったコーヒー豆で淹(い)れるコーヒーがいちばんおいしい。専門家の多くは、コーヒーの品質は収穫時が最も高く、その後の工程はすべて品質を向上するためではなく、保つためにあると考えている。

高品質のコーヒーを収穫するうえで最大の課題は恐らく、栽培地の地勢だろう。品質の高いコーヒーは標高が高い場所で栽培されるため、コーヒー農園の多くは山間の急斜面にある。危険とまでは言わないが、単純に木々の間を通り抜けることすら難しい場合がある。しかし、すべてのコーヒー農園がこれに当てはまるわけではない。

機械収穫

ブラジルには、標高の高い場所に広大で平坦な土地が幾つかあり、そこでコーヒーが栽培されている。こういった土地にある農園では、巨大な機械で並んだ木々の間を通り抜けながら、コーヒーチェリーを収穫する。機械で木を揺らして、実を落とすのだ。

機械収穫には多くの欠点がある。最大の欠点は、十分に熟す前の果実も収穫してしまうことだ。枝に実を結んだコーヒーチェリーは、熟す速度が個々に異なるため、同じ枝に完熟実と未熟実が混在することになる。機械は熟成度合いを区別せず、すべてのコーヒーチェリーを摘んでしまう。そのため、摘んだ実は収穫後、完熟実と未熟実に分ける必要がある。また、木から落ちた枝や葉も取り除かなければならない。他の収穫方法に比べてコストは低いが、全般的に見て、コーヒーの品質を犠牲にする方法だ。

左:ブラジルのカーボベルデでは、アラビカ種を機械で収穫している。この方法は効率的だが、収穫後に完熟実のみを選別しなければならない。

しごき収穫

多くのコーヒーはいまだに人の手で収穫されている。単純に、機械は斜面で作業できないからだ。手作業で素早く収穫する方法の1つに、すべてのコーヒーチェリーを枝からいっぺんにしごき取るものがある。機械収穫と同じく、果実を素早く摘むことはできるが、正確さには欠ける。平坦な土地も高額な設備も不要だが、完熟実と未熟実が交ざっているため、後で選別しなければならない。

手摘み収穫

高品質のコーヒーを収穫するには、やはり手摘みが最適だ。摘み取り作業者は収穫に適した完熟実だけを選び、未熟実は枝に残しておく。これはかなり大変な作業だ。生産者は、作業者が完熟実のみを収穫するよう、やる気を起こさせなければならないという課題に直面している。作業者は収穫した果実の重量によって賃金を支払われるので、重量を増すために未熟実も摘んでしまうのだ。品質を意識する生産者は、作業者チームに目を配り、基準に合った完熟実を収穫することも賃金の支払いに影響すると確認する必要がある。

下：コーヒーチェリーは水槽で選別できる。水槽の底に沈む完熟実は次の工程へと運ばれ、水面に浮かぶ未熟実は別に処理される。

落果

コーヒー栽培者は、熟しているかどうかにかかわらず、木から自然に落ちた実はすべて集める。通常は他の果実と区別され、低品質コーヒーの一部となる。世界でもトップクラスの農園でも、こういったコーヒーは避けられない。落ちた果実を樹下の地面に残しておくと、コーヒーノミキクイムシなどの害虫を寄せつける可能性があり（P16 参照）、問題になりかねないからだ。

労働力問題

手摘みによるコーヒーの収穫にかかるコストは生産コストの大半を占めるため、大きな課題となりつつある。これは、米国ハワイ州のコナで生産されるコーヒーのように、経済先進国で生産されるコーヒーが高価である主な理由だ。急速に経済が発展している新興国では、コーヒーの手摘みで生計を立てたいと思う人はいない。中米のコーヒー農園では、国から国へと収穫時期が異なる地域を渡り歩く、移動労働者を雇うことも多い。現在、こうした労働者の多くがニカラグア出身なのは、ニカラグアがこの地域で経済的に最も弱い国であるためだ。コーヒー収穫を担う労働者を探すことは、今後ますます困難になるだろう。実際、プエルトリコでは受刑者にコーヒーを収穫させたこともあったほどだ。

果実の選別

収穫したコーヒーチェリーは、未熟実や過熟実が出荷するロットに交ざらないよう、さまざまな方法で選別される。人件費が比較的安く、設備投資が難しい国々では、手作業で行われる。経済的に発展している国では、水槽を使って選別することも多い。大きな水槽にコーヒーチェリーを入れると、成熟した実は水中に沈むため、そこから精製装置へ運ばれる。水面に浮かぶ未熟実はすくい取られ、完熟実とは別に精製される。

コーヒーの精製

収穫した果実をどのように精製するかは、最終的にカップに注がれたときの風味に大きく影響する。そのため、精製法はコーヒーを説明、販売する際に、ますます重視されるようになっている。しかし、コーヒー生産者が精製法を選ぶ際に、フレーバーを考慮していると考えるのは誤りであろう。確かにごく少数の生産者は考慮しているだろうが、大半は精製する際に「欠点豆」の発生を最小限にとどめ、コーヒーの品質や商品価値の低下を防ぐことを目指している。

摘み取ったコーヒーチェリーはウェットミル（湿式ミル）で果肉を取り除き、コーヒー豆を乾燥させて、保存に適した状態にする。コーヒー豆の元々の水分量は60%ほどだが、出荷されるまでの間に腐らせないためには、11～12%まで乾燥させなければならない。ウェットミルは、個人農家の道具を集めた小さなもののこともあれば、莫大な量のコーヒーを精製する巨大な工場設備のこともある。

ウェットミルが行うのは、コーヒーチェリーを、乾燥はしているものの、まだ種子がパーチメント（内果皮）に覆われている状態にする段階までである。コーヒー豆はこのパーチメントにしっかりと守られ、出荷される直前にパーチメントが取り除かれるまで品質は落ちないと信じている人々が多い。

「ウェットミル」という用語はやや誤解を招きやすい。水をほとんど使用しなかったり、使うとしてもごく少量しか使わなかったりという生産者もいるからだ。しかしながら、この工程は精製過程の前半で、「ドライミル」として知られる後半との違いを明確に表している。後半では、脱穀と格付けが行われる（P37参照）。

精製がコーヒーをカップに注いだときの風味に多大な影響を与えることは、疑う余地がない。熟練した生産者が独自の品質を生み出すために精製に工夫を凝らす傾向は、ますます顕著になりつつある。しかしながら世界規模で見ると、こういった生産者は極めてまれである。

左ページ：収穫されたコーヒーチェリーは、ウェットミルで果肉を取り除く。その後、乾燥を経て保存、出荷される。

生産者の大半にとって、精製とはコーヒーから可能な限り利益を得ることを目指すもので、精製法の選択においても、それが考慮される。精製法によっては、他の方法よりも多くの時間や投資、天然資源を要するものがあり、どの生産者にとっても、その選択は重要である。

ナチュラル（自然乾燥式）

ナチュラルは、コーヒーの精製方式としては最も古い。収穫後、コーヒーチェリーを薄く広げて天日干しにする。レンガ造りのパティオ（中庭）に広げることもあれば、高床式の乾燥棚を使うこともある。乾燥棚を使うとコーヒーチェ

「欠点豆」の定義

「欠点豆」というコーヒー用語は非常に厳密に使われていて、フレーバーを低下させる問題のあるコーヒー豆を意味する。生豆（なままめ）を見ればすぐにわかるものもあるが、味わってみて初めてわかるものもある。

軽度の欠点豆には虫食いが原因のものがあり、簡単に発見できる。深刻なのはフェノール臭のするコーヒーで、金属やペンキ除去剤に硫黄を混ぜたような、非常に不快な臭いだ。この原因はまだはっきりとわかっていない。精製過程に問題があると、発酵臭や、ひどい状態の欠点豆が発生する可能性もある。味は、腐った果物や納屋のそばの庭を思わせるようなものまである。

リーの周りで空気が動き、乾きも速い。カビの発生や発酵、腐敗を防ぐために、コーヒーチェリーは定期的に転がさなければならない。適切に乾燥させたら、乾いた外皮や果肉を機械で脱穀し、精製された生豆(なままめ)は出荷まで保存される。

この精製方式の過程で、コーヒーにフレーバーが加わる。好ましいこともあるが、多くの場合は極めて不快なものとなる。しかし、水を得られない場所では唯一の方式であり、エチオピアや、ブラジルの一部地域などで採用されている。世界的には、自然乾燥式は非常に低品質か熟していない実を精製する際にのみ使われる方式と考えられ、この方式で生産されたコーヒーは可能な限り安く加工され、通常は国内市場向けか価値のほとんどないものとされる。この方式に必須である天日干し用の乾燥棚に投資したところで、見返りはほとんどなく、生産者にとって直観的に相容れない。品質の高いコーヒーの精製にこの方式を選ぶ生産者もいるが、コーヒーチェリーを慎重かつ丁寧に乾かす手間も重なり、結果的に高コストな方式だと、あとになって気づくことも多い。

ナチュラルは、地域によっては非常に伝統的な精製方式として残っていて、丁寧に精製された高品質なものであれば、確かに需要は存在する。この方式で精製すると、品種や土壌（テロワール）にかかわらず、コーヒーに果実味のあるフレーバーが加えられることが多い。通常はブルーベリーやイチゴ、トロピカルフルーツのほんのりとした香りなどと言われるが、時には納屋、野生的、発酵、肥料などと否定的な言葉で表現されることもある。

ナチュラルで精製された高品質のコーヒーについて、コーヒー業界の意見は2つに分かれている。大半は華やかで果実味のあるコーヒーに価値を見いだし、コーヒーのもつフレーバーの可能性を示すものとして、非常に有益だと信じている。

一方、自然のままのフレーバーを好ましくないものと考える人々もいる。彼らは、バイヤーが生産者にナチュラルで精製したコーヒーを増やすよう促すことに懸念を抱いている。予測不可能な精製方式のせいで、品質の高いコーヒー豆は取り返しがつかない損害を受け、生産者の収入を著しく減らしている。

乾燥の速度と保存性

まだ研究の初期段階だが、コーヒーを非常にゆっくりと均一に乾かすことで、短期的な品質はもちろん、生豆の状態で保存する際に良いフレーバーを長く保つ効果がある可能性がある。あまりにも早くコーヒー豆を乾燥させてしまうと、焙煎業者に配送されてほどなく、数カ月、あるいは数週間ほどで、魅力的な品質が落ちてしまうかもしれない。焙煎業者にとっても、消費者にとっても、ありがたくない話だ。

ウォッシュト（水洗式）

ウォッシュト（washed）は、コーヒー豆を乾燥させる前に、パーチメント（内果皮）とぬめりのある部分（ミューシレージ）をすべて取り除く精製方式だ。これにより、乾燥時に問題が生じる可能性を大幅に減らすことができ、コーヒーの価値を高めることにもなる。しかしこの方式は他の方式よりもはるかに費用がかかる。

収穫後、パルパーと呼ばれる機械で、コーヒーチェリーから外皮と果肉の大部分を取り除く。その後、水を張った発酵槽に入れ、残っている果肉を発酵させて取り除く。

果肉は大量のペクチンを含み、種子にしっかり付いているが、発酵によって組織が壊れることで、水で簡単に種子から剥がれるようになる。発酵の過程でどれくらいの量の水を使うかは、生産者によってまちまちだ。ただし、この方式には環境面からの懸念がある。発酵後の排水は有害である恐れがあるからだ。

発酵に要する時間は、標高や周囲の気温などさまざまな要素に左右される。気温が高ければ高いほど、発酵は速まる。発酵時間が長過ぎると、嫌なフレーバーが付いてしまう可能性がある。必要十分に発酵したかどうかを確認するには、さまざまな方法がある。ある生産者は、豆を擦り合

上：ナチュラル（自然乾燥式）は、収穫後のコーヒーチェリーの精製方式として最も古くから使われている。天日干しをする際には、発酵や腐敗、カビの発生を防ぐために、定期的に転がす。

左：ウォッシュト（水洗式）では、コーヒーチェリーから外皮と果肉の大部分を取り除くのに、パルパーという機械を使う。この後、きれいな水の入っている発酵槽に移し、まだ残っている果肉を発酵させて除去する。

ナチュラル（自然乾燥式）

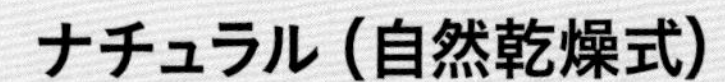

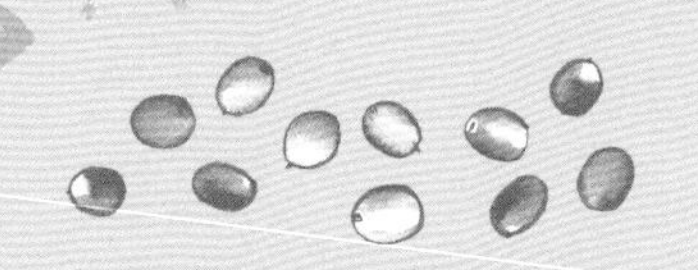

選別：収穫されたコーヒーチェリーを選別し、未熟な実を除く。

乾燥：完熟した実を広げて天日干しにする。熊手でかき混ぜながら均一に乾燥させる。

パルプド・ナチュラル

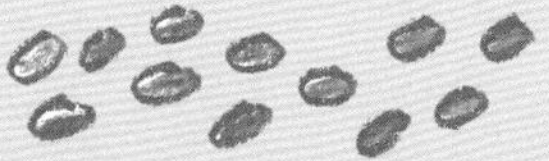

選別：収穫されたコーヒーチェリーを水槽に入れ、底に沈んだ完熟の実だけを取り出す。未熟の実は水面に浮かぶ。

パルピング：外皮と大部分の果肉をパルパーという機械で取り除く。

乾燥：豆をパティオ（中庭）か乾燥棚に広げて素早く乾かす。甘みが増し、ボディーが強くなる。

ウォッシュト（水洗式）

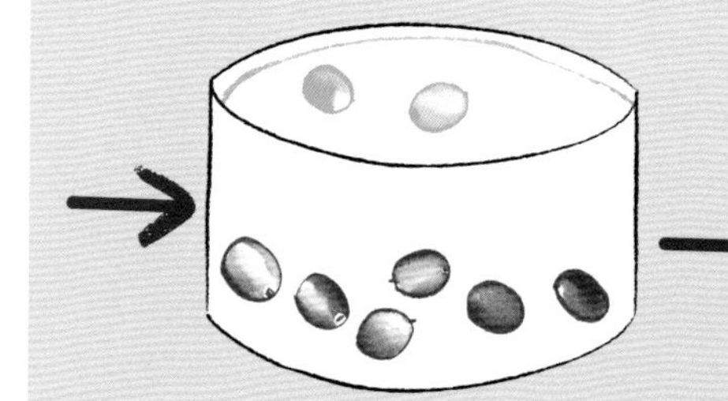

選別：収穫されたコーヒーチェリーを水槽に入れ、底に沈んだ完熟の実だけを取り出す。未熟の実は水面に浮かぶ。

パルピング：外皮と大部分の果肉をパルパーという機械で取り除く。

発酵：水を張った清潔な発酵槽に豆を入れ、発酵させると、豆に残った果肉が除去できる。

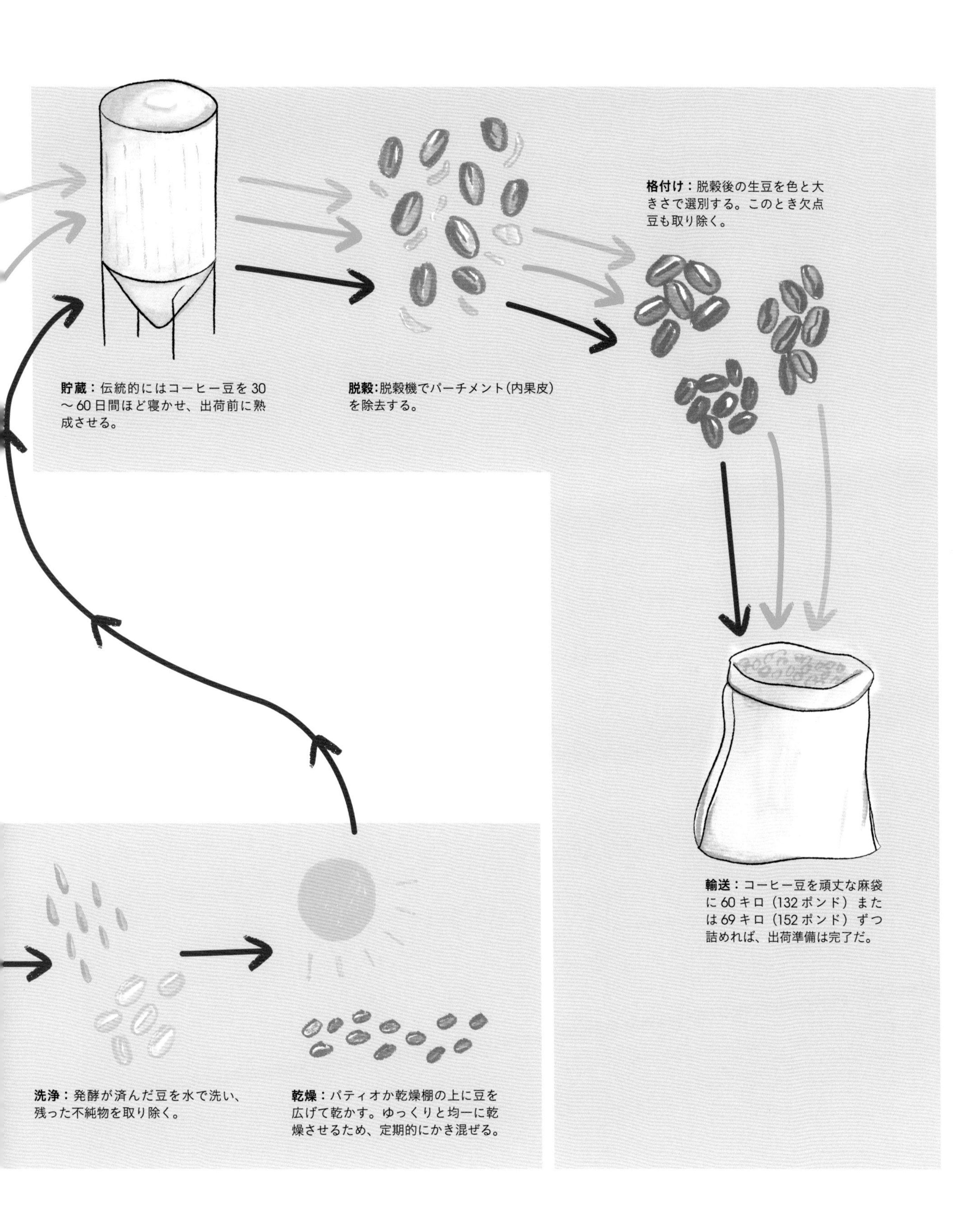
格付け：脱穀後の生豆を色と大きさで選別する。このとき欠点豆も取り除く。
貯蔵：伝統的にはコーヒー豆を30～60日間ほど寝かせ、出荷前に熟成させる。
脱穀：脱穀機でパーチメント（内果皮）を除去する。
輸送：コーヒー豆を頑丈な麻袋に60キロ（132ポンド）または69キロ（152ポンド）ずつ詰めれば、出荷準備は完了だ。
洗浄：発酵が済んだ豆を水で洗い、残った不純物を取り除く。
乾燥：パティオか乾燥棚の上に豆を広げて乾かす。ゆっくりと均一に乾燥させるため、定期的にかき混ぜる。

わせて確認する。キュッキュッという音が鳴れば、果肉が完全に剥がれ落ちて、種子の表面が滑らかになっている証拠だ。発酵槽に棒を差し込んで確認する方法もある。大量のペクチンが溶け込んだ水は緩いゼラチン状になるため、差し込んだ棒が倒れなければ、発酵は完了だ。

発酵が終わったコーヒー豆は洗浄し、残った不純物を取り除いてから乾燥させる。パティオや乾燥棚に広げて、天日に当てるのが一般的だ。前述のナチュラル方式と同様、定期的に大きな熊手でかき混ぜながら、ゆっくりと均一に乾かしていく。

日照が不足し、湿度の高い場所では、コーヒー豆の水分量が11〜12%になるよう、機械で乾燥させる生産者もいる。カップに注いだときの風味の観点からは、機械乾燥したコーヒーは自然乾燥のものよりも品質が劣るとされているが、自然乾燥であっても、急激に乾燥すると品質が落ちる可能性はある（P33参照）。品質の高いコーヒー生産者の多くは、欠点豆を減らすためにウォッシュトを採用しているが、この方式はカップに注いだときの風味に与える影響も大きい。他の方式で精製したコーヒーよりも、酸味が強く複雑な「クリーンカップ」と表現されるフレーバーになる。「クリーンカップ」とは、フレーバーを損なう苦味や渋味などがないことを意味する、重要なコーヒー用語だ。

折衷式

パルプド・ナチュラル

パルプド・ナチュラル（pulped natural）は主にブラジルで行われている精製方式で、コーヒー精製機器メーカー、ピニャレンセ社の実験により誕生した。ウォッシュトに比べて使用する水量が少なくても、カップに注いだときの風味の高いコーヒー豆を生産する狙いだった。

収穫した果実の外皮と果肉の大部分を機械で除去し、パティオや乾燥棚で乾燥させる。種子に付いている果肉が少ないため、欠点豆になるリスクが低い。しかし残った果肉には十分な糖分が含まれているため、甘味やコクが強い

下：脱穀した豆は大きさと色で格付けされ、欠点豆を取り除く。この工程は時間がかかるが、より品質の高いコーヒーを作ることができる。

コーヒーになる。果肉を除去した後の乾燥には十分な注意が必要である。

ハニー（ミエル）プロセス

ハニープロセス（honey process）はパルプド・ナチュラルとよく似た精製方式で、コスタリカやエルサルバドルなど中米諸国の多くで採用されている。パルプド・ナチュラルよりも使用する水の量は少ない。外皮と果肉の大部分をパルパーで除去する際、ある程度の果肉を残すように調整されていることが多い。この方式で精製されたコーヒーは「100％ハニー」や「20％ハニー」などと呼ばれる。「ミエル（miel）」とはスペイン語で蜂蜜を意味し、パーチメント（内果皮）を覆うぬめりのある部分「ミューシレージ」を指す。豆に残される果肉が多いため、乾燥時に発酵豆や欠点豆が生じる可能性がやや高い。

スマトラ式（セミウォッシュト）

スマトラ式（semi-washed）はインドネシアでよく行われる精製方式で、現地では「ギリン・バサー」と呼ぶ。コーヒーチェリーは収穫後、果肉を除去して、軽く乾燥させる。他の方式では水分量を11～12％にするのに対し、スマトラ式では30～35％で乾燥を終わらせる。その後、パーチメント（内果皮）を取り除いて生豆にしてから、再度、腐敗の心配なく保存できる状態になるまで乾かす。この2回目の乾燥で、コーヒー豆は深い濃緑色となる。

通常、パーチメントは出荷直前まで除去せずにおくが、スマトラ式は唯一の例外だ。そのため欠点豆になりやすいと考える人は多いが、市場ではその独特のフレーバーを「インドネシア産のコーヒーらしさ」と捉えるようになり、需要も存在する。スマトラ式のコーヒーは、他のコーヒーよりも酸味が弱く、コクが強い。フレーバーはさまざまで、木や土、カビ、スパイスやタバコ、皮のようなどと表現される。

しかし、これらが好ましいかどうかについては、コーヒー業界内に根強い反対意見がある。コーヒー本来のフレーバーよりも強すぎて（これはナチュラル方式で精製したコーヒーにも言われることだ）、インドネシア産コーヒーの本来の味を感じることができないという声も多い。だが、インドネシア産にはウォッシュト方式で精製したコーヒーもあるので、ぜひ探し出して味わってほしい。パッケージに「ウォッシュト（washed）」「フリー・ウォッシュト（fully washed）」と明記されているものを選ぼう。

脱穀と出荷

ウェットミルの処理が終わると、コーヒーは外皮と果肉が除去され、パーチメント（内果皮）が付いた状態になっている（スマトラ式で精製されたものは除く）。水分量は腐敗のリスクなく保存できるまで少なくなっている。この状態で30～60日間貯蔵して寝かせるのが慣例だ。

科学的に完全には解明されていないが、この工程を抜かすと、後に改めてエイジングしない限り、未熟で不快な味のコーヒーになる傾向がある。また、この工程が出荷後のエイジングに影響することも明らかになっている。おそらく水分量が関係しているのだろう。

この段階が終わると、コーヒー豆を販売し、パーチメントを脱穀する。パーチメントは豆の保護層の役割を果たすが、重量やかさが増すため、この時点で脱穀して、輸送コストを削減する。

脱穀を機械で行う工程を、ドライミルと呼ぶ。通常、ドライミルではコーヒーの格付けと選別も行う。脱穀したコーヒー豆を色を識別する装置に送り、明らかな欠点豆を取り除く。サイズの選別には、さまざまな大きさの穴が開いているふるい（スクリーン）にかける。そして最後に、人の手で格付けを行う。

格付けは手間のかかる作業で、中央にベルトコンベアーを据えつけた大きな台や、パティオで行う。作業者は、男性より女性が多い。作業者は担当するコーヒー豆を丹念に調べ、欠点豆をできるだけ取り除いていく。一定時間でベルトコンベアーが動き、作業時間が限られている場合もある。この工程は時間がかかる分、コストも高く、コーヒー価格に大きく影響するが、品質が格段に向上する。この単調かつ難しい作業に見合った賃金を支払うには、高品質のコーヒーの価格が高いのは当然である。

梱包

出荷に際し、コーヒー豆は麻袋に詰められる。麻袋のサイズは生産国によって、60キロ（132ポンド）入りか、69キロ（152ポンド）入りが使われる。豆を湿気から守るために、

エチオピア中南部にあるコーヒー生産地区、イルガチェフェ近郊で、60キロ（132ポンド）入りの麻袋の口を縫い合わせる。イルガチェフェは人気の産地で、世界中に輸出されている。

麻袋を多層ポリエチレンなどの保護材で裏打ちすることもあるし、真空パックをして段ボールに入れて出荷することもある。

ジュート（黄麻）は安価で入手しやすく、環境負荷も低いため、長く使われてきた素材だ。しかし、スペシャルティコーヒー産業が輸送中や保管中のコーヒー豆の状態に懸念を強めるにつれ、新たな素材が求められるようになっている。

輸送

コーヒー豆は一般的に、生産国から輸送用コンテナで運ばれる。コンテナには、コーヒー豆が300袋まで格納できる。低品質のコーヒー豆は、内張りされたコンテナに直接入れて輸送され、到着したその日のうちにすべて焙煎機で加工されることもある。コンテナの中身はダンプカーのように、焙煎施設の搬入口で空にされる。

コンテナ船を使ったコーヒー豆の輸送は、コーヒー産業のその他の工程に比べると、環境負荷が低く、比較的安価である。欠点は、コーヒー豆の品質を劣化させる熱と湿気の両方にさらされる可能性があることだ。

また、多くの国では、輸送の際にお役所主義的な複雑な手続きが必要で、それが終わるまでコーヒー豆が入ったコンテナは数週間、場合によっては数カ月もの間、高温多湿な港にとどめ置かれることになり、焙煎業者に多大な負担がかかる。空輸は環境負担が高く、財政的にも持続可能な代替案にはならないため、スペシャルティコーヒー業界関係者の多くが、輸送には不満を抱えている。

大きさの分類と格付け

コーヒー豆は多くの国で長い間、品質よりも大きさで格付けされてきた。厳密には、コーヒー豆の品質は豆の大きさで決まるものではないが、いまだに関連があると思われている。コーヒー豆の格付けには、国ごとに異なる用語が使用される（右の枠内参照）。

格付けには通常、ふるい（スクリーン）が使われ、コーヒー豆には、ふるいの穴の大きさ（スクリーンサイズ）を示す番号を付ける。伝統的に、偶数はアラビカ種に、奇数はロブスタ種に使われる。豆を脱穀した後、大きさを分類するため、機械で何層ものふるいにかける。

ピーベリーは、コーヒーの果実の中に本来2つ入っているはず種子が、1つしか入っていないもので、コーヒー豆で最も小さい等級だ（割れた豆を除く）。香りが濃厚だと言われるが、必ずしもそうとは限らない。ピーベリーのコーヒーの香りを、通常のコーヒーと比べてみるのも面白い。

大きいコーヒー豆のほうがおいしいコーヒーになるとは限らない。小さい豆の長所は、焙煎が簡単なこと、そしてムラなく均質に焙煎しやすいことだ。豆の大きさによって、豆の密度は異なる。小さい豆や低密度の豆は、大きい豆や高密度の豆よりも、焙煎にかかる時間がかなり短い。そのため、異なる大きさの豆が混じっていると、理想的な焙煎度合いにするのが難しい。

一般的な大きさの等級

以下のコーヒー産地で使われている、代表的な大きさの等級を紹介する。

コロンビア

スプレモとエキセルソが代表的な等級。エキセルソはスクリーンサイズ 14 〜 16で、スクリーンサイズ 16 〜 18 かそれ以上のスプレモより小粒だ。コロンビアは他国に先駆けてコーヒーの売り込み方を開発し、高品質を強調するために等級を使っている（P204 参照）。

中米

伝統的に、大きなコーヒー豆はスペリオールと呼ばれる（ここでも大きさが強調されている）。ピーベリーはカラコルという名で知られる。

アフリカ

スクリーンサイズが最大のものが AA、次に大きいのが AB、そして A と続く。ケニアなどでは大きさによる格付けに力を注いでいて、国内の競売では AA の商品が高値で売れる傾向にある。

ピーベリー

コーヒーチェリーの中に種子が１つしか入っていないもの。

AB 等級

AAには劣るが、大きめで品質が良いとされている。

AA 等級

最も大きく価値のあるコーヒー豆。

パルプド・ナチュラル

豆にパーチメント（内果皮）を多少残したまま乾燥させた豆。わずかにオレンジ色を帯びる。

フリー・ウォッシュト

パルプド・ナチュラルやナチュラル方式で精製した豆よりも見た目がきれい。

ナチュラル（自然乾燥式）

他の生豆よりオレンジがかった褐色の豆になる。

パカマラ／マラゴジッペ

並はずれて大きく、味も評価されている

コーヒーの取引

コーヒーは、世界で2番目に多く取引されている商品だと言われることが多いが、それは事実ではない。頻度においても、金額ベースでも、上位5位に入ることすらないのだ。それにもかかわらず、コーヒー取引は倫理的貿易の監査機関に注目されるようになってきた。コーヒーの買い手と生産者の関係は、先進国が第三世界諸国を搾取しているようにみえることが多いからだ。確かに搾取しようとするものがいることは事実だが、それは少数に過ぎない。

コーヒー豆の取引価格は通常、重さ1ポンド（約453.6グラム）当たりの米ドル価格で値付けされる。コーヒーには「Cプライス」と呼ばれる、世界共通の指標となる価格がある。これは、米国ニューヨーク証券取引所で取引されるコモディティコーヒー（P7参照）の価格だ。コーヒー豆は袋単位で扱われる場合が多い。アフリカやインドネシア、ブラジルで生産されたコーヒー豆は1袋60キロ（132ポンド）、中米での生産物は1袋69キロ（152ポンド）とされる。取引単位は袋だが、大規模取引は300袋ほど積める輸送コンテナ単位で行われるのが通例だ。

ニューヨーク証券取引所で取引されるコーヒー豆の割合は、一般に考えられているよりもかなり少ないが、Cプライスは世界のコーヒー豆の最低価格、つまり生産者が取引に応じる最低価格の基準となっている。コーヒー豆によっては、Cプライスに上乗せ価格が付く場合が多い。一種のプレミアムが付くわけだ。歴史的に、コスタリカやコロンビアなどの国々のコーヒー豆には高値が付く。しかし、こういった取引で主に対象とされているのはコモディティコーヒーであり、スペシャルティコーヒーではない。

Cプライスをすべての基準にすることで問題となるのは、価格が少々流動的なことだ。通常、価格は需要と供給によって決まり、Cプライスにもある程度は当てはまる。世界的にコーヒーの需要が高まった2000年代後半、市場が価格の上昇を見込む一方、コーヒーの供給は足りなくなるように思われた。これにより、コーヒー価格は高騰し、2010年には1ポンド当たり3.00米ドルに達した。しかしこの価格は、単純に需要と供給だけで決まったのではなく、他の要素にも影響を受けていた。利益を得る好機と捉えたトレーダーとヘッジファンドが、少なからぬ資金をコーヒー業界に投入したのだ。これにより、コーヒー市場は、以前

上：1937年、ブラジルのサントス港で船にコーヒーの袋を積み込む様子。現在は、輸送コンテナに300袋ほど格納して輸送されることが多い。

には見られなかった不安定な市場となった。2010年の急騰後、価格は再び落ち込み、ビジネスが成り立たないほどの収益レベルになった。

コーヒー豆のCプライスには生産コストが反映されないため、生産者はコーヒーを栽培しても赤字になってしまうかもしれないのだ。こういった状況は問題視され、さまざまな対応がなされているが、なかでも最も成功した取り組みがフェアトレード運動である。他にも、オーガニック・トレード協会やレインフォレスト・アライアンスなど、持続可能なコーヒー生産を目指す認証機関は数多く存在する(P44下図参照)。

フェアトレード

フェアトレードが実際にはどれほど有効なのか、曖昧な点は幾つかある。だが、良心に恥じることなくコーヒーを買いたいと願う人にとって、便利な判断基準になっていることは間違いない。フェアトレードが保証していることは実際よりも拡大解釈され、(理論上では)すべてのコーヒーが認証されるべきだと考える人も多い。だが、それは事実ではない。さらに悪いことに、コーヒー産業が抱える金融取引の複雑な性質上、生産者がプレミアムを受け取れないと非難されることも多い。

フェアトレードが保証するのは、持続可能だと考えられる基準価格を支払う、または、市場価格がフェアトレードの基準価格を上回った場合、Cプライスに1ポンド当たり0.05米ドルのプレミアムを上乗せすることだ。フェアトレードはコーヒー生産者組合向けに作られた認証システムなので、個人農園には適用できない。トレーサビリティー(生産履歴)が不十分で、報酬が不正利用されずに確実に生産者の元に届けられているか真の保証が必要だという批判も多い。また、コーヒーの品質を改良した生産者にインセンティブが与えられていないといった批判も出ている。スペシャルティコーヒー業界ではこれまで、インセンティブを使って、コーヒーの生産方法の変革を呼びかけてきた。価格が需要と供給のバランスによって決められ、品質や生産地はほとんど考慮されない従来の生産方法とは袂を分かったのだ。

スペシャルティコーヒー産業

スペシャルティコーヒーの焙煎業者が、コーヒーを購入する方法や生産者との関係を表す用語は数多くある。

リレーションシップ:コーヒー生産者と焙煎業者の継続的な取引関係を表すために使われる用語で、よく意見交換を行い、高品質なコーヒーと持続可能な価格設定のために、互いに協力し合うこと。この関係がよい影響を及ぼすため

認証	オーガニック(有機)認証	国際フェアトレード認証	レインフォレスト・アライアンス認証
理念	持続可能である実証された農業の生産システムを作る。自然と調和の取れた方法で作物を生産し、生物多様性を支え、土壌の質を高める。	適正な価格設定や直接取引、地域社会の発展や環境経営を通して、開発途上国の農家のより良い暮らしを支える。	生物多様性の保護、地域社会の発展、労働者の権利、生産性の高い農業の実践を統合して、包括的で持続可能な農業経営を守る。
歴史と発展	19世紀、英国とインド、米国で行われていた活動まで遡ることができる。1967年に初めて認証を行う。国際的に認められたシステムに発展し、世界中で作物が生産されている。	1970年代に、マックス・ハベラーという名前でオランダから始まった取り組み。現在では、ドイツを拠点とする国際フェアトレードラベル機構が、世界20カ国以上にある推進組織と連携して活動している。	1992年、レインフォレスト・アライアンスと、ラテンアメリカのNGOであるサステナブル・アグリカルチャー・ネットワーク(SAN)によって開始。コーヒー農園が初めて認証を受けたのは、1996年である。農園がこの認証を受けるには、生産、環境保護、農家の権利と福祉、地域社会の発展など、すべての基準を満たすことが求められる。

には、焙煎業者は十分な量のコーヒーを生産者から購入しなければならないだろう。

直接取引：最近よく使われるようになった用語で、焙煎業者がコーヒーを購入する際に、貿易業者や第三者からではなく、生産者から直接買い付けること。コーヒー産業における貿易業者が果たす重要な役割が軽視され、彼らが生産者の利益を不正にかすめ取っているかのように描写される点が問題だ。現実的に考えると、焙煎業者が影響力をもつためには、十分な量のコーヒーを買う必要がある。

フェアトレード：コーヒー購入に際し、十分な透明性とトレーサビリティーがあり、生産者に高い対価が支払われているかを重視する。買い付けが倫理的に正しく行われたことを証明する方法はないが、関係者は概して善行を行おうとしている。付加価値をつけようと、第三者機関が関わってくることもあるかもしれない。買い手にどれがフェアトレードコーヒーかと聞かれる場合を除いては、それほど使われる用語ではない。

これらの用語が示唆しているのは、焙煎業者は生産履歴がはっきりしているコーヒーを購入し、サプライチェーンから不要な仲買業者を排除し、高品質なコーヒーの生産を奨励するために対価を払おうとしているということだ。しかし、こういった考え方にも批判がないわけではない。第三者機関の認証がなければ、焙煎業者が主張しているとおりの方法で本当にコーヒーを購入したのかどうか、突き止めるのは難しい。焙煎業者のなかには、生産履歴がはっきりしているコーヒーを輸入業者や仲買業者から購入して、「直接取引」や「リレーションシップ」で手に入れたと主張するものいるかもしれない。

生産者から見ても、こういった方法は長期にわたって取引できる保証はない。買い手によっては、単に毎年いちばん出来の良かったコーヒーを追い求めているだけだからだ。しかしながら、そういった買い手は少なくとも気前よく代金は払ってくれる。こういった取引方法が、良質なコーヒーへの長期的な投資を難しくしている。また、忘れてはならないのが、特に小規模な焙煎業者に対して、仲買業者が価値のあるサービスを提供しているという点だ。世界を駆け巡るコーヒーの流通には専門知識が必要とされるが、焙煎業者の多くは身に付けていないのだ。

消費者へのアドバイス

コーヒーを購入する際、商品がどれだけ倫理的な経路をたどってきたのか、消費者が確認するのは難しい。焙煎業者のなかには、第三者機関が認証する購入計画を立てているものもいるが、それほど多くはない。生産履歴がはっきりしているか、生産者の名前や、少なくとも農園や協同組合、工場の名前が明記されているか、そして適正な対価が支払われているか確認するのが安全だろう。どれぐらい情報公開されているかは国によってまちまちで、詳細はその国の生産工程の中に隠されている。お気に入りのコーヒーを扱う焙煎業者を見つけたら、どのように入手したのか、詳しく聞くとよい。大半の業者が喜んで教えてくれるだろうし、自分の仕事を誇らしげに語ってくれるはずだ。

オークションコーヒー

インターネットオークションで取引されるコーヒーの量は、ゆっくりだが着実に増えている。オークションコーヒーの典型的な形式は、生産国で品評会を開催し、農園主が自ら最高のコーヒーを小ロットで持ち込むというものだ。コーヒーテイスターの審査員が格付けし、順位を付ける。地元の審査員が始めるが、最終的には国際的なバイヤーの幹部クラスがテイスティングにやってくる。最高級のコーヒーがオークションで取引され、特に優勝したコーヒーはかなりの高値が付けられる。オークションの大半ではウェブで価格を公表し、生産工程すべてにおけるトレーサビリティーも知ることができる。

コーヒーをオークションにかけるというアイデアは、コーヒーの品質を重視してブランドを確立しようとしている少数のコーヒー農園に受け入れられた。いったん国際的なバイヤーがしっかり興味をもてば、オークションは機能する。この方式を先駆けて行ったのはパナマのエスメラルダ農園で、品評会で優勝したコーヒーが破格の高値を記録した（P254-257参照）。

収穫されたコーヒーチェリーから、葉や土や枝と一緒に、
未熟な実や熟しすぎた実を取り除く。スクリーン（ふる
い）を使って、手作業で余分な物をふるい分けることが
多い。

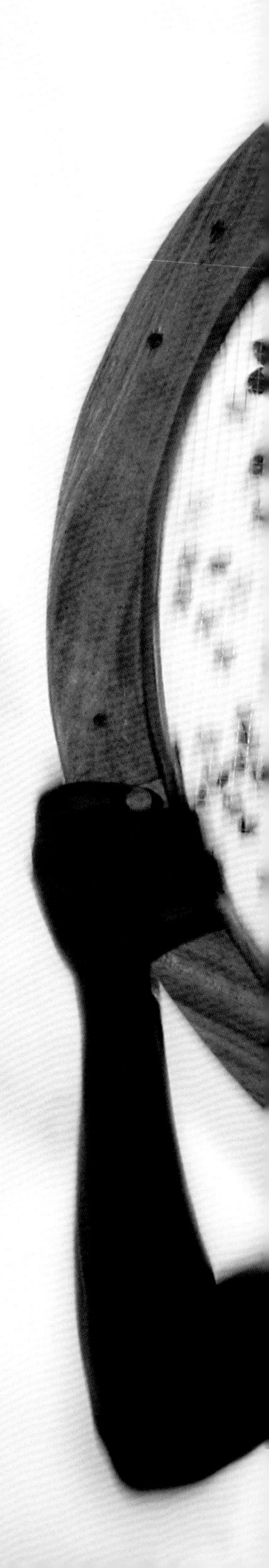

コーヒー飲用の歴史

本書では主な生産地におけるコーヒー栽培の歴史を紹介する。だが生産が拡大するには、まず需要が大きく育つ必要があった。コーヒーは、地球の至る所で飲まれている。水の次に消費されている飲み物という声もあるくらいだ。それを裏づける証拠はないにしても、これほどまでに広く普及し、さまざまな形で楽しまれていることを思えば、うなづくほかはない。

実は、コーヒーが飲まれるようになった起源は曖昧だ。わかっているのは、エチオピアでは早くからコーヒーの実を動物性油脂と一緒に丸め、疲労を回復させる携帯食として用いられていたということ。しかし肝心なパズルのピースが見つかっていない。いったい誰がコーヒーの実から種を取り出し、煎り、すりつぶして粉にし、熱い湯に浸して混ぜたものを飲んでみたのか。この謎は永久に解けないままかもしれない。

コーヒーは15世紀後半には飲まれていた。世界で最初のコーヒーハウスは1475年にコンスタンティノープルにできたキバハンという名前の店だったという話もある。本当だとしたら、飲まれていたコーヒーはイエメンで栽培されたものだろう。コーヒーを飲むという習慣がイエメンですでに広まっていたことは確かなのだ。コーヒーはその後急速に、政治思想や宗教思想と密接に関わり合うようになっていった。そして、1511年にはメッカで、1532年にはカイロでコーヒーハウス禁止令が布告される。しかし民衆のコーヒー熱は衰えず、どちらの禁止令も早々に解除された。

1950 年代の英国ロンドンでは、イタリア式のコーヒーを出すカフェは目新しかった。近年ロンドンでは、コーヒー人気が復活。コーヒー専門店やおいしいコーヒーの滝（い）れ方について、再び注目が高まっている。

世界初のコーヒーハウスは16世紀中頃にヨーロッパに作られた。人々はすぐに、朝はビールやワインではなくコーヒーを飲むようになった。米国では1773年のボストン茶会事件のあと、愛国心を表すために盛んにコーヒーが飲まれたこともあり、急激に人気が高まった。

ヨーロッパ、そして世界へ

コーヒーの飲用がヨーロッパに伝わったのは17世紀。初めは味を楽しむというよりも薬として用いられていた。1600年代初めにはベネチアに伝わっていたが、最初のコーヒーハウスができたのは1645年だ。そして、ロンドンに登場したのが、1652年。その店のコーヒーは、その後100年間もロンドン市民に愛された。コーヒーは間違いなく、文化や芸術、産業、政治に刺激を与え、ロンドンそのものにも影響を与え続けている。

フランスでは、ファッションとしてコーヒーが好まれた。ルイ14世の宮廷に献上されたのが始まりで、貴族がコーヒーを飲むようになり、それがパリ中に広まっていった。

ウィーンでも17世紀後半に、カフェの文化が豊かに花開いた。1683年、第二次ウィーン包囲に失敗したオスマン帝国のトルコ人が残していったコーヒー豆を使って、最初のカフェを開いたのが「ブルーボトル」だという説がある。だが、どうも作り話のようだ。ウィーンに最初のカフェができたのは1685年ということがわかっている。

コーヒー飲用とその文化が広まっていくなかで、重要な転換ポイントとなったのが、1773年に英領北米植民地で起こった、ボストン茶会事件だ。植民地の人々が英本国の圧政に抗議して貿易船を襲撃し、積まれていた紅茶の箱を次々と海に投げ捨てた。それは大英帝国に反旗を翻した重大な事件というだけでなく、米国の人々が愛国心を象徴する飲み物としてコーヒーを選んだ瞬間でもあった。人口が急激に増え、顧客市場も成長し、コーヒー産業において米国の影響力は次第に強まっていった。

新しい技術

米国では、ある重要な技術革新もあった。それは1900年、ヒルスコーヒーという会社がコーヒーを真空パックにして売り出した缶詰だ。おかげでコーヒーは手頃な価格で求められるようになり、世界中どこの家庭にも常備されるようになった。長期保存が可能になり、いちいち焙煎しなくてもよくなった。ただ、町の小さな焙煎業者はたちまち経営が立ち行かなくなった。

ヒルスコーヒーの1年後、加藤サトリという日本の科学者が、溶かしてすぐに飲める粉末状のコーヒーを開発し、特許を取った。最近までインスタントコーヒーの発明者は彼だと信じられてきた。しかし現在では、それより早い1890年にニュージーランドのデイビッド・ストラングが発明していたことがわかっている。インスタント、味よりも便利さを追求したものだ。そう安いわけではなかったが、誰もが簡単にコーヒーを飲めるようになった。今でも、世界中で需要があり、万人に愛されている。

ヨーロッパでも大発明があった。カフェで使われるエスプレッソマシンだ。1884年以降、その原理を使用した特許が複数の人物から次々と出願された。1901年に特許を取得したルイージ・ベゼラが、発明者として紹介されることが多い。

エスプレッソマシンの登場により、カフェではフィルターコーヒーと同じ濃さと量のコーヒーを何杯でも、スピーディーに淹れることができるようになった。技術が飛躍的に向上したのは、高い圧力をかける大きなバネを利用するようになったからだ。この仕組みは1945年にアキーレ・ガジアが開発したものとされている。ただ、どのようにして特許を取得したかについては、よくわかっていない。この圧力をかけた熱湯で抽出したものが、今日私たちがよく知るところのエスプレッソである。小さなカップに淹れた、クレマと呼ばれる焦げ茶色の泡がたっぷりの、濃度の濃いコーヒーだ。

1950年代から1960年代にかけてエスプレッソバーのブームが起こったのは、味が好まれたということもあるが、ファッションとして人気が出たことも大きかった。そして、技術的な面から見ても、カフェにとって好都合だった。1台のエスプレッソマシンがあれば、時間もかけずにさまざまな種類のコーヒーを淹れることができるのだから。

今日のコーヒー

今日のコーヒーについてはスターバックス抜きではとても語れないだろう。そのルーツは、シアトルでコーヒー豆の焙煎と小売りをしていた店だが、それを誰もが知る、世界的な現象と言えるほどのコーヒーショップチェーンに成長させたのは、ハワード・シュルツという人物だった。シュルツはイタリア旅行中にヒントを得たと語っているが、実は、スターバックスのスタイルは当のイタリアでも新しかった。ともあれ、今日、世界のどこででも飲めるほどスペシャルティコーヒーを普及させたのは、まぎれもなくスターバックスをはじめとするコーヒーチェーンだ。屋外でも気軽に楽しめるコーヒーの人気はさらに高まり、そのために多少高いお金を払ってもよいという考えの人々が増えた。スターバックスは今でも多大な影響力を持ち、中国のような新しいマーケットにも積極的に進出している。

では、どのようなコーヒーをスペシャルティコーヒーと呼ぶのか。スペシャルティコーヒーは、産地や味の特徴を重視する。それらによって、淹れ方から売り方、提供の仕方まで変える。昔はただ朝の気つけに飲んでいただけのコーヒーが、今や、飲むことで、自分自身や価値観を示したり、購買意識まで表せるようになった。1杯のコーヒーに、世界中の多種多様な文化が織り込まれているのである。

今日では、自分の嗜好に合った店を利用できる。万人向けで甘く、クリーミーなコーヒー飲料を扱う店から、産地にこだわった豆を使いドリップ式で丁寧に抽出する店まで多種多様だ。

第２章

コーヒー豆から究極の１杯へ

コーヒーの焙煎

焙煎(ばいせん)は、コーヒー産業で最も魅惑的な側面の1つだ。不快な植物の臭い以外ほとんど何のにおいもしない生豆(なままめ)を、信じられないほど良い香りがする深みのあるコーヒー豆に変えてしまう。焙煎したばかりコーヒーは、刺激的でうっとりするような、そして誰の鼻にもおいしそうな香りがする。ここでは、商業規模での焙煎について見ていこう（家庭での焙煎についてはP118-119参照）。

低品質コーヒーの商業規模での焙煎は、数多く研究されてきた。その大半は、焙煎の効率化やインスタントコーヒーの製法に関するものだ。この種のコーヒーは特段興味深いものではなく、フレーバーも豊かではないので、甘味を増す方法や、特定の産地や品種に特有の香りを保持する方法は、ほとんど研究されてこなかった。

世界中にいるスペシャルティコーヒーの焙煎業者は、ほとんどが独学で学び、試行錯誤を繰り返しながら、仕事を覚えてきた。焙煎業者にはそれぞれに独自のスタイル、美学、哲学がある。彼らは自分が気に入っている味を再現する方法はよくわかっているが、その方法の工程全体を十分に理解して、さまざまな焙煎方法を生み出しているわけではない。

だからと言って、上手に焙煎されたおいしいコーヒーにはめったにお目にかかれない、ということではない。世界中ほぼどこの国でも、おいしいコーヒーはある。ということは、焙煎の質に関する見通しは明るいということだ。焙煎技術にはまだ研究や発展の余地が多くあり、向上していく一方なのだから。

スピードと深さ

簡単に言えば、コーヒーの焙煎は、最終的な豆の色（浅いか深いか）と、その色になるまでにかかった時間（短いか長いか）で決まる。コーヒーを「浅煎り」と表現するだけでは不十分なのだ。手早く焙煎されたのかもしれないし、ゆっくりだったのかもしれない。外見は同じように見える豆でも、焙煎時間が違えば、味も大きく異なるのだ。

焙煎工程ではさまざまな化学反応が起きるが、なかにはコーヒーの重量を減らすものもある。それには当然、水分の蒸発も含まれる。14〜20分かけてゆっくりと焙煎すると、わずか90秒の手早い焙煎に比べて、水分は大幅に減る（元の重量より約16〜18%減）。また、より良質で高価なコーヒーになる。

焙煎工程をコントロールすることで、コーヒーの味の3大要素を決めることができる。酸味、甘味、苦味の3つだ。通常、長い時間をかけて焙煎すればするほど、最終的に残る酸味は少なくなると考えられている。反対に、焙煎時間が長くなると苦味が徐々に増すので、深煎りのほうが苦味が強い。

甘味は、酸味と苦味の間でピークを迎える釣鐘曲線を描く。優れた焙煎業者は、焙煎度合いに応じて甘味のピークを調整できる。ロースト・プロファイル（焙煎の設定条件）を変えることで、甘味が強いが酸味もあるコーヒーも、甘味は強いが酸味は強くない落ち着いたコーヒーも、どちらも作り出せる。しかし、プロファイルを変えても、低品質コーヒーの質を改善することはできない。

右ページ：焙煎工程で、コーヒーの味を決める酸味、甘味、苦味が変わる。焙煎業者は、温度と時間を慎重に調整しながら、3つの要素のバランスを取る。

焙煎工程

焙煎には、重要な工程が幾つもある。各工程での温度や時間など各種の設定値を、ロースト・プロファイル（焙煎の設定条件）と呼ぶ。焙煎業者はこのプロファイルを入念にたどることで、温度と時間の制約が厳しいなかでも、同じ焙煎度合いのコーヒーを再現できる。

第 1 工程：乾燥

コーヒーの生豆には重量の 7 〜 11% の水分が含まれ、密度の高い豆の内部に、均等に存在している。豆は、水分を含んだ状態では褐色にはならない。これは食べ物を調理するときにも当てはまる。

生豆を焙煎機に入れてから、十分に熱せられて豆の水分が蒸発しはじめるまでには、多少時間がかかる。そのため、この乾燥工程では、大量の熱とエネルギーが必要になる。焙煎の最初の数分間は、豆は見た目にも香りにもほとんど変化がない。

第 2 工程：豆が色づく

豆から水分が抜けると、最初の褐色反応が始まる。この段階ではまだ豆内部の密度が高く、バスマティ米やパンのような香りがする。じきに豆は膨らみはじめ、チャフと呼ばれる薄紙のような皮が剥がれてくる。焙煎機の中を流れる風で豆からチャフを剥がしたら、燃えないように集めて、取り除く。

乾燥と豆が色づく最初の 2 つの工程は、非常に重要である。乾燥が不十分だと、次の工程で豆を均等に焙煎できない。豆の外側は十分に煎られているのに、内側には火が通っていない状態になってしまうのだ。このようなコーヒーは、外側の苦味と、加熱が不十分な内側から出る酸っぱくて草のような風味が混ざった、不快な味がする。コーヒー豆は部分によって異なる速度で変化するので、いったんこうなってしまったら、その後ゆっくり焙煎したところで、味を修正することはできない。

第 3 工程：1 ハゼ

褐色反応が速まると、豆内部でガス（大部分は二酸化炭素）と水蒸気が発生する。豆内部の圧力が高まると、豆の組織が壊れ、パチパチとはじける音（ハゼ）がして、体積が 2 倍ほどになる。これ以降、なじみのあるコーヒーの香りが生まれ、どの段階で焙煎を止めてもいい。

この工程では、これまでと同じように熱しつづけていても、豆の温度上昇が緩やかになっていくことに気づくだろう。十分な熱を加えなければ、豆を煎るのではなく「焼く」ことになってしまい、質の悪いコーヒーができてしまう。

第 4 工程：焙煎の進行

1 ハゼの後、豆の表面はすべてではないが、かなり滑らかになる。この工程で、豆の最終的な色と焙煎度合いが決まる。焙煎が進むにつれて、豆の酸味は急速に消え、苦味は増していくので、焙煎業者は最終的なコーヒーの酸味と苦味のバランスをここで決める。

第 5 工程：2 ハゼ

この工程でコーヒー豆は再びはじけるが、1 ハゼよりも静かで軽い音が鳴る。2 回目のハゼが起こると、豆の油分が表面に現れる。酸味はほとんど消え、一般に「煎ったような」と表現される新しい香りが生まれてくる。この香りは豆固有の香りに由来するものではなく、豆を焦がしたり焼いたりする際に出るものなので、豆の種類によって変わるものではない。

2 ハゼ以降に焙煎を続けると豆に火が付いてしまうことがあり、特に大型の業務用焙煎機では非常に危険だ。

コーヒーの焙煎で使われる言葉に「フレンチロースト」や「イタリアンロースト」がある。両者とも深煎りであることを指し、コクと苦味が深いが、生豆の特徴の大半は失われている。このタイプの焙煎を好む人は多いが、さまざまな産地で生産された品質の高いコーヒーの味や特徴を楽しむのには向いていない。

生豆

水分10～12%。コーヒーの香りはせず、豆の密度が高く、堅い。

乾燥

水分が蒸発しはじめる。まだ香りはしない。

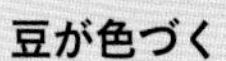

豆が色づく

コーヒーの焙煎が始まる。バスマティ米のような香りがすることが多い。

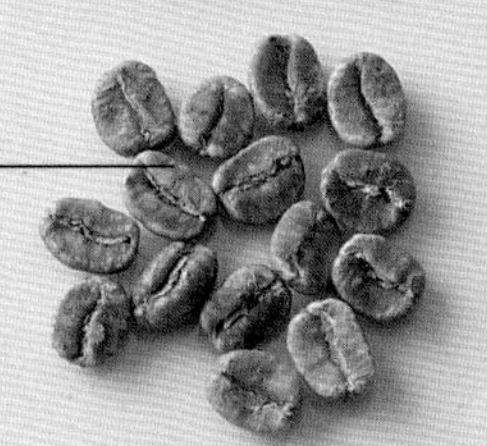

豆が色づく

水分はほとんど抜け、豆が茶色く色づきはじめる。

豆が色づく

色は褐色に近づいてくるが、まだコーヒーよりはパンのような香りがする。

1ハゼ前

豆は褐色になるが、酸味が強く、植物のような香りがする。

1ハゼ

豆内部の蒸気圧が上がり、豆がはじけてサイズが大きくなる。

焙煎の進行

コーヒーらしい香りと味がするが、甘味を増し、理想的な味にするためには、まだ時間がかかる。

焙煎の進行

豆の表面が次第に滑らかになり、香りも良くなってくる。

焙煎の完了

コーヒーが理想の状態に達したかどうかは、焙煎者の判断によることが多い。この状態で十分だと思う人もいれば、まだ続けたいと思う人もいる。

ETUDES
Prises dans le bas Peuple
où
les Cris de Paris
Cinquieme Suitte
1746.
Avec Priv. du Roy
Paris chés Fessard rue de la Harpe vis a vis la rue Serpente
Bouchardon inv.
Gravé à l'eau-forte par C. S. et terminé au burin par Et. Fessard.
Caffé Caffé

コーヒーに含まれる糖

コーヒーの味を説明する際、甘味について語る場合が多い。焙煎工程で糖質がどのように発生するのか、理解しておくことは重要だ。

生豆には相当量の単糖が含まれる。糖のすべてが甘いわけではないが、単糖は通常甘い。糖は焙煎温度によく反応し、豆の水分が蒸発すると、熱に対してさまざまな反応を示しはじめる。一部はカラメル化反応を起こし、ある種のコーヒーにみられるカラメルの香りを作り出す。しかし、気をつけなくてはならないのは、カラメル化反応を起こした糖は甘味が減少し、最終的には苦味が増すということだ。コーヒーのタンパク質と反応して、メイラード反応を起こす糖もある。これは、オーブンで肉を焼くときに見られる褐色反応を指す言葉だが、ココアやコーヒーの焙煎にも使われる包括的な用語である。

1ハゼが終わるころには、コーヒー豆に糖はほとんど残っていない。糖はさまざまな反応すべてに関わっていて、大量の香り成分をもたらす。

コーヒーに含まれる酸

生豆にはさまざまな種類の酸が含まれていて、味が良いものもあれば、悪いものもある。焙煎で特に重要なのは、ポリフェノールの一種であるクロロゲン酸（CGA）だ。嫌な味を出したり、魅力的な香り成分を損なったりすることなく、不快な酸を取り除くことが、焙煎の目指すところである。コーヒーに心地よいすっきりした後味を与えるキナ酸のように、焙煎工程を通じて変化しないものもある。

コーヒーの香り成分

コーヒーの良い香りは、焙煎工程で次の3つの反応のいずれかから生み出される。メイラード反応、カラメル化反応、そしてアミノ酸に関する反応であるストレッカー分解だ。これらはすべて焙煎中に熱によって起こる反応で、800種類を超える揮発性の香り成分が生まれ、コーヒーにフレーバーを与える。コーヒーにはワインより多種の香り成分が確認されているが、個々のコーヒーにそのすべてが含まれているわけではない。とは言うものの、焙煎したばかりのコーヒーの香りはとても複雑で、人工的に正確に再現しようとする試みはすべて失敗に終わっている。

左ページ：コーヒー商人は何世紀もの間、この「香りの商売」に精を出してきた。この18世紀の版画はアン・クロード・ケリュス伯によるもので、パリの街角でコーヒーを売る行商人を描いている。

焙煎の設定条件

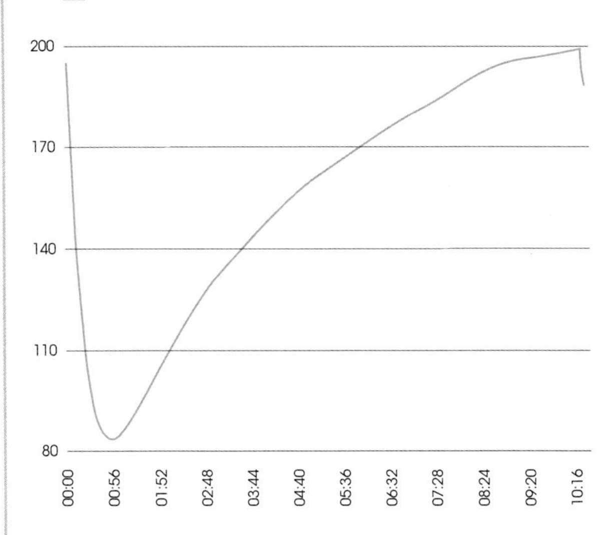

上：焙煎の際、コーヒー豆の温度変化の記録は必須。さまざまなタイミングで焙煎速度を変えることで、コーヒーの最終的な味を変えることができる。

冷却

焙煎が進みすぎたり、不快なフレーバーが出たりするのを防ぐため、焙煎後はすぐにコーヒーを冷却しなければならない。少量の焙煎には冷却トレーが使われる。空気を急速に吸引することで、コーヒーを冷却するものだ。大量の焙煎では、空気だけでは不十分なので、霧状の水をコーヒーに吹きかけ、水が気化する際に豆の熱を奪う。正しく行えばコーヒーの味に影響はないが、コーヒーの劣化が少し早まってしまう。また残念なことに、必要以上に水を吹きかける会社が多い。豆の重量を増し、金銭的価値を上げるためだ。これは倫理にもとるし、味にも悪影響を与える。

焙煎機の種類

焙煎済みの豆より生豆の方が劣化しにくいので、コーヒー豆は消費地の近くで焙煎されることが多い。コーヒーがいちばんおいしいのは、焙煎後1カ月以内。さまざまな焙煎方法があるが、最も良く使われるのは、ドラム型焙煎機と、流動床型もしくは熱風式焙煎機と呼ばれる2つの焙煎機だ。

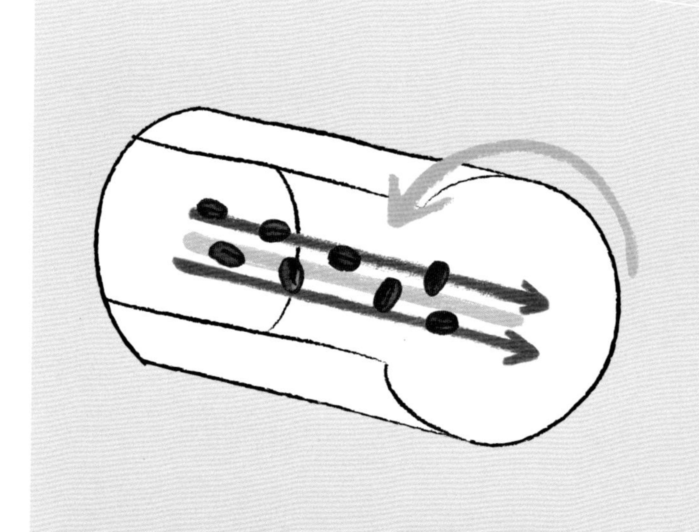

ドラム型焙煎機

ドラム型焙煎機は20世紀初頭に考案され、ゆっくりと焙煎することができるので、技能の高い焙煎業者に人気がある。熱源の上に金属製のドラムがあり、焙煎中は均等に焙煎されるように豆を絶えず動かしている。

このタイプの焙煎機ではガスの炎を調整できるので、ドラムに伝わる熱も調整できる。ドラムを通る空気の流れも調整でき、豆に熱が伝わる速度も決めることができる。

ドラム型焙煎機にはさまざまな大きさがあり、最も大きいものは、1度に約500キロ（1100ポンド）のコーヒー豆を焙煎できる。

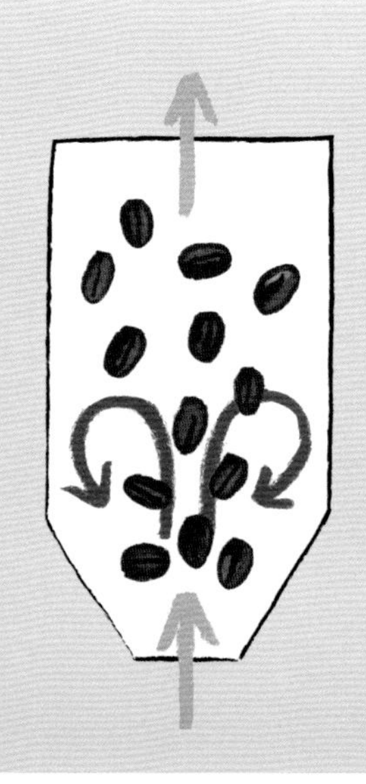

流動床型焙煎機

流動床型（熱風式）焙煎機は、1970年代にマイケル・シベッツが考案したもので、機内で熱風を噴射して、豆を回転させながら熱する。焙煎時間はドラム型焙煎機に比べて非常に短いので、豆は大きめに膨らむ。熱風の量が多いほど豆に早く熱が伝わるので、ドラム型よりも速く焙煎が進む。

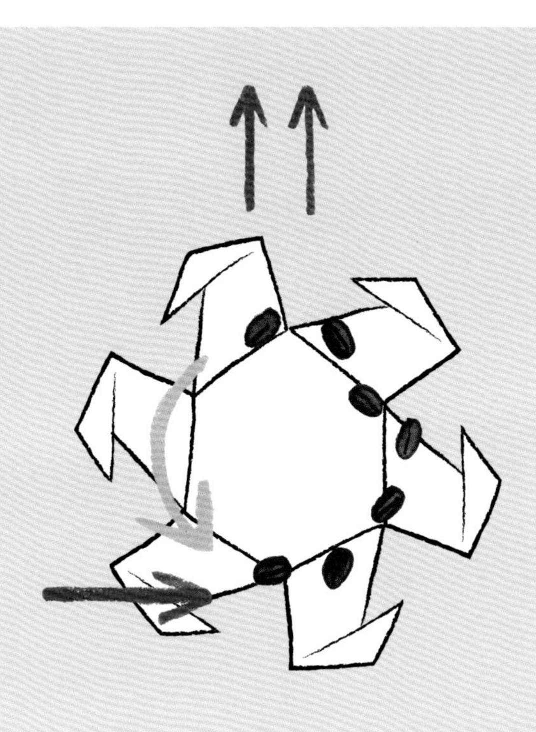

接線型焙煎機

プロバットというメーカーが開発した焙煎機。大型のドラム型焙煎機のように見えるが、内部にあるシャベルで、加熱中に豆を均等にかき混ぜることができるため、多くの豆を効率的に焙煎できる。容量は超大型のドラム型焙煎機とさほど変わらないが、焙煎速度はドラム型より速い。

遠心型焙煎機

遠心型焙煎機では、極めて大量のコーヒー豆を、非常に速く焙煎することができる。円すいを逆さにしたような形の大きな釜に、豆を投入。加熱中は釜が回転し、遠心力で豆が釜の側面上方に引き上げられる。いちばん上まで達すると、豆は釜の中央に放り出されて、再び同じ動きを繰り返す。このタイプの焙煎機なら、焙煎時間を90秒ほどに抑えることもできる。

高速焙煎すると豆の重量が減るのを最小限に抑えられるため、焙煎が完了した豆から抽出できるコーヒーの量は増える。これは、インスタントコーヒーを作る場合には重要だ。しかし、このような高速焙煎は、最高級のコーヒーを作ることを目的としていない。

豆の買い方と保存方法

コーヒーを買うたびに、必ずおいしいコーヒーを入手できる確実な方法はない。だが、店の選び方からコーヒーの保存方法まで、覚えておきたいポイントは幾つかある。それらを心に留めておけば、最高のコーヒーを楽しめる機会は増えるだろう。

スーパーマーケットでコーヒーを買う人は多いが、それは避けたほうがいい。理由はたくさんある。とりわけ、販売されているコーヒーの鮮度を考えると、なおさら避けるべきだ（P64参照）。しかし、スーパーマーケットを避けるべき最大の理由は、専門店でコーヒーを購入することで得られる至極の喜びを見いだせないからだろう。小さな専門店では、コーヒーに情熱を注いでいて、知識が豊富な店員と、良い関係を築く機会がある。コーヒーを買う前にアドバイスをもらったり、試飲ができたりすれば、コーヒーを選ぶ際に役立つ。店員と直接やり取りできれば、心から楽しめるコーヒーを入手できる可能性が高くなるということだ。特に、以前おいしいと思った銘柄を伝えることは大切だ。

濃度の目安

コーヒーの袋の側面に「濃度」の目安が表示されているのを見たことがあるだろう。特にスーパーマーケットで販売しているものに多い。実はこの目安は、濃度とは無関係だ。これが示しているのはコーヒーの苦味の度合いで、通常、コーヒーの焙煎度合いによって決まる。浅煎りのコーヒーは濃度が低く、深煎りは濃度が高いと表示されている。私なら、濃度が等級で区分されているコーヒーは避ける。例外はあるが、たいていの場合、そのコーヒー生産者のいちばんの関心事は品質や味ではないからだ。正確には、濃度はどれくらい量のコーヒーを使うかによって決まる。

トレーサビリティー

世界中に数千もの焙煎業者が存在する。さまざまな農園で栽培されたコーヒー豆は多彩な方法で焙煎され、何十万種類ものコーヒーができるが、そのすべてがおいしいとは限らない。加えて、価格のばらつきや市販の方法の違いが、コーヒーの購入を極めてわかりにくくしている。本書の目的は、コーヒー生産地を紹介し、生産地による味の違いとその理由を説明することにある。私ができるいちばんのアドバイスは、できる限り生産履歴のはっきりしたコーヒーを買うことだ。

ある特定の農園や協同組合が生産したコーヒーを見つけるのは、多くの場合可能だ。しかし、世界のあらゆるコーヒー生産国で、同じレベルのトレーサビリティー（生産地から最終消費地まで生産履歴の追跡が可能な状態）が確立できているとは限らない。P118からの第3章では、コーヒー

上：最高のコーヒーは、厳選された豆から始まる。専門店で、焙煎したばかりの豆を選ぼう。店員は産地に関するアドバイスもしてくれるはずだ。

生産国ごとに、どの程度トレーサビリティーが確立しているか見解を示した。中南米諸国ではたいてい、個々の小さな農園まで、コーヒーの生産履歴を遡ることができる。コーヒーの大半が、個人所有の小さな農園で栽培されているからだ。他国では、農家が小規模の土地を所有するのは珍しく、国の貿易規制で輸出が妨げられることもあり、生産履歴がわかりにくい。

コーヒーのサプライチェーン全体でトレーサビリティーを確立するには、コストがかかる。そして、この手の投資を回収するには、コーヒーを高額で販売するしかない。つまり、上質なコーヒーであればトレーサビリティーを確立する価値があるが、低品質コーヒーで確立しても市場での競争力が失われるだけだろう。コーヒー業界は常に倫理的な問題に悩まされ、第三世界を利用しているというイメージが付きまとうが、コーヒー生産地が明確なのは強力な情報である。通信技術、特にソーシャルメディアに関する通信技術が広がり、発展することで、コーヒーの生産者と消費者がじかに情報交換できる場が増えているからだ。

新鮮なコーヒーのための黄金律

焙煎したばかりのコーヒーのほうがおいしいと誰もが言う。そこで、次のようなアドバイスをしたい。

1 焙煎した日付が包装に明示されているものを選ぶ。
2 焙煎してから2週間以内のものを選ぶ。
3 1度に買う量は、2～3週間で飲み切れる量にとどめる。
4 豆の状態で買い、自宅で挽（ひ）く。

家庭でのコーヒーの保存方法

いったんコーヒー豆の劣化が始まると、劣化の進行を止める手段はほとんどない。新鮮なコーヒー豆を買い、早めに使えば、劣化の影響は少ないはずだが、ここでは、コーヒー豆の鮮度をできるだけ落とさずに、家庭で保存する方法を紹介する。

1. **密閉保存する。**もし閉じ直すことができるタイプの袋であれば、きちんと閉じたか確認する。完全に閉じ直すことのできない袋なら、コーヒー豆をふた付きのプラスチック容器や、コーヒー専用の保存容器など、密閉できる容器に移す。
2. **暗所で保存する。**光、特に日光は、コーヒーの劣化を著しく速める。透明な容器に保存する場合は、容器を光を通さない箱に入れること。
3. **冷蔵庫に入れない。**よく行われている保存方法だが、コーヒー豆を長持ちさせることはない。冷蔵庫の中ににおいの強いものを入れていると、コーヒー豆ににおいが移ってしまうこともある。
4. **乾燥状態を保つ。**密閉容器で保存できない場合は、乾燥状態を保つ。少なくとも、湿気の多い環境には置かないようにする。

長期間、コーヒー豆を保存しなければならない場合は、冷凍庫に入れると、劣化の進行を遅らせることができる。何と言っても重要なのは、密閉容器に入れることである。コーヒーを使用するときは完全に解凍する。このとき解凍するのは、すぐに使う量だけにすること。

上：コーヒー豆は密閉容器に入れ、乾燥した暗所で保存すると長持ちする。

鮮度

これまで大半の人はコーヒー豆を生鮮食品とは考えてこなかった。普段インスタントコーヒーをよく飲む人にとって、コーヒーはかなり長期間劣化しないものだ。スーパーマーケットで販売しているコーヒーは、賞味期限が焙煎後1〜2年であることが多い。コーヒーは常温で保存でき、焙煎後2年間は安全に消費できると考えられているからだ。しかし実際には、2年後にはひどくまずいものになっている。コーヒー愛好家を除く多くの人々にとって、コーヒーは生鮮食品のように扱われないほうが都合が良いのだ。

スペシャルティコーヒー業界はこれまで、世間に強い影響を及ぼすことができなかった。コーヒーの劣化する速さや、どの時点で賞味期限を過ぎるかについて、賛同を得られなかったからだ。おすすめは、ラベルに焙煎した日付が明示されているものを買うことだ。焙煎業者の多くは現在、コーヒーを焙煎後1カ月以内に使うことを勧めていて、私自身もそれに従う。コーヒーは焙煎後2〜3週間がいちばん良い状態で、その後次第に劣化したフレーバーが増えていく。多くの専門店は、最近焙煎されたコーヒーを仕入れている。オンラインショップで焙煎業者から直接購入すれば、焙煎後2〜3日以内に自宅に届くことが多い。

劣化

コーヒーが劣化する際、主に2つの変化が起きている。まず、ゆっくりだが着実に香り成分が消えていく。香り成分はコーヒーにフレーバーと香りを与えるが、変化しやすく、ゆっくりとコーヒーから抜けていく。そのためコーヒーが古くなると、味に魅力がなくなるのだ。

次に、酸素と湿気が引き起こす劣化だ。たいていはあまり好ましくない、新たな味がするようになる。コーヒー豆が変化するにつれ、全体的に劣化した味が増し、本来の特徴がほぼ失われる。劣化したコーヒーは気が抜けて木のような臭いがし、平板ではっきりしない味になりがちだ。

深煎りのコーヒー豆ほど、劣化の進行は速い。焙煎によって豆は多孔質になり、酸素と湿気を通しやすくなって、劣化反応が始まるためだ。

コーヒーを「寝かせる」

さらに問題を複雑にするのが、コーヒーを淹れる前に「寝かせたほうがよい」というアドバイスだ。コーヒー豆を焙煎すると、化学反応が起きて豆が茶色く色づき、大量の炭酸ガスが発生する。ガスの大半は豆の内部に閉じ込められていて、ゆっくりと時間をかけてにじみ出てくる。ガスは最初の2〜3日は急速に抜けるが、その後はゆっくりと抜けていく。挽いたコーヒー豆に湯を注ぐと、ガスが急速に放出され、泡が立つこともある。

エスプレッソは強い圧力をかけて抽出するが、その際コーヒー豆に多量の炭酸ガスが含まれていると、風味を適切に抽出する妨げになる場合がある。多くのコーヒー店では、コーヒーの味を安定させるため、使用前に5〜20日間、コーヒー豆のガス抜きをする。家庭では、焙煎後コーヒーを淹れるまでに、少なくとも3〜4日間空けるのがおすすめだ。しかし寝かせすぎると、1袋使い切るまでにコーヒーが劣化してしまうかもしれない。フィルターで淹れる場合はそれほど重要ではないが、私は焙煎直後より2〜3日たってからのほうが、コーヒーの味が良くなると考える。

コーヒーの包装

焙煎業者がコーヒー豆を包装する方法は主に3つある。どの方法を使うかは、コーヒー豆の保存だけでなく、環境負荷や包装コスト、見た目も考慮して決定する。

クラフト紙の袋

コーヒー豆の油が染み出ることを避けるため、耐油紙で内張りされたクラフト紙の袋を使うことがある。販売の際、袋の口はクルクルと巻かれているが、コーヒー豆は酸素にさらされ、急速に劣化する。この方法を使う焙煎業者の多くは鮮度の重要性を強調し、7〜10日以内に豆を使い切るように勧める。小売りの際、棚に並べたコーヒー豆は可能な限り新鮮であると請け負わなくてはならない。となると、

上:積層フィルムの袋は、開封されるまで劣化の進行を遅らせるので、スペシャルティコーヒーの包装によく使われている。

望ましくない廃棄品を出すことになる。このタイプの包装はリサイクル可能な場合もあり、環境への影響は最小限だ。

積層フィルムの袋

新鮮な空気が入るのを避けるため、コーヒーを詰めるとすぐに封がされるが、炭酸ガスを逃がすバルブがある。コーヒー豆は袋の中でゆっくりと劣化するが、開封すると劣化が速まる。この包装は現在リサイクルできないが、スペシャルティコーヒーの焙煎業者の多くは、コストや環境負荷、鮮度の観点から、この方法を選択することが多い。

ガス置換包装

積層フィルムの袋とほぼ同じだが、封をする際、劣化の原因となる酸素を除去するため、コーヒー豆に窒素などの不活性ガスを機械で吹き付ける。劣化の進行を最も遅らせるが、開封してしまえば進行が始まる。最も効果的な方法だが、追加の設備や包装にかかる時間、不活性ガスにコストがかかるため、広く使われてはいない。

コーヒーのテイスティング

コーヒーを飲むという行為は、日常の決まった習慣と結び付いている。朝起きてまずコーヒーを飲むかもしれないし、仕事の休憩のときに飲むかもしれない。私たちの注意は通常、一緒にいる人や、朝食の最中に読んでいる新聞に向いている。飲んでいるコーヒーの味に深く集中している人はめったにいないが、いったん注意を向けはじめると、味わう能力は飛躍的に上昇する。

コーヒーをテイスティングする際は、口と鼻の2カ所で味わう。口と鼻それぞれで感じる味わいを別々のものとして考えると、テイスティングを学び、どんなコーヒーか説明する際に役に立つ。コーヒーを飲むとまず最初に、舌の上で基本的な味である酸味や甘味、苦味や塩味、風味を感知する。コーヒーの味の説明にはチョコレートやベリー、カラメルといったフレーバーが書かれていて、魅力的に感じるだろう。こういったフレーバーは実のところ、においと同じ方法で感知される。口の中ではなく、鼻腔の嗅球で感知されるのだ。

大半の人々にとって、この2つの体験は完全に組み合わさっていて、味とにおいを切り離して考えることは非常に難しい。極めて複雑な味わいをいっぺんに感じようとするよりも、1つずつ集中するほうがわかりやすいだろう。

テイスティングの専門家

最終消費者に届く前に、生産から流通の過程で、コーヒーは何度もテイスティングされる。その目的は、その都度異なる。まず初期の段階では、欠陥があるかどうかを確認するためだ。焙煎業者は買い付けのために、オークションの審査員は特定地域で産出された最良のロットを格付

テイスティングの評価項目

コーヒーのテイスティングの際には、評価フォームに記録する。工程が異なれば異なる評価フォームが必要になるが、下記は、大半の場合で評価される項目だ。

甘味

コーヒーにどれくらい甘味があるか。これは非常に好ましい特性で、通常、多ければ多いほど良いとされる。

酸味

コーヒーにどれくらい酸味があるか。また、その酸味はどれほど好ましいものか。嫌な酸味が強い場合、コーヒーは「酸っぱい」と表現される。しかし、強く好ましい酸味は、コーヒーに爽やかさやみずみずしさを与える。

コーヒーのテイスティングを学ぶ多くの人々にとって、酸味は評価するのが難しい。コーヒーが酸味を多く含むとは考えていない人も多いだろう。実際、従来、強い酸味は良い特性だと考えられてこなかった。良質な酸味の好例にはリンゴがある。リンゴの強い酸味は素晴らしく、爽やかな印象を与える。

ビールの愛好家がホップの豊かなビールを好むように、コーヒーの専門家は酸味の強いコーヒーを好みがちだ。そのため、コーヒー業界と消費者の間に意見の違いが生まれることがある。コーヒーの場合、フルーツのような独特のフレーバーはコーヒーの濃さによって決まる。通常、コーヒーは濃くなるほど酸味が強くなるので、テイスティングをする人は、酸味の強さを、品質の良さや面白いフレーバーと結び付けて考えるようになる。

口当たり

コーヒーを口にしたとき、軽く繊細で、紅茶のような口当たりか。それともコクがあり、クリーミーで濃厚な口当たりか。この場合もやはり、濃厚であればいいというわけではない。低品質のコーヒーはかなり濃厚な口当たりで、酸味が弱いものが多いが、必ずしも味が良いわけではない。

バランス

バランスは、コーヒーを評価する上で最も難しい特性だ。素晴らしいコーヒーを口に含むと、多種多様な味とフレーバーを感じるが、その調和は取れているだろうか。うまく組み合わされた音楽のようか。それとも、1つの要素が強すぎるか。1つの要素がその1杯を支配していないか。

フレーバー

コーヒーのさまざまなフレーバーや香り(アロマ)だけではなく、それらをどれくらい好ましいと感じたかも記録する。テイスティングの初心者の多くは、この項目をいちばん厄介だと感じる。試飲するコーヒーはそれぞれはっきりと異なるが、言葉で表現するのは難しい。

左ページ：コーヒーの味わいは、コーヒー豆の原産地や精製、焙煎の影響を受け、フレーバーにはっきりした違いが生まれる。

下：テイスティングの専門家は、コーヒーのさまざまな特性を評価するために、下記のような評価フォームを使う。

名前 ____________ 番号 ___ 日付 ____ ラウンド 1 2 3 セッション 1 2 3 4 5 TBL番号 ___ 国 ________

	ロースト色	アロマ ドライ クラスト ブレーク (3 2 1 / 3 2 1 / 3 2 1)	欠点 #×i×4＝スコア	カップのきれいさ 0 4 6 7 8	甘味 0 4 6 7 8	酸味 0 4 6 7 8	口当たり 0 4 6 7 8	フレーバー 0 4 6 7 8	後味 0 4 6 7 8	バランス 0 4 6 7 8	総合評価 0 4 6 7 8	総合スコア (+36)
1.												□
2.												□
3.												□
4.												□
5.												□

上：コーヒーが消費者に届く前に、テイスティングの専門家がコーヒーを格付けする。焙煎業者やカフェのオーナーも、フレーバーの確認と品質管理のため、テイスティングする。

けするために行う。焙煎業者は品質管理の一環として、焙煎の手順が適切に行われたかを確認するために、再度テイスティングする。カフェのオーナーはコーヒー豆を仕入れる際にテイスティングするかもしれない。最終的には消費者が、願わくば楽しみながら、テイスティングすることになる。

コーヒー業界では、客観的にテイスティングするために、「カッピング」と呼ばれる標準化された方法を使う。カッピングは、淹れ方によってフレーバーが影響を受けることを避け、テイスティングするすべてのコーヒーを可能な限り平等に扱うことを目的としている。淹れ方が悪いとコーヒーのフレーバーを劇的に変えてしまうので、非常にシンプルな淹れ方が用いられる。

決まった量のコーヒー豆を量り、それぞれ器に入れる。同じ条件で挽いたコーヒー豆に、一定の量の沸騰させた湯を注ぐ。例えば、12グラム（1/2オンス）のコーヒー豆に、200ミリリットル（7液量オンス）の湯を注ぎ、4分間浸す。

最後に、クラストと呼ばれる、器の表面に浮いた粉の層を崩してかき混ぜる。こうすることで、ほとんどすべてのコーヒーの粉が器の底に落ち、抽出が止まる。表面に浮いた粉や泡を取り除けば、テイスティングの準備が完了だ。

コーヒーが安全な温度になったら、テイスティングを始める。テイスティングの際は、スプーンを使って少量のサンプルをすくい、ズズッと音を立てて、勢いよくすする。このようにすると、コーヒーが空気を含み、口の中で霧状に広がる。これはテイスティングに不可欠な作業ではないが、テイスティングが少し簡単になる。

自宅でテイスティングを練習する

テイスティングの専門家は消費者に比べて、なぜあれほど早く技術を身に付けられるのか。カッピング専用の器やスプーン、評価フォームを使うからではないし、コーヒー産地に関する莫大なデータをもつからでもない。普段から、味を比較する機会が多いからである。コーヒーテイスターは、意識を集中してテイスティングを行うことで、技術を身に付けているのだ。これは自宅でも簡単に実践できる。

1　特徴が大きく異なる2種類のコーヒーを買う。地元のコーヒー焙煎業者や専門店にアドバイスを求めるといい。比較はテイスティングにおいて非常に重要な部分を占めている。1度に1種類のコーヒーしかテイスティングしないと、比較することができず、前に飲んだコーヒーの記憶に頼って判断することになる。たいていそれは不正確なものになりがちである。

2　できるだけ小さなフレンチプレス（P78 参照）を2つ購入し、2つの小さなカップにコーヒーを淹れる。大きなフレンチプレスやカップで淹れてもよいが、この方法なら、コーヒーを淹れすぎて無駄にするのを防ぐことができる。

3　少しコーヒーを冷ます。熱い状態よりも、温かいくらいのほうが、はるかに容易にフレーバーを判別することができる。

4　2つを交互にテイスティングしてみる。一方を数口すすってから、もう一方をすすってみる。2つを比べて、味について考える。評価基準がないと、この比較は非常に難しい。

5　まず最初に、2つの口当たり、舌触りをじっくりと確かめる。どちらをより重く感じるか。より甘いか。より爽やかな酸味を感じるか。テイスティングの際はラベルを読んではいけない。その代わりに、それぞれのコーヒーについて感じたことをメモしておく。

6　フレーバーについては悩まなくてよい。フレーバーはテイスティングにおいて最も手ごわい部分だ。焙煎業者はフレーバーという言葉を「ナッツのような」「花のような」といった特定の香りを表現するためだけでなく、さまざまな味わいを伝えるのに使う。例えば、「熟したリンゴ」と表現すれば、甘味や酸味も期待させることができる。個々のフレーバーをはっきりと判別できるなら、それを書き留めておこう。もし判別できなかったとしても心配には及ばない。思いつきの言葉であれ、特定のフレーバーに関することであれ、テイスティングの際にメモした言葉や表現は、どんなものでも役に立つ。

7　テイスティングを終えたら、自分のメモと、コーヒーの袋に書いてある焙煎業者の説明を比較する。焙煎業者が伝えようとしていることがわかるだろうか。袋のラベルの説明に自分が感じ取った言葉が見つかれば、フラストレーションは収まるだろう。あるとき突然わかるようになることもあるが、これがコーヒーのフレーバーを表す語彙を身に付ける過程なのだ。コーヒー業界のベテランも常に努力を怠らない。

下：テイスティングの技術は、コーヒーを比較することで磨くことができる。特徴の異なる2種類のコーヒーを選んで淹れ、口当たりや味、酸味やフレーバーを比較してみよう。

コーヒーの挽き方

挽き立てのコーヒーの香りは、刺激的で心を揺さぶるものであり、表現することすら難しい。ある意味で、この香りを楽しむためだけでも、コーヒーミルを購入する価値がある。しかしながら、自宅で挽いた豆で淹れたコーヒーは、あらかじめ挽いた豆を購入して淹れた際とは、味に非常に大きな違いが出る。

コーヒーを淹れる前に豆を挽くのは、粉にして豆の表面積を増やし、豆の中に閉じ込められているフレーバーを十分抽出して、おいしい1杯を淹れるためだ。豆を挽かずにそのままの状態で淹れると、とても薄いコーヒーになる。豆を細かく挽けば挽くほど表面積は増え、理論上は、湯にさらされる量が増え、コーヒーの抽出も速くなる。

淹れ方によって豆の挽き具合を考えることは重要だ。粉の大きさによって抽出速度が変わるので、豆を挽く際には粉の大きさが均一になるようにしなければならない。また、コーヒーは粉にすると、それだけ多く空気にさらされることになり、劣化が早まる（P64参照）。そのため、淹れる直前に必要な分だけ豆を挽くのが望ましい。

家庭向けコーヒーミルには、次の2つのタイプがある。

プロペラ式電動ミル

よく使われている、手頃な価格の電動ミル。モーターに取り付けられた金属の刃が回転して、豆を細かく砕く。最大の問題は、粉の大きさにばらつきが出ることだ。非常に細かい微粉と大きな粒の粉ができてしまうことがある。このように挽いたコーヒーを淹れると、微粉は苦味を、大きな粒の粉は不快な酸味を生じさせてしまう。粒の大きさが均一でない状態で淹れたコーヒーは味が落ちる。

上：臼歯式ミルは粉の大きさを均一に挽くことができ、大きさも調節することができる。家庭でおいしいコーヒーを淹れるために理想的な投資である。

臼歯式ミル

臼歯式ミルは普及しつつあり、電動ミルも手動ミルもある。バーと呼ばれる刃の付いた2枚の円盤が、隙間を空けて取り付けられている。隙間の大きさを調節することで、粉の大きさを変える。豆は隙間と同じ大きさになるまで挽かれるので、粉の大きさはきれいにそろう。粉の大きさが均一で調節もできるため、臼歯式ミルはおいしいコーヒーを淹れるのに理想的である。

臼歯式ミルはプロペラ式ミルより価格は高いが、手動ミルなら比較的安く、かつ使いやすい。コーヒー好きにはかけがえのない投資になる。特にエスプレッソを淹れたときによくわかる。ただし、エスプレッソは粒の大きさが大変重要で、百分の数ミリの大きさの違いが味を左右するため、エスプレッソを淹れるのであれば、極細挽きが可能なエスプレッソ用の臼歯式電動ミルの購入をおすすめする。ドリップ用とエスプレッソ用、両タイプの豆を挽けるミルもあるが、たいていはどちらか一方にしか対応していない。

上：プロペラ式ミルで挽いた豆（左）は粉の大きさにむらがあり、バーと呼ばれる刃が付いた円盤を２枚持つ臼歯式ミル（右）で挽いた粉よりも、淹れたコーヒーの味は劣る。

刃の材質はメーカーによって異なるが、スチールやセラミックが使われる。長く使用すると刃が鈍くなり、コーヒー豆をきれいに挽くのではなく粉砕するようになって、微粉が増えてしまう。微粉はコーヒーの味を苦く、深みに欠けたものにするので、刃の交換はメーカーが推奨する頻度を守ろう。小さいながらも、貴重な投資となる。

コーヒー愛好家の多くは、いい道具をそろえたがる。私はまず、良いミルの購入を強く勧める。高価なミルであれば、粉の大きさを均一に挽けるモーターや刃を備えている。最高級のミルと家庭用の小さなエスプレッソメーカーで淹れたコーヒーは、廉価なミルと最高級の業務用エスプレッソマシンで淹れたコーヒーよりもおいしいのだ。

コーヒーの濃さと粉の大きさ

ミルを使用する際、残念ながらすべてのコーヒーを同じように挽いてはいけない。深煎りの豆ほどミルの中で砕けやすいので、やや粗めに挽く必要があるだろう。

また、ブラジル産からケニア産のコーヒーへといったように、普段飲んでいるコーヒーよりも高い標高で育ったコーヒーに変える場合、いつもより粉が細かくなるようにミルの設定を変える必要がある。何度かコーヒーを変えれば、粉の大きさをどれくらいに調節すればいいかがわかるので、まずいコーヒーを何杯も淹れずに済むようになる。

粉の大きさ

粉の大きさについて語るのは、決して簡単ではない。「粗挽き」「中挽き」「細挽き」という表現はあくまで相対的なもので、あまり参考にならない。コーヒーミルのメーカー間で共通の基準があるわけではなく、あるミルで「5」に設定して挽いたコーヒーが、別のミルで同じく「5」に設定した場合と、粉の大きさが完全に一致することにはならない。

下に、粉の大きさを示す用語を、実物大の粉の写真とともに示す。これを参考にすれば、完璧な挽き方に近づけることができるだろう。あとは毎朝少し練習を積めば、非常に短期間で、はるかにおいしい１杯を淹れられるようになる。

コーヒーに適した水

おいしい1杯を淹れるには、使う水も非常に重要な役割を果たす。下記の提案はやや大げさに感じるかもしれないが、使う水にほんの少し気を配るだけで、驚くほどおいしいコーヒーを楽しむことができる。

硬水地域で暮らしているなら、ミネラルウォーターの小さなボトルを1本買って、コーヒーを1杯淹れてみよう。その後すぐに水道水を使って、同じやり方でもう1杯淹れてみよう。両者を比較すると、経験豊かなコーヒーテイスターからコーヒーに興味をもった初心者まで、誰もがその質の違いにショックを受ける。

水の役割

水は1杯のコーヒーに不可欠な成分で、エスプレッソなら約90%、ドリップコーヒーなら約98.5%を占めている。そもそもまずい水を使えば、コーヒーも当然まずくなる。塩素臭い水を使えば、その水で淹れたコーヒーはひどいものになる。多くの場合、活性炭入りの単純な構造の浄水器(ブリタ浄水フィルターなど)は、まずい味の除去には役に立つが、コーヒー用の完璧な水にはならないかもしれない。

コーヒーを淹れる際、水は溶媒として、コーヒーの粉からフレーバーを抽出する働きをするため、水の質は重要だ。水の硬度や含有ミネラルが、1杯の出来を大きく左右する。

水の硬度

水の硬度とは、カルシウム塩やマグネシウム塩などがどの程度水に溶解しているかを示したもので、その地域の岩盤がどのような性質かで決まる。水を温めると、石灰のかす(炭酸カルシウム)が水に溶け込むが、時間がたって湯が冷めるとチョークのように白く固まる。硬水地域に暮らしている人は、やかんやシャワー、洗濯機にたまる白いかすに悪戦苦闘しているだろう。

水の硬度は、湯とコーヒーの粉の混ざり方に大きく影響する。硬度が高くなると、コーヒーの成分が溶け出す速度が変わり、コーヒーの抽出を化学的なレベルで本質的に変えてしまう。大まかに言うと、若干硬度があるのは望ましいが、中度、もしくはそれ以上の硬度の水は、コーヒー用の水には適していない。微妙な違いや甘味、複雑さなどをうまく出せないからだ。実用的な面から言えば、エスプレッソメーカーやドリップ式のコーヒーメーカーなど、機械で水を温めるタイプのコーヒーメーカーで淹れる場合には、軟水を使うことがとても重要だ。石灰のかすがたまると、コーヒーメーカーに異常を来す。そのため、多くのメーカーが、硬水の利用は保証対象外としている。

右:コーヒーに使う水の質は、味に影響を与える。ミネラルウォーターが理想だが、浄水器にかけた水もコーヒーのフレーバーを高める。

含有ミネラル

良いフレーバーや少し硬度があること以外に、水に強く求めるものはあまりないが、含有ミネラルは少なめであるほうが望ましい。EU加盟国のミネラルウォーターメーカーは、ボトルに含有ミネラルを表示することが義務付けられている。通常、「総溶解固形分（TDS）」または「180℃における蒸発残留物」が表示されている（日本では、栄養成分表示に記載がある）。

完璧な水

米国スペシャルティコーヒー協会（SCAA）は、コーヒー用の完璧な水の推奨ガイドラインを発行している。下の表はその要旨である。

自宅に供給される水質について知りたければ、水道事業者に問い合わせるか、ウェブサイトを見てみよう。水道事業者は、供給している水の含有物のデータを公表する義務を負う。もし情報が得られなかったら、ペットショップで販売されている水質検査キットを購入しよう（魚の水槽の水を検査するために売られている）。このキットを使えば、重要な成分を正確に測定することができる。

水を選ぶ

水の選択に関する情報はやや広範囲にわたり、複雑でもあるが、以下のようにまとめることができる。

- 軟水、もしくはやや硬水の地域に住んでいるなら、水道水を使用してもいい。ただし、味を良くするために、浄水器にかけてから使おう。
- 中度からかなり高度の硬水の地域に住んでいるなら、コーヒー用には今のところ、ボトル入りの水が最も適している。できるだけ下の表の目標値に近い水を選ぼう。スーパーマーケットのプライベートブランドの水は、有名ブランドのものよりも含有ミネラルが少ない傾向にある。ボトル入りの水が必ずしも理想的というわけではないが、コーヒーに適した水を使うようにしよう。

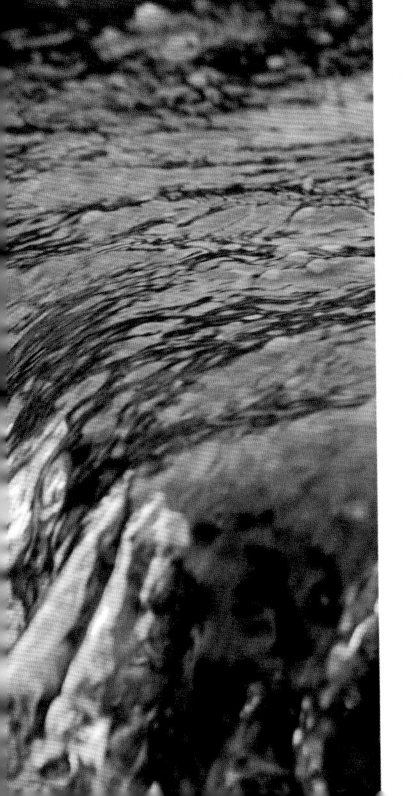

コーヒー用の完璧な水のガイドライン

	目標値（100ml当たり）	許容範囲
におい	クリーン、爽やか、無臭	
色	クリア	
塩素	0mg	0mg
180℃における 総溶解固形分（TDS）	15mg	7.5～25mg
カルシウム硬度	6.8mg	1.7～8.5mg
アルカリ度	4mg	4mg前後
pH値	7.0	6.5～7.5
ナトリウム	1mg	1mg前後

SIMONELLI
MVSICA

抽出の基本

コーヒー豆の収穫から、カップにコーヒーが注がれるまでの工程で、抽出は最も重要なポイントだ。ここに至るまでの努力や、コーヒーの秘める可能性とおいしさすべてが、抽出の失敗によって失われかねない。抽出は驚くほど簡単に失敗する。しかし、基本的な原理を理解すれば、より良い結果を得られる上に、抽出の工程そのものをより楽しめるだろう。

樹木と同様に、コーヒー豆はほとんどがセルロース（植物繊維の主成分）でできている。セルロースは湯に溶けないので、抽出後に捨てるコーヒーの出し殻がセルロースだ。大まかに言って、その他のコーヒー豆の成分はすべて湯に溶け出し、カップに注がれる。しかし、コーヒーから抽出される成分のすべてがおいしさにつながるとは限らない。

1960年代から続いている研究がある。おいしいコーヒーを淹れるには、どのくらいの量を抽出するのがいちばんいいかというものだ。抽出が十分でなければ、味が薄いだけでなく、強い酸味や渋味が出ることもある。この状態を「抽出不足」という。また、抽出しすぎて苦味や雑味が出てしまった状態は「過抽出」という。

希望通りの量をコーヒーの粉から抽出できるかどうかは、計算で求められる。昔は単純な方法を使った。抽出前にコーヒーの粉の重さを量り、抽出後に出し殻を低温のオーブンに入れて乾かす方法だ。乾かした出し殻と抽出前のコーヒーの粉の差分が、抽出量になる。

現在は、専用の濃度計とスマートフォンのアプリを使えば、抽出量を簡単に求められる。通常、おいしいコーヒー1杯には、使ったコーヒーの粉の質量の18～22%が抽出されている。家庭でコーヒーを楽しむ人には正確な数値は重要ではないが、コーヒーをよりおいしくするために、さまざまなパラメーターをどう調整すればよいか知っておくと、役に立つだろう。

左ページ：家で淹れるおいしいコーヒーは個人の好み次第だが、湯とコーヒーの割合は理解しておくべき点だ。

濃さ

「濃さ」は、コーヒーの説明に使う重要な用語だが、広く間違った使われ方をしている。スーパーマーケットで販売されているコーヒーのパッケージに見られるような、焙煎度合いや苦味の強さを表現するのに使われるのは、適切でない。

コーヒーの説明に使う「濃さ」とは、アルコール飲料の説明に使う用語と同じ意味で使われるべきだ。アルコール濃度が4%のビールでは、総量の4%がアルコールであるという意味だ。同様に、濃いコーヒーとは、薄いコーヒーよりも高い割合でコーヒーが抽出されているものを指す。濃度には、どのくらいが正しいという決まりはなく、個人の好みで決めればよい。

コーヒーの濃度を調整するには、2つの方法がある。まず、最も一般的なのは、コーヒーと湯の割合を変える方法だ。コーヒーの粉をたくさん使って抽出すれば、それだけコーヒーは濃くなる。濃度は、60グラム／リットルのように、湯1リットル当たりのコーヒーの粉の分量で表現する。この濃さで抽出するには、まず淹れたいコーヒーの量を考える。例えば、500ミリリットルのコーヒーを淹れたければ、使うコーヒーの粉は30グラム、と計算で求められる。

コーヒーと湯の好まれる割合は、世界各地で異なる。40グラム／リットル程度の薄いものから、ブラジルやスカンディナビアのように100グラム／リットル近くになる濃いところもある。好みの割合が見つかると、淹れ方にかかわらず、その割合を変えない人が多い。まずは、60グラム／リットルから始めてみてはどうだろう。家庭でコーヒーを飲む場合、コーヒーの粉と湯の割合を変えることで、コーヒーの濃さを変えることが多いが、必ずしも最良の方法とは限らない。

コーヒーの濃さを変えるには、抽出度合いを変える方法もある。フレンチプレスを使ってコーヒーの粉を湯に浸すと、成分がゆっくりと溶け出すので、長く抽出するほど濃いコーヒーが出来上がる。コーヒーの粉から苦味や雑味が溶け出す前に、良いフレーバーだけを抽出するよう調整するのが難しい。まずいコーヒーが出来上がったとき、抽出度合いを変えようと考える人は少ない。しかし、抽出の失敗は、必ず残念な結果を生むことになる。

正確な計量

淹れ方を少し変えるだけで、コーヒーの味に大きな違いが出る。最も違いが顕著なのが湯の量で（P75参照）、常に一定の量を使うのが重要だ。コーヒーメーカーをはかりの上に置いて、注いだ湯の量が正確にわかるようにするのがよい。湯1ミリリットルは1グラムである。湯の量を量ることでコーヒーの質が上がり、常に一定の味が出せるようになる。シンプルなデジタルスケールはそれほど高価ではないし、すでに台所で使っている人も多いだろう。最初はこだわりすぎだと思うかもしれないが、この方法を始めると、もう元には戻れない。

ミルク、クリーム、砂糖

コーヒー愛好家ならご存じだと思うが、ミルクや砂糖はコーヒー業界で働く人たちにはタブーのようなものと考えられている。これを専門家気取りと考える人は多いし、コーヒーの専門家と消費者とで議論のある点でもある。

コーヒーの専門家が見落としがちなのが、世界中で飲まれているコーヒーの大半は、飲みやすくするために他のものが必要であるということだ。正しく焙煎されず、間違った方法で淹れられた安いコモディティコーヒーは、非常に苦く、まったく甘味がない。ミルク、さらにクリームを加えることで苦味をある程度和らげ、砂糖が口当たりを良くする。多くの人はミルクと砂糖を入れたコーヒー味に慣れていて、丁寧に淹れた魅力的なコーヒーにも入れてしまうのだ。バリスタ（コーヒーを淹れる技術者）や焙煎家、コーヒー愛好家は、不満に感じるかもしれない。

上質のコーヒーはそれ自体に甘味があり、ミルクを入れてしまうと、苦味は抑えられるが、コーヒー自体のフレーバーを目立たなくしてしまい、生産工程や生産地の土壌（テロワール）から生まれた特徴を隠してしまう。

私はいつも、何か加える前に、まずはコーヒーのそのものの味をみることを勧めている。何も加えずブラックのままではあまり飲みやすくないなら、ミルクや砂糖を入れておいしく味わえばよい。しかし、ブラック以外でスペシャルティコーヒーの世界を体験するのは非常に難しい。時間と労力をかけてその良さを理解しようとすれば、満足感が得られるはずだ。

左：常においしいコーヒーを淹れるには、デジタルスケールの購入がおすすめだ。

右ページ：上質のコーヒーにはそれ自体に甘味がある。ミルクや砂糖を加えるかどうかの好みは人それぞれだが、まずは何も加えずに味わってみるといい。

フレンチプレス

フレンチプレスは、カフェティエールやプランジャーポットなどとも呼ばれる器具だ。コーヒーの淹れ方としてはおそらく最も過小評価されているが、器具は安価で、取り扱いも簡単、繰り返し使えるので、おすすめだ。

フレンチプレスという名前から考えると驚かれるかもしれないが、現在最もよく使われている形のフレンチプレスは、1929年にイタリアのアッティオ・カリマーニが発明し、特許を取得している。しかし、1852年にフランスのマイヤーとデルフォージュが、よく似た抽出器の特許を取った。

フレンチプレスは浸漬式の抽出器だ。コーヒーの抽出法のほとんどは、湯がコーヒーの粉を通り抜けていく。しかしフレンチプレスでは、粉は湯に漬かった状態になるので、より均等な抽出ができる。

フレンチプレスでもう1つ特徴的なのは、金属のフィルターを使って、抽出液からコーヒーの粉を取り除く点だ。フィルターの目が比較的粗いので、湯に溶けないコーヒーの成分もカップに入ることになる。そのおかげで、コーヒーオイルや湯の中に浮いている微細なコーヒーの粉が少量カップに入り、コクのあるこってりとした味わいのコーヒーになる。反対に、フレンチプレスの欠点は、沈殿物だ。これを嫌って、フレンチプレスを敬遠する人は多い。カップの底にコーヒーの沈殿物が一定量残ってしまい、誤って飲んでしまうとかなり不快で、口の中が砂っぽくなる。

右ページに示すやり方を実行すれば、沈殿物を極力減らして、おいしいコーヒーを淹れることができる。多少手間と時間をかけることになるが、この方法なら、コーヒー豆本来の独特のフレーバーや持ち味を簡単に味わえる、最高の1杯を淹れることができる。

右：フレンチプレスで淹れたコーヒーは、均等に抽出される。金属のフィルターで粉を取り除くので、微細な粉が湯にフレーバーを与えけ、コクのあるこってりとした味わいのコーヒーになる。

フレンチプレスでの抽出法

コーヒーの粉と湯の割合：75グラム／リットル
ドリップ式と同じ濃さのコーヒーをフレンチプレスで淹れるには、コーヒーの量を少し多めにするのがお勧めだ。

挽き方：中挽き（P71参照）
フレンチプレスを使う際、非常に粗くコーヒー豆を挽く人が多いが、ミルが極細挽き用で、すぐにコーヒーが苦くなってしまう場合を除いて、粗挽きにする必要はない。

1 コーヒーを淹れる直前に豆を挽く。挽く前にコーヒー豆を計量しておくこと。
2 やかん1杯の湯を沸かす。コーヒーには、ミネラルをあまり含まない、汲みたての水が適している。
3 挽いたコーヒーの粉をフレンチプレスに入れ、はかりに載せる（写真A）。
4 粉の割合が75グラム／リットルになるよう量りながら、正確な量の湯を注ぐ。速めに注ぎ、コーヒーの粉を満遍なく湯に浸す。
5 そのまま4分間置き、コーヒーを抽出する。この間にコーヒーは湯の表面に浮かび上がり、表面を覆う膜のようなものを形成する。
6 4分たったら、大きなスプーンで表面の膜をかき混ぜる。これでほとんどのコーヒーの粉は器の底に落ちていく。
7 少しの泡とコーヒーの粉が表面に残るので、スプーンですくって捨てる（写真B）。
8 さらに5分置く。まだ飲むには熱すぎるし、置くことで、細かいコーヒーの粉がさらに底に落ちていく。
9 金属フィルターを器の上部にセットするが、急に押し下げてはいけない。急にフィルターを下げると対流が起こり、器の底にあるコーヒーの沈殿物を巻き上げてしまう。
10 金属フィルターを通して、コーヒーをゆっくりとカップに注ぐ。底の方になるまで、沈殿物はほとんど出てこない。最後の1滴までゆっくり注ぐことができれば、沈殿物のほとんどない、おいしくてよいフレーバーのコーヒーを淹れることができる（写真C）。
11 少し冷まして、コーヒーを楽しむ。

コーヒーは抽出が終わったら残さず注ぐよう勧める人は多い。過抽出になるのを防ぐためだ。しかし、上記の方法なら過抽出にはならないし、雑味も出ないので、心配は無用だ。

フィルターを使ったドリップ式抽出法

「ドリップ」という用語は、実にさまざまな抽出方法を説明するために使われる。どの方法にも共通しているのは、コーヒーの層に湯を通してフレーバーを抽出する、透過式であるという点だ。通常、抽出液からコーヒーの粉をこすために、フィルターを使う。フィルターの材質は、紙や布、目の細かい金属フィルターなどさまざまだ。

コーヒーを抽出して飲む行為が始まった頃から、容器に載せるタイプのシンプルなフィルターはおそらく存在していたが、器具が画期的な変化を遂げるのは、比較的後のことだった。元々使われていたのは布製フィルターだけだったが、ドイツの起業家メリタ・ベンツが1908年、ペーパーフィルターを発明した。現在、彼女の孫が社長を務めるメリタ・グループは、ペーパーフィルターやコーヒー豆、コーヒーメーカーなどを販売している。

ペーパーフィルターの発明を機に、それまで普及していた抽出器、電動パーコレーターの使用は下火になっていった。パーコレーターは、内部にあるパイプで粉に湯を循環させてコーヒーを抽出する器具で、これを使ってコーヒーを淹れると、ひどく苦くなってしまう。その後起きた、ドリップ式の抽出方法を大きく躍進させたある出来事により、パーコレーターは引導を渡されることになる。コーヒーメーカーの登場だ。発明したのは、ドイツのビゴマート社(Wigomat)である。さまざまな種類のコーヒーメーカーが今も絶大な人気を集めているが、どれもがおいしいコーヒーを淹れられるわけではない(P85参照)。

現在、さまざまなブランドが多種多様な抽出器具を販売している。どれも抽出という同じ目的のために設計されているが、それぞれに強みや独自性がある。ありがたいことに、ドリップによる抽出の原理は普遍的なものなので、抽出器具を変えても、抽出技術は簡単に応用できる。

基本原理

ドリップ式でコーヒーを淹れる場合、3つの要素を変化させることで、コーヒーの味わいに影響が出る。あいにくこれらの3要素は互いに無関係ではないため、コーヒーの粉と湯の両方を正確に量ると役に立つ。朝起きて最初に寝ぼけた目でコーヒーを淹れるときなどは、特にそうだ。

ドリップポット

ドリップ式でコーヒーを淹れる場合、湯を注ぐ速度が重要になってくる。普通のやかんからゆっくりと慎重に湯を注ぐのは一苦労なので、近年では、専用のドリップポットを使用するカフェが急増している。コンロにかけて湯を沸かすものが一般的だが、電気ポットもある。どちらにも共通しているのは、注ぎ口がとても細いため、かなりゆっくりと一定のペースでコーヒーに湯を注ぐことができる点だ。

コーヒー業界での人気はともかく、ドリップポットが家庭での抽出器具として本当に費用ほどの価値があるかどうか、私自身は疑問を持っている。湯を注ぎやすいのは確かだが、正しく使用しないと湯の温度が下がって、コーヒー豆本来の実力を十分に発揮させる抽出ができなくなってしまう。コーヒーの粉にゆっくりと湯を注ぎたいだけなのに、過度に気を遣わなければならないややこしい器具に見られかねない。とはいえ、よくやってしまうのだが、湯を注ぐ速度が毎回ばらばらで、コーヒーの味が毎回変わってしまうのは、よい状況ではない。

1　**コーヒーの粉の挽き具合**　コーヒーの粉が細かいほど、湯が透過する際に抽出される成分が多くなる。粉の表面積が大きくなるし、湯が透過するのに時間がかかって抽出時間が長くなるからだ。

2　**抽出時間**　抽出時間は、湯がコーヒーの粉を透過するのにかかる時間だけでなく、湯を注ぎ切るのにかかる時間も考慮に入れる必要がある。ゆっくり湯を注いで抽出時間を延ばせば、成分の抽出量を増やせる。

3　**コーヒーの粉の量**　コーヒーの粉の量が多いほど、湯が落ちるのに時間がかかり、抽出時間も増える。

おいしいコーヒーを常に淹れるには、これらの3要素はできるだけいつも一定でなければならない。例えば、たまたま粉の量をいつもより減らしてしまっていたら、抽出不足の理由は、コーヒーの粉を適切に挽かなかったせいだと思い込んでしまうかもしれない。しっかり気を配らないと、実にたやすく混乱して、まずいコーヒーを淹れてしまうことになりかねない。

蒸らし

蒸らしとは、抽出の初めに、粉全体が湿る程度に湯を少しだけ注ぐ慣行である。湯を注ぐと、粉に閉じ込められていた炭酸ガス（二酸化炭素）が放出され、パン生地が発酵するときのように、粉の層が膨らんでくる。通常はそのまま30秒ほど置いて、残りの湯を注ぐ。

広く行われている工程なのだが、科学的根拠はそれほどない。炭酸ガスを幾らか放出することで、粉から成分が抽出されやすくなるのではないかと考えられていて、幾つかの研究もこの見解を支持しているようだ。それに加えて、泡が膨らむのを見て少しうっとりすることで、朝のコーヒー習慣がさらに楽しくなるのだろう。

上：ドリップ式では、最初に湯を少しだけ注いで粉を膨らませる、いわゆる「蒸らし」作業をするのが一般的だ。

上：ドリップ式で淹れたコーヒーの濃さは、コーヒーの粉の大きさ、湯を注ぐタイミングと速さで決まる。

ドリップ式での抽出法

コーヒーの粉と湯の割合：60グラム／リットル。
フィルターを使ったドリップ式抽出なら、まずはこの割合から始めてみることをお勧めする。自分でもいろいろ試して、好みの割合を見つけてほしい。

1　コーヒーを淹れる直前に豆を挽く。挽く前にコーヒー豆を計量しておくこと。
2　やかん1杯の湯を沸かす。コーヒーには、ミネラルをあまり含まない、汲みたての水が適している。
3　湯が沸騰したら、ドリッパーにペーパーフィルターをセットし、上から熱湯をかけて軽くすすぐ。ペーパーのにおいをコーヒーのフレーバーに移りにくくし、抽出器具を温めるためだ。
4　ドリッパーに粉を入れ、カップまたはサーバーに載せる。サーバーごとはかりの上に置く（写真A）。
5　やかんからドリッパーに直接湯を注ぐ場合、沸騰後10秒間待つ。ドリップポットを使う場合は、沸騰したら直ちにドリッパーに湯を注ぐ。
6　はかりで確認しながら、粉の約2倍の重さの湯を粉に注ぐ。ここでの湯量は厳密に量る必要はなく、粉を十分に湿らせる量が注げればよい。ドリッパーを持ち上げて軽く振り、粉全体が湿っているか確かめよう。スプーンで優しくかき混ぜてもよい。そのまま30秒置いてから残りの湯を注ぐ（写真B）。

挽き方：中挽き（P71参照）
30グラムのコーヒーの粉を500ミリリットルの湯で抽出する場合に適した粉の大きさ。1杯分だけ淹れる場合はこれより細挽きに、もっと多くの量を1度に淹れる際にはこれより粗挽きにしよう。

7　残りの湯をゆっくり注ぐ。既に注いだ水の量も考慮して、はかりを確認しながら、正確な重さになるまで注ぐようにする。湯は粉に直接かかるように注ごう（写真C）。ドリッパーにかけてしまうと、粉から十分に抽出できないまま、湯がフィルターを通ってしまうからだ。

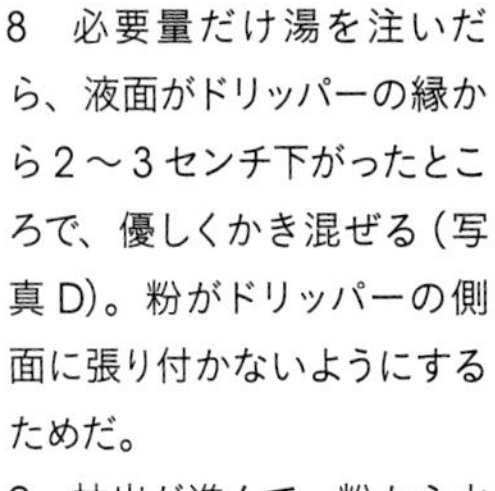

8　必要量だけ湯を注いだら、液面がドリッパーの縁から2～3センチ下がったところで、優しくかき混ぜる（写真D）。粉がドリッパーの側面に張り付かないようにするためだ。

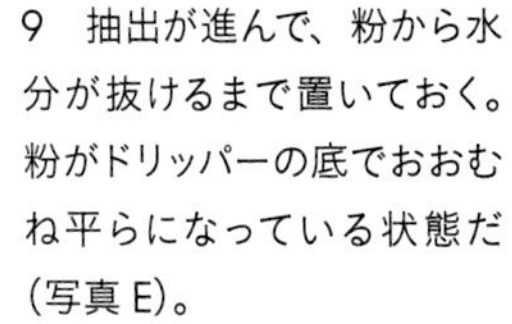

9　抽出が進んで、粉から水分が抜けるまで置いておく。粉がドリッパーの底でおおむね平らになっている状態だ（写真E）。

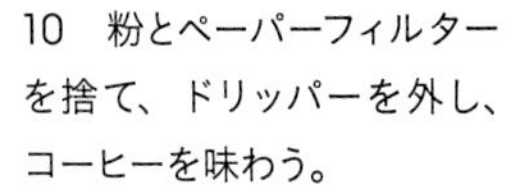

10　粉とペーパーフィルターを捨て、ドリッパーを外し、コーヒーを味わう。

淹れたコーヒーが口に合わなかったら、どこを変えたいか考えよう。コーヒーのフレーバーを変えたいなら、コーヒーミルを使うことを勧める。コーヒーを苦く感じたら、過抽出が原因だと考えられるので、次に淹れるときはほんの少し粉の挽き具合を粗くしてみよう。コーヒーが薄かったり、酸味や渋味が強かったりする場合は、次回は粉を細めに挽いて淹れてみるとよい。自分の好みに合う最適な挽き具合を見つけよう。

フィルターの種類

ドリップ式で使うフィルターは、大きく分けて3種類ある。それぞれろ過する成分が異なるので、抽出されたコーヒーは味に違いがある。

金属フィルター

ネルフィルター

ペーパーフィルター

金属フィルター

フレンチプレスと同様に、金属フィルターでは大きめのコーヒーの粉しか取り除くことができない。粉が沈殿するため、抽出液はやや濁る。残った粉とコーヒーオイルによって、コクと奥行きが出て、多くの人が好むおいしいコーヒーになる。フィルターにコーヒーオイルがたまると悪臭の原因となるので、定期的に洗浄し、常に清潔な状態を保つようにする。そうすれば、何年でも使い続けることができる。

ネルフィルター

ネル（布）を使ったコーヒーの抽出は、かなり古くから行われてきた。粉を残さずこせるのはペーパーフィルターと同じだが、ネルはコーヒーオイルをいくらか透過させる。とてもすっきりして、よりコクと厚みのあるコーヒーになる。

ネルフィルターは使用後できるだけすぐに水洗いをして、素早く乾燥させる。乾くまでに時間がかかると、不快な匂いが生じる原因となる。定期的に使うなら、水に浸した状態で冷蔵庫に保管する。長い間使う予定のない場合は、密封できる袋にぬれた状態で入れ、冷凍庫へ。ただ、冷凍と解凍を繰り返すと、ネルの痛みが多少早まる。

ネルフィルターの洗浄にお勧めなのは、アーネックス社のカフィーザという洗剤だ。エスプレッソマシンの洗浄用に販売されているが、元は、大きなフィルターに使うネルを洗浄するために開発されたものだ。カフィーザを少量溶かした湯にネルを浸し、その後よくすすいでから保管する。

ペーパーフィルター

ペーパーフィルターは最も一般的に使われているフィルターで、最も雑味のないすっきりとした味わいになる。粉はもちろん、コーヒーオイルも一切、抽出液に残さない。実に透明なコーヒーになり、赤みを帯びていることが多い。無漂白の茶色いペーパーは紙の雑味がコーヒーに移りがちなため、漂白された白いペーパーがお勧めだ。

ドリップ式コーヒーメーカー

コーヒーメーカーを使えば、いちいち頭を悩ませなくても、同じ味をいくらでも再現できる。コーヒーの粉と水の量だけは判断しなければならないが、それ以外はすべて機械に任せておけばよい。

ところが、ほとんどの家庭用コーヒーメーカー、特に廉価モデルで淹れたコーヒーは味がひどく落ちやすい。主な原因は、水を適温まで沸かすことができないためだ。新しくコーヒーメーカーを購入するなら、水が適温まで上がると保証されているものか、米国スペシャルティコーヒー協会か、ヨーロッパ・コーヒー・ブリューイング・センター（ECBC）といった、スペシャルティコーヒー関連団体が認定する製品をぜひ選ぼう。

また、ヒーターでの保温機能が付いた製品は避けたほうがよいだろう。コーヒーサーバーをヒーターの上で保温し続けていると、コーヒーが煮詰まって嫌な味と匂いが出てきてしまう。保温ポットを使用するタイプの製品を選ぼう。

コーヒーメーカーは、コーヒーを大量に淹れるときに真価を発揮する。1回の抽出で少なくとも500ミリリットルは淹れよう。保温ポットで30分くらいは温かさを保てる。

コーヒーメーカーでの抽出法

コーヒーの粉と湯の割合：60 グラム／リットル。
フィルターを使ったドリップ式抽出なら、まずはこの割合から始めてみることをおすすめする。自分でもいろいろ試して、好みの割合を見つけてほしい。

挽き方：中挽き（P71 参照）
500 ミリリットル〜1 リットルのコーヒーを抽出する際の、最適な挽き具合。1 度に 1 リットル以上淹れられるコーヒーメーカーを使って、1 リットル以上淹れたいときは、粉を粗めに挽く。

1 コーヒーを淹れる直前に豆を挽く。挽く前にコーヒー豆を計量しておくこと。
2 バスケットにペーパーフィルターをセットし、熱湯ですすぐ。
3 バスケットを機械に設置し、コーヒーに適した、ミネラルをあまり含まない汲みたての水をタンクに入れる。
4 コーヒーメーカーのスイッチを入れる。抽出が始まっても目を離さず、粉全体が湿っていないようなら、スプーンで素早くかき混ぜる。
5 抽出が終わるまで待つ。
6 ペーパーフィルターと粉を捨てる。
7 コーヒーを味わう。

ハンドドリップと同様に、もし淹れたコーヒーが口に合わなければ、粉の量よりも、粉の挽き具合を調整してフレーバーを変えてみよう。

エアロプレス

エアロプレスは、かなり個性的な抽出器だ。それでも、私の知り合いでエアロプレスを持っている人はみな、この器具を愛用している。2005年、遠くに投げて遊ぶ輪状の玩具であるエアロビーの発明者、アラン・アドラーが開発したことから、この名前が付いた。安価で耐久性があり、携帯しやすいため、旅行の際にはこれを持ち歩くコーヒーの専門家も多い。手入れも非常に簡単だ。

エアロプレスの面白いところは、2つの異なる抽出法の要素を併せ持つ点だ。最初に湯にコーヒーの粉を浸すところは、フレンチプレスと似ている。だが、抽出の最後に、プランジャーを使って湯をコーヒーの粉とペーパーフィルターに透過させるところは、エスプレッソマシンのようでもあり、ドリップ式のコーヒーメーカーのようでもある。

エアロプレスを使ったレシピや手法は、他の抽出器具に比べて並外れて豊富で、優れた技術を競う大会が毎年行われているほどだ。ノルウェーで始まったこの大会は現在、「ワールド・エアロプレス・チャンピオンシップ」と呼ばれる世界大会となっていて、公式ウェブサイトでは、毎年上位3位の抽出法を公表している（worldaeropresschampionship.com）。これを見れば、エアロプレスでいかに多くのことができるかわかるだろう。

しかしながら、エアロプレスでエスプレッソやそれに似たコーヒーを淹れることができるという意見には、異を唱えたい。少量の濃いコーヒーを淹れることは可能だが、人の手でプランジャーを押しても、エスプレッソマシンのような高圧をかけることは、絶対に不可能だからだ。

エアロプレスを使った主な2つの抽出方法は、後ほどご紹介する（P86-87参照）。

粉と湯の割合と挽き方

エアロプレスを使う際、粉の挽き具合と抽出時間、湯量のバランスが非常に重要になってくる。エアロプレスで最高の1杯を淹れるためには、どのようなコーヒーを飲みたいかを最初に決めることが肝心だ。

- 少量の濃いコーヒーを飲みたいなら、粉と湯の割合を100グラム／リットルから始めることをおすすめする。抽出時間を少し短くしたい場合は、粉を細かめに挽く必要がある。粗挽きの粉も使えるが、おいしいコーヒーを淹れるには、抽出時間を長めにしよう。
- 通常のコーヒーを飲みたいなら、割合を75グラム／リットルから始めてみよう。これはフレンチプレスで推奨している割合と同じである。エアロプレスもフレンチプレスと同様、浸漬式の抽出法だからである。繰り返しになるが、抽出時間は粉の挽き具合に合わせて調整しよう。

左：エアロプレスは、エスプレッソマシンとドリップ式の抽出器具を足して２で割ったような、手動式の抽出器具である。プランジャーを押し下げ、コーヒーの粉とペーパーフィルターに湯を通す。

通常のエアロプレス抽出法

この方法では、次ページで紹介する反転式抽出法よりも、少しだけ多くコーヒーを抽出できる。反転式よりは注意を要する手順も少なく、キッチンが汚れる可能性も低い。

抽出に影響する要素が数多くあるため、1度にいろいろな調整を加えたい気持ちになる。プランジャーを強く押せば速く抽出でき、抽出量も少し増える。浸漬時間を長くしたり、コーヒー豆の挽き具合を細かくしたりすることでも多くなる。しかし、変更点は、1回の抽出につき1つだけにするのが最も賢明だ。実験的な要素を増やした分だけ、変わった味のコーヒーができる可能性が高くなるからだ。

1 コーヒーを淹れる直前に豆を挽く。挽く前にコーヒー豆を計量しておくこと。

2 ペーパーフィルターをフィルターキャップにセットし、チャンバーに取り付ける。

3 湯で軽くすすいでチャンバーを温め、ペーパーフィルターも湿らせる。

4 はかりに載せたカップの上にチャンバーを置き、コーヒーの粉を入れる（写真A）。

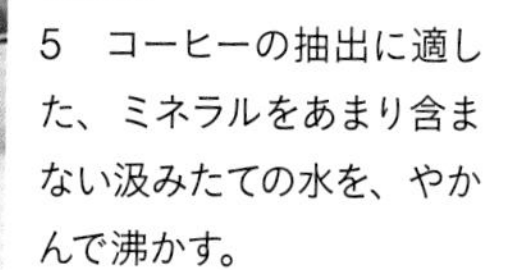

5 コーヒーの抽出に適した、ミネラルをあまり含まない汲みたての水を、やかんで沸かす。

6 湯が沸騰したら10～20秒ほど置き、はかりを見ながらチャンバーに好みの分量の湯を注ぐ（写真B）。例えば、コーヒー15グラムに対し、湯を200ミリリットルなどで始めてみよう。タイマーのスイッチを入れる。

7 軽くコーヒーをかき混ぜてから（写真C）、プランジャーをチャンバーにセット。密着していることを確認するが、まだ押し下げてはいけない。この工程により、チャンバーの上部が真空状態になり、抽出時間が終わるまで、抽出液が下から滴るのを防ぐことができる。

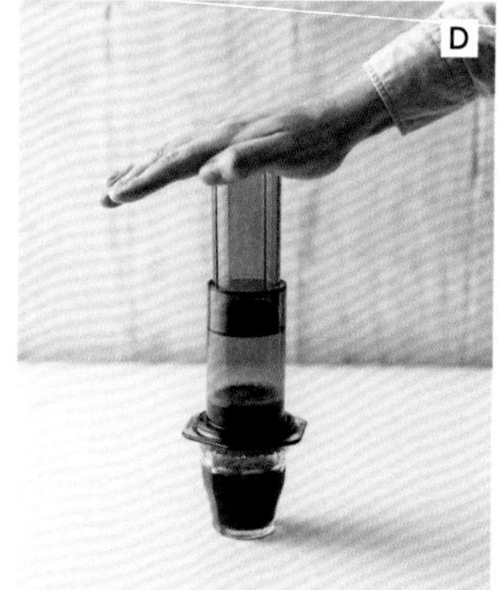

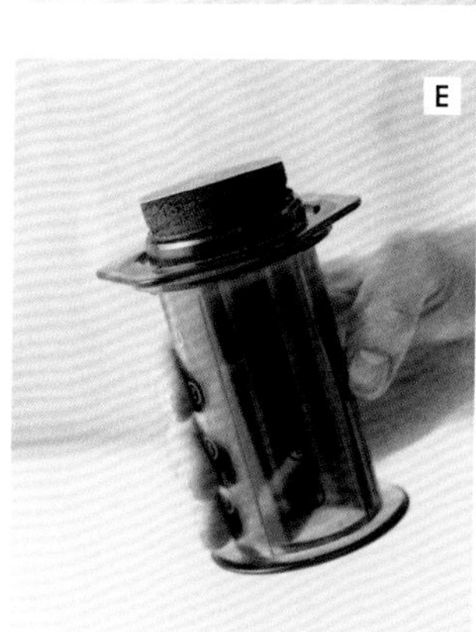

8 抽出時間が終わったら（1分から始めてみよう）、はかりからカップとチャンバーを下ろし、抽出液をすべて出し切るまで、ゆっくりとプランジャーを押し下げる（写真D）。

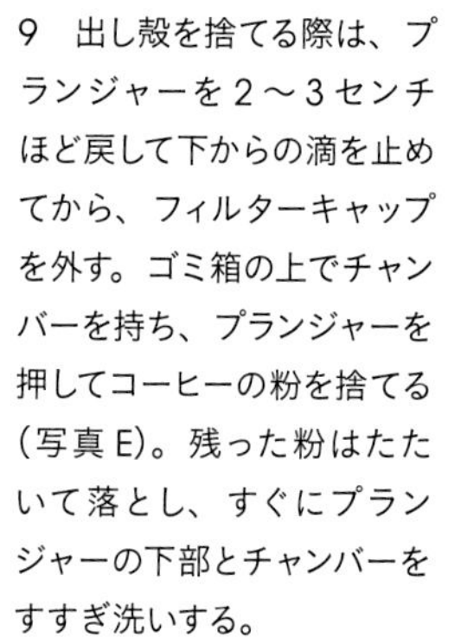

9 出し殻を捨てる際は、プランジャーを2～3センチほど戻して下からの滴を止めてから、フィルターキャップを外す。ゴミ箱の上でチャンバーを持ち、プランジャーを押してコーヒーの粉を捨てる（写真E）。残った粉はたたいて落とし、すぐにプランジャーの下部とチャンバーをすすぎ洗いする。

10 コーヒーを味わう。

反転式エアロプレス抽出法

この方法は非常に人気があるが、失敗することがとても多い。初めてエアロプレスでコーヒーを淹れる際、また日常的にエアロプレスを使う際は、前ページで紹介した通常の抽出法をおすすめする。だが、別のやり方に挑戦したいときは、下記の通りに実行すれば、失敗しない。

この方法では、エアロプレスを途中で逆さにひっくり返す。抽出中に、抽出液を外へ逃がさないようにするためだ。プランジャーを押して抽出液を透過させる前に、コーヒーがいっぱいに入ったエアロプレスをひっくり返してカップに載せるところで失敗しやすい。慎重にひっくり返そう。この方法ではコーヒーを抽出できる量が少ないという点も、知っておくべき重要なポイントだ。最大抽出量は200ミリリットルほどだろう。

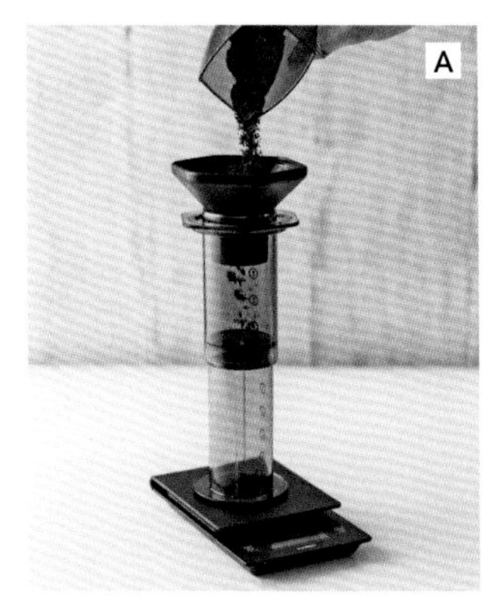

A

1　コーヒーを淹れる直前に豆を挽く。挽く前にコーヒー豆を計量しておくこと。

2　ペーパーフィルターをフィルターキャップにセットし、チャンバーに取り付ける。

3　湯で軽くすすいでチャンバーを温め、ペーパーフィルターも湿らせる。

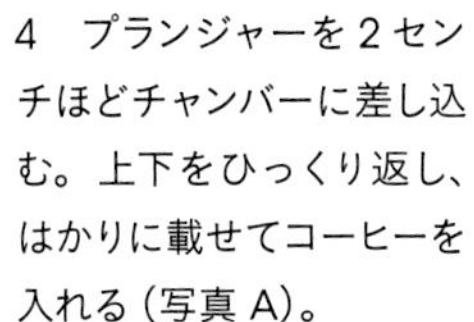

4　プランジャーを2センチほどチャンバーに差し込む。上下をひっくり返し、はかりに載せてコーヒーを入れる（写真A）。

B

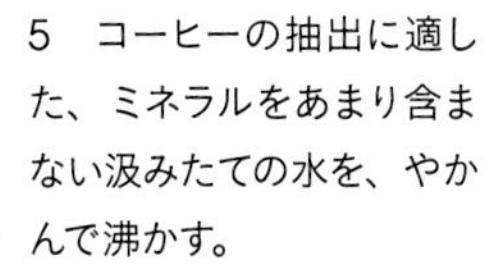

5　コーヒーの抽出に適した、ミネラルをあまり含まない汲みたての水を、やかんで沸かす。

6　湯が沸騰したら10～20秒ほど置き、はかりを見ながらチャンバーに好みの分量の湯を注ぐ（写真B）。

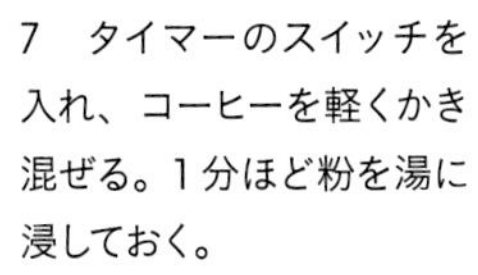

7　タイマーのスイッチを入れ、コーヒーを軽くかき混ぜる。1分ほど粉を湯に浸しておく。

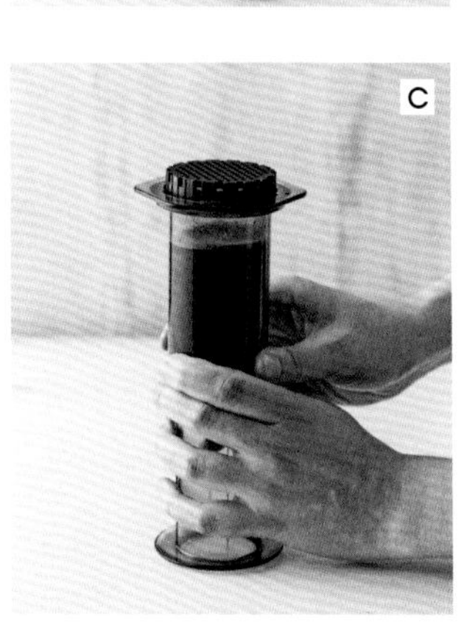

C

8　コーヒーを浸している間に、チャンバーをはかりから下ろす。ペーパーフィルターをセットしたフィルターキャップを、チャンバーの上に載せる。このときフィルターを湿らせておけば、チャンバー逆さにしても落ちてこない。

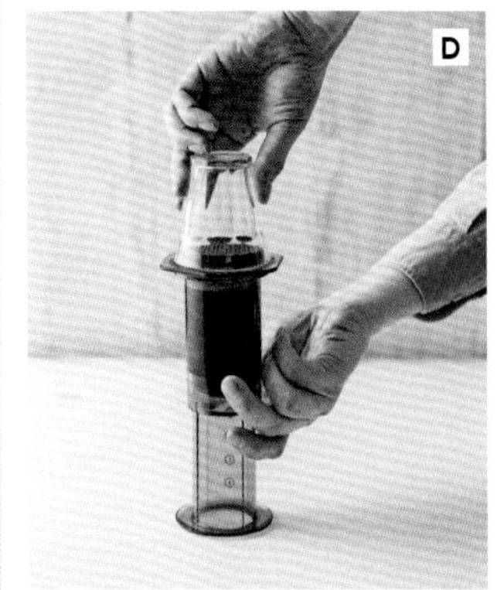

D

9　抽出液がフィルターにぎりぎり触れる程度まで、チャンバーの上部をプランジャーに押しつけるようにゆっくりと引き下げる（写真C）。これでプランジャーがより安定し、ひっくり返す際に外れにくくなる。

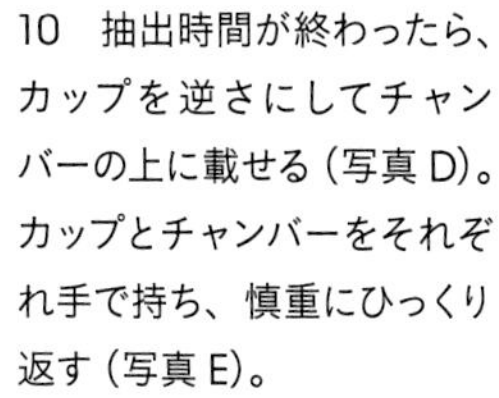

10　抽出時間が終わったら、カップを逆さにしてチャンバーの上に載せる（写真D）。カップとチャンバーをそれぞれ手で持ち、慎重にひっくり返す（写真E）。

E

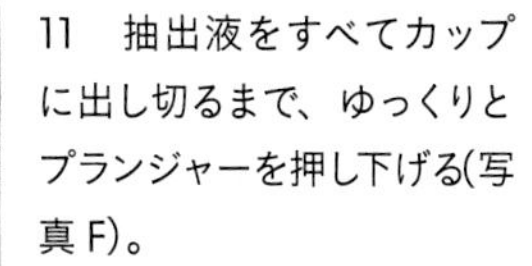

11　抽出液をすべてカップに出し切るまで、ゆっくりとプランジャーを押し下げる(写真F)。

12　チャンバーを空にして（左ページ写真E)、水ですすぐ。

13　コーヒーを味わう。

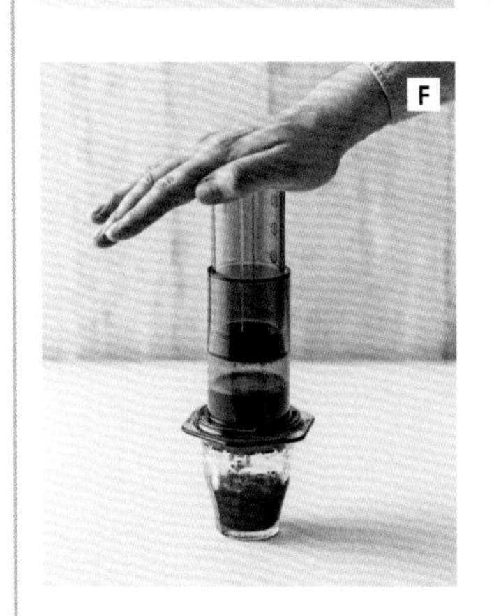

F

マキネッタ

コーヒー愛好家には、マキネッタ（直火式エスプレッソメーカー、モカポットとも）を使っている人が多い。使っていないにしても、戸棚の奥にしまい込んでいたりする。人気の理由を説明するのは、いろいろな意味で難しい。マキネッタは、世界で最も使いやすい器具というわけではないし、これを使っておいしいコーヒーを淹れるのも簡単ではないからだ。マキネッタで抽出したコーヒーは、非常に濃く、苦くなる傾向があるが、エスプレッソ愛飲家を満足させるに足る味だ。そのため、イタリアの家庭の大半は、決まってこれを使っている。

マキネッタの特許は、1933年に抽出器モカエキスプレスを発明した、イタリアのアルフォンソ・ビアレッティが取得した。モカエキスプレスは現在も人気が高く、ビアレッティ社が引き続き製造している。マキネッタはアルミニウム製が多いが、ステンレス製のほうが望ましい。

次ページで紹介する抽出法は、大半の人々のマキネッタの使い方とは多少異なるが、自分のやり方で淹れるコーヒーに満足している人にとっても、役に立つはずだ。マキネッタの最大の課題は、抽出に使う湯があまりにも高温で、コーヒーから苦味成分が大量に抽出されてしまうことだ。この苦味を愛する人々もいるが、そうでない人々はそれが理由でマキネッタを完全に敬遠してしまう。ここで紹介する技術を使えば、長い間忘れられていたマキネッタを見直し、違った形でコーヒーを楽しむことができるだろう。

しかしながら、マキネッタを使うと、水に対してコーヒーの粉の割合が多く、抽出時間が非常に短くなるため、深煎りのコーヒー、酸味が強いコーヒーやフルーティーなコーヒーをおいしく淹れるのは、やはり難しい。マキネッタを使う際は、浅煎りのエスプレッソローストの豆がおすすめだ。もしくは、標高の低い場所で育てたコーヒーも向いている。コーヒーの苦味が出やすいので、深煎りの豆の使用は避けたい。

左：マキネッタ（直火式エスプレッソメーカー）で最高の１杯を淹れるには、浅煎りのエスプレッソローストや標高の低い場所で栽培されたコーヒーを選ぶとよい。そうすれば、苦味が過度に抽出されるのを防げる。

マキネッタでの抽出法

コーヒーの粉と湯の割合：200グラム／リットル
この割合を調整することは、ほとんどできないに等しい。バスケットにコーヒーの粉を詰め、ボイラーの安全弁のすぐ下まで水を満たすだけなので、応用を利かせる余地はあまりないのだ。

1　コーヒーを淹れる直前に豆を挽き、バスケットに平らで均一になるように詰める。コーヒーは押し付けないこと。
2　コーヒーの抽出に適した、ミネラルをあまり含まない汲みたての水をやかんで沸かす。湯を使って抽出する利点は、マキネッタを直火にかける時間が短くて済むことだ。コーヒーの粉が熱くなり過ぎないため、苦味を抑えることができる。
3　フラスコ（マキネッタのいちばん下の部分）内の小さな弁のすぐ下まで湯を入れる（写真A）。ただし、弁には湯が被らないようにする。これは安全弁で、圧力が上がり過ぎるのを防ぐ役割がある。
4　コーヒーの粉を詰めたバスケットを、フラスコにセットする（写真B）。輪状のゴムパッキンに汚れがないことを確認し、慎重にポット（マキネッタのいちばん上の部分）をセットしよう。この部分がきちんと密閉されないと、正しく抽出できない。

マキネッタを分解して洗う際は、安全な温度に下がっていることを必ず確認する。また、完全に乾かしてからしまうこと。ゴムパッキンの劣化が早まるので、部品をきつく締めた状態で保管するのは避けよう。

粒度：極細挽きより、やや粗め / 塩程度（P71参照）
エスプレッソ用や極細挽きを使うことはおすすめしないし、少々異論を唱えたいところでもある。私は、ほとんどの人が選ぶものより、やや粗めの粒が好きだ。抽出するコーヒーの苦味を最小限に抑えたいからである。

5　ポットのふたを開けたままにして、弱火から中火程度の直火にかける。フラスコの湯は、沸騰しはじめると蒸気圧で管を上り、コーヒーの粉に浸透する。湯が速く、激しく沸騰するほど、高い圧力がかかり、抽出時間が短くなるが、あまり短すぎるのも好ましくない。
6　コーヒーがゆっくりとポットにたまりはじめる（写真C）。注意して音を聞くこと。ゴボゴボという音が聞こえてきたら、火を止めて抽出を終える合図だ。この音は、ほとんどの湯がポットに押し上げられたことを示している。これ以降に発生してコーヒーの粉を通る蒸気は、抽出液の苦味を増してしまう。
7　フラスコを冷たい流水にさらし、抽出を終える（写真D）。温度が急降下することで蒸気が液化し、圧力も下がる。
8　コーヒーを味わう。

サイフォン

現在、サイフォンという名前で知られる真空式コーヒーメーカーは、かなり古くからある、演出効果の高い抽出器具だ。しかし、さまざまな点で非常に厄介なので、装飾品として食器棚や戸棚に追いやらずにいられないほど、いらだたしい器具でもある。

サイフォンは、ドイツで1830年代に発明された。1838年には、フランスの女性ジャンヌ・リシャールが特許を取得。考案された当初から、デザインにほとんど変化はない。

サイフォンには2つの容器があり、下にあるフラスコには水を入れ、沸騰させる。上にある漏斗にコーヒーの粉を入れてフラスコの上に置くと、フラスコ内は密閉され、水蒸気で満たされていく。このフラスコに閉じ込められた水蒸気が、管とフィルターを通って、漏斗へと湯を押し上げていく。この時点で、湯温は沸点より若干低く、コーヒーの抽出に適した温度になっている。あとは適切な時間、コーヒーの粉を湯に浸しておけばいい。ポイントは、粉を浸している間ずっと、フラスコを熱しつづけることだ。

抽出の最後に、サイフォンを熱源から外す。水蒸気が冷えて液体に戻り、フラスコ内が真空になる。すると、コーヒーが漏斗から吸い出され、フィルターを通ってフラスコに戻る。コーヒーの粉はフィルターで取り除かれて、漏斗内にとどまる。出来上がったコーヒーを、フラスコからカップへ注ごう。すべての工程が楽しい物理の応用で、理科の実験に例えられることも多い。しかし、難易度の高い抽出法なので、残念ながら大半の人は数回試して諦めてしまう。

本体以外に必要な道具

サイフォンで抽出する際は、独立した熱源が必要だ。サイフォンによっては、キッチンのコンロに直接置けるものや、アルコールランプが付属しているものもある。それ以外によく使われているのは、ブタンガスを使った小さなキャンプ用のカセットコンロだ。日本のコーヒー専門店などでは、ハロゲンランプを使う店もある。最も効率的な熱源ではないが、見た目はよい。

コーヒーの粉をかき混ぜるのに、小さな竹ベラを使う人もいるが、特別な効果があるわけではないし、スプーンで混ぜるのと何ら変わりはない。ある習慣のために特別な道具を一式あつらえて、使う楽しさを否定することはできないが、コーヒーに何らかの違いが生まれるとは言いがたい。

フィルター

最も伝統的なサイフォンには、金属の円盤をネル（布）で包んだフィルターが使われる。ネルをきれいな状態に保つことが肝心だ。使うたびに、蛇口から湯を流したままの状態で、できる限り徹底的に洗う。数日使う予定がないなら、適切な洗剤で洗う（ネルフィルターの洗浄と保管については、P84参照）。ネルの代わりに紙や金属のフィルターを使うこともあるが、特別なアダプターが必要となる場合が多い。

左：サイフォンは、浸漬によってコーヒーを抽出する方法だ。フラスコから水蒸気が上り、漏斗にあるコーヒーの粉を浸す。抽出が終わったら、抽出液を再びフラスコへと集める。

サイフォンでの抽出法

コーヒーの粉と湯の割合：75グラム／リットル
サイフォンがよく使われている日本などでは、コーヒーの粉をもう少し多めにするのを好む人もいる。

挽き方：中挽き（P71参照）
浸漬式の抽出法なので、抽出時間は粉の挽き具合に合わせて変えられる。注意点は、あまり細かく挽き過ぎないこと。抽出液が落ち切るまで、時間がかかってしまうからだ。逆に粗すぎると、高温で時間をかけて抽出しなければならず、苦味が出る。

A

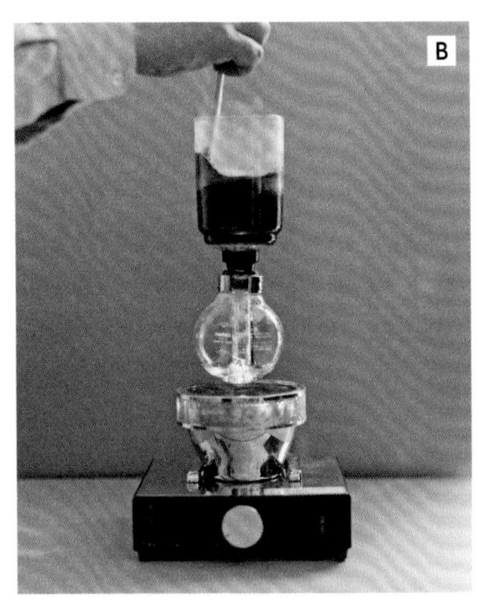
B

C

1　コーヒーを淹れる直前に豆を挽く。挽く前にコーヒー豆を計量しておくこと。
2　コーヒーの抽出に適した、ミネラルをあまり含まない汲みたての水をやかんで沸かす。
3　漏斗にフィルターをセットし、隙間なく装着できているか確認する。
4　フラスコをはかりに載せ、自分が淹れたい割合から算出した量の湯を注ぐ。
5　取っ手を持ってフラスコを移動し、熱源（ブタンガスを使った小さめのカセットコンロやアルコールランプ、写真のようなハロゲンランプなど）に当てる。
6　漏斗を上に載せるが、まだ密閉はしない。あまりにも早い段階で密閉してしまうと、湯が適切な温度に達する前に、膨張した水蒸気が漏斗へと押し上げられてしまい、コーヒーの味が悪くなる。
7　沸騰しはじめたら、漏斗でフラスコの上部を塞いで密閉する。熱量を加減できるなら、この時点で火を弱める。沸騰した湯はすぐに漏斗へと押し上げられる。漏斗を真上から見下ろし、フィルターが中央に設置されていることを確認する。もしずれていれば、そこから気泡が激しく吹き出ているはずだ。ずれていた場合、ヘラかスプーンを使って、慎重にフィルターを正しい位置に戻す。
8　当初、漏斗内はかなり活発に泡立ち、大きな気泡ができる。気泡が小さくなった時が、コーヒーの粉を入れるタイミングだ。湯に粉を投入し、全体が完璧に浸るまでかき混ぜて、タイマーをセットする（写真A）。
9　表面にクラストができる。30秒後、浮き上がったコーヒーを押し戻すように、優しくかき混ぜる（写真B）。
10　さらに30秒後、熱源を止める。コーヒーがフラスコへ落ちはじめたら、コーヒーの粉がフラスコの側面に付かないように、1回時計回りに優しくかき混ぜ、さらにもう1回反時計回りにかき混ぜる。混ぜ過ぎると、抽出後、漏斗に大きなコーヒーの粉の山が残される。均一に抽出できていなかった証拠だ。

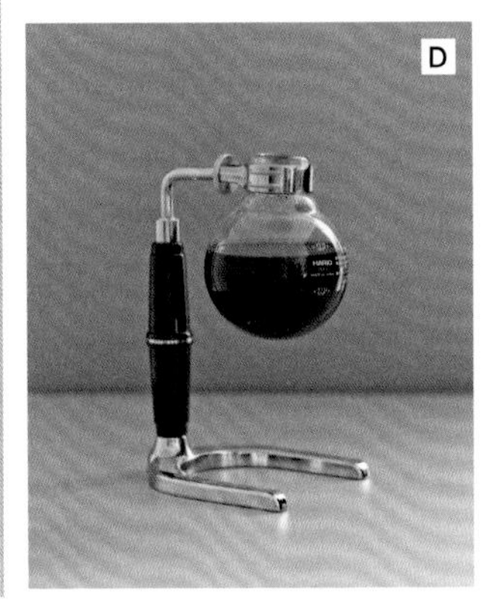
D

11　コーヒーがフラスコに完全に落ちるまで待つ。漏斗にはかすかに膨らんだドーム状のコーヒーの粉が残される（写真C）。フラスコの熱で味が落ちてしまうので、コーヒーは別の容器に移す。
12　サイフォンで淹れたコーヒーはかなり高温なので、冷ます（写真D）。

TURCO
TYPE
BAR
TYPE

コーヒーは９世紀にエチオピアで発見された。首都アディスアベバには同国最古のカフェ、トモカコーヒーがある。光沢のあるエスプレッソマシンが、かつての宗主国イタリアの影響を物語る。

エスプレッソ

過去50年以上にわたって、エスプレッソはコーヒーを飲む「最高の」方法だと広く考えられるようになったが、それは真実ではない。ある抽出方法が本質的に他よりも優れているとは言えないからだ。しかし、現在エスプレッソは自宅以外で飲まれているコーヒーのなかで最も人気があり、ドリップコーヒーよりも高い価格で提供しているカフェも多い。

いまや広く親しまれているイタリア式コーヒー文化の一部としても、世界中にチェーン展開しているカフェで見られる米国式ファストフード版にしても、エスプレッソは間違いなく、コーヒーの小売り業を先導してきた。

エスプレッソは淹れるのに驚くほど手間がかかるが、非常にやりがいもある。「新しい趣味が不要なら、エスプレッソマシンを家に置いてはいけない」と注意を促したいほどだ。のんびりとした日曜日の朝、新聞を片手においしいカプチーノを手早く淹れるといった妄想は、この飲み物を作る（そして後片付けをする）ために必要となる作業とはかけ離れている。こういった作業を抜きにして、飲み物だけを楽しみたいのなら、私のように地元のカフェに行き、誰かにすべて準備してもらうといい。しかし、多くの人々が、近所ではおいしいエスプレッソにありつけないことも事実である。だからこそ、家でおいしく淹れるすべを身に付けておくとよい。

エスプレッソの発明

これまで紹介してきたように、コーヒーを淹れるには豆の挽き具合がとても重要だ。豆を細かく挽くほど、少ない湯量でより簡単にコーヒーを抽出できる。つまり、濃いめのコーヒーができるということだ。問題は、豆をあまりにも細かく挽いてしまうと、重力の働きだけでは、湯が粉の層を透過できないことだ。そのため、コーヒーの濃さには限度があった。

この問題は長い間解決できずにいたが、初期の解決策として、蒸気圧を使って湯をコーヒーの層に通すことが考え出された。初期のエスプレッソマシンは当初、カフェで普通の濃さのコーヒーを速く抽出するためにのみ使われていた。「エスプレッソ」の名前もこれに由来する。しかし、危険のない範囲で使える蒸気圧では圧力が低かったため、空気圧や水圧など多様な方法が試された。

大きな突破口となったのは、イタリアのアキーレ・ガジアによる発明だった。まず、大きなレバーを操作して、ばねを押し縮める。次にばねを解放して高圧をかけ、熱湯をコーヒーの層に通そうというものだ。急激な加圧の威力はすさまじく、極細挽きの豆を使って、少量で濃いコーヒーを抽出できるようになった。

クレマ

多くのコーヒー愛好家にとって、エスプレッソの重要な特徴とは、コーヒーの濃さだけではなく、液面に浮かぶ濃厚な泡の層「クレマ」もある。クレマとはイタリア語で「クリーム」の意で、ちょうどビールの泡のように、コーヒーの上を飾る天然の泡だ。

泡ができる仕組みは、次の通りだ。湯に非常に強い圧力がかかると、焙煎の際にコーヒー豆の内部で発生した炭酸ガス（二酸化炭素）が、大量に湯に溶け出す。コーヒーの抽出液をカップに注ぐ際に通常の気圧に戻ると、抽出液内にすべての炭酸ガスを保持することができなくなり、無数の微小な泡ができる。この泡が抽出液の中に閉じ込められ、液面にしっかりとしたクレマを作るというわけだ。

長い間、クレマは重視されてきた。しかし実際のところ、クレマからわかるのは次の2点だけである。第1に、コーヒー豆の鮮度だ。焙煎から時間がたっていると、豆に含まれる炭酸ガスの量は減っているため、泡は少ししか発生しない。第2に、エスプレッソの濃さだ。泡の色が濃ければ濃いほど、抽出液も濃い。クレマは抽出液からできているためだ。光を反射するので色は薄くなるものの、コーヒーの色がクレマの色を決める。従って、深煎りコーヒーは濃い色のクレマを作り出す。クレマは、生豆や焙煎の状態がよいかどうかや、エスプレッソを淹れるときに使った道具が清潔かどうかは教えてくれない。これらはいずれも、おいしいコーヒーを淹れるのに欠かせない要素ではあるが。

右：1905年に特許を取得したパボーニ社の2グループモデル。初めて市場に出回ったエスプレッソマシンで、エスプレッソをヨーロッパ中に紹介し、のちに世界へと広めた。

淹れ方の基本

エスプレッソを淹れるにはまず、エスプレッソマシンのフィルターホルダーの先にある小さな金属のバスケットへ、コーヒーの粉を入れる。バスケットには小さな穴が幾つか開いていて、抽出液はこの穴を通ってカップへ落ちる。非常に微細な粉を除いて、コーヒーの粉はこの穴を通り抜けられない。

コーヒーの粉をバスケットに押し込んで詰め、表面を平らにする（タンピング）。フィルターホルダーをエスプレッソマシンに取り付け、スイッチを入れる。マシンが給水タンクから沸騰寸前の湯を汲み上げてコーヒーの粉へ注ぐと、ホルダーの下で待ち構えるカップに、抽出液がぽたぽたと滴り落ちる。マシンによっては、操作する人

上：優れたバリスタは、決まった時間内に必要な量のコーヒーを抽出することができる。1956年製のラ・サンマルコのようなしゃれたマシンを使う場合でも、最初に、コーヒー豆が正しく挽かれているかを確認する。

がどのタイミングでスイッチを切り、抽出を終えるかを決める。目視、または抽出液を計量して希望の量の湯が使われたことを確かめて、判断しよう。一定量の湯を注ぐと自動的に止まるマシンもある。

エスプレッソの出来はレシピ次第だ。優れた焙煎業者なら、おいしいエスプレッソを淹れるために必要な情報をたくさん教えてくれるだろう。良いレシピには正確な計量が必須で、以下の情報が必要だ。

- 使用するコーヒーの粉の量（グラム表示）
- そのコーヒーの粉から抽出する液の量を、できればグラム表示、少なくともミリリットル表示で
- 必要な抽出時間
- 抽出に用いる湯の温度

以下に、エスプレッソの基本的な淹れ方をただ紹介するのではなく、本当に素晴らしくおいしいエスプレッソを家庭で淹れる際に役立つ情報を紹介する。何年にもわたって世界中のバリスタに伝えてきたこの情報こそ、現時点で最高のエスプレッソを淹れる極意だと考えている。

圧力と湯の速度

エスプレッソを淹れる際には、必要な量のコーヒーをある時間内にマシンに抽出させることに照準を合わせる。例えば、レシピが「18グラムのコーヒーの粉で、約36グラムの抽出液を、27〜29秒で抽出する」だとする。これを実現するためには、湯がコーヒーの粉を透過する速度を調整す

る必要がある。湯がコーヒーを透過する速度で、どれくらいのフレーバーが抽出されるかが決まる。遅すぎると、抽出量が多すぎて過抽出となり、苦味や雑味が強く出てしまう。反対に速すぎると、フレーバーが十分抽出されず、酸味があって渋く、薄いコーヒーになってしまう。

コーヒーを透過する湯の流れを調節するには、湯の通りやすさを変える。これは2つの要素を変えることで可能になる。使うコーヒーの量（量が多いほど、湯が通るのに時間がかかる）と、コーヒーの粉の挽き具合だ。

コーヒーの粉が細いほど、粉同士がくっつき、湯が通りにくくなる。2つの容器の1つを砂で埋め、もう1つを同じ重さの小石で埋めると、小石のほうが水を速く通すことがわかる。同様に、コーヒーの粉が粗いほど、湯が速く通り抜けられるというわけだ。

湯の速度が適切でなく、まずいコーヒーができてしまった際に問題となるのは、豆の挽き具合が間違っていたのか、それともコーヒーの粉の量が間違っていたのか、すぐにはわからないということだ。これは、世界中の何千人ものバリスタが日々いら立っていることでもある。そのため、家庭でエスプレッソを淹れる際は、できる限りコーヒーの粉を計量することをおすすめする。コーヒーの粉の量が正しいのであれば、変更すべきは豆の挽き具合だとわかるからだ。こうしておけば、失敗もいら立ちも無駄も減らせる。

世界中の食べ物や飲み物のうち、最も準備に融通が利かないのがエスプレッソだろう。控えめに言っているのではない。抽出時間が数秒ずれた、バスケットに入れるコーヒーが1グラム足りなかった、カップに入る抽出液がわずかに少なかった、……。これらはすべて味に大きな影響を与え、おいしい1杯になるか、努力の結果をシンクに捨てることになるかの分かれ目となるのだ。

できるだけ多くの要素を一定に保ち、変更するのは1カ所だけにすることをおすすめする。もし残念ながらまずいコーヒーができてしまったら、まず豆の挽き具合を変えてみよう。ここが間違っていると、他の箇所を修正しても、良い結果に結びつかないからだ。

タンピング

タンピングとは、コーヒーを抽出する前に、コーヒーの粉を押し込んで詰め、表面を平らにすることだ。コーヒーの粉はふわふわしているので、そのままマシンにセットしてしまうと、高圧の蒸気が粉の間の空洞部分を通り、コーヒー部分を通らなくなってしまう。よって、タンピングは欠かせない。湯がコーヒーを均一に透過しない状態を、チャネリングと呼ぶ。こうなってしまうと湯がコーヒーの粉を均一に抽出できないので、非常に酸味のある、まずいエスプレッソができてしまう。

タンピングを非常に重視する人は多いが、私はそこまで重要だとは思わない。タンピングの目的はシンプルで、コーヒーの粉の山から空気を抜き、抽出前に表面を平らにすることである。強く押し込めても、湯が粉を通り抜ける速度に大きな違いは出ない。空気が抜けたら、それ以上強く押しても効果はほぼ変わらない。エスプレッソマシンは9気圧、または130psｉ（重量ポンド／平方インチ）の圧力で、コーヒーに湯を通す。人間の力では到底かけられない高圧だ。タンピングの目的は、コーヒーの粉を均一にならすことだけで、それ以上ではない。

バスケットの側面にコーヒーが少し付いてしまったとき、粉をタンピングするのに使う専用の道具タンパーで、フィルターホルダーをたたいて粉を落とそうとする人がいる。しかし、たたいてはいけない。フィルターホルダーをたたくと、コーヒーの塊がバスケットの側面から離れてしまい、チャネリングが起きる可能性ができてしまう。また、タンパーを傷つけることにもなる。上質のタンパーはそれ自身が美しい道具なのだ。

最後のアドバイスは、タンパーを正しく持つことだ。懐中電灯のように持ち、親指を下に向ける。コーヒーを押し込む際は、肘をタンパーの真上に持ってきて、手首は真っすぐにする。作業台にねじが真っすぐに刺さっていて、自分の手にねじ回しを持っていると想像してほしい。ねじを回す際、手首を守るために同じポーズをとるだろう（P100参照）。誤った持ち方で何度も作業をして手首を痛めたバリスタは大勢いる。

エスプレッソの抽出法

ここでは、エスプレッソを2杯淹れる。2つのカップに分けてもいいし、ダブルエスプレッソとして1つのカップに入れてもいい。

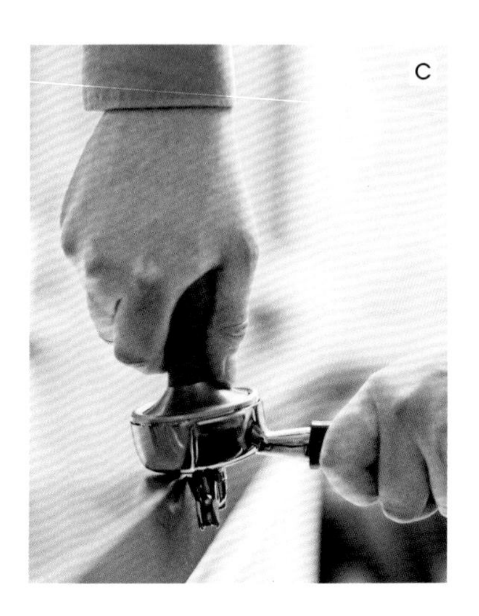

1 エスプレッソマシンの給水タンクに、コーヒーの抽出に適したミネラルの少ない水を入れる。スイッチを入れて、水を温める。
2 バスケットがきれいかどうか確かめる。小さな布で拭いて乾いているかどうか確かめ、前回抽出した際の出し殻が残っていれば取り除く。布で拭くことで、残っている油脂分も取り除くことができる。
3 コーヒーを淹れる直前に豆を挽き、バスケットに入れる（写真A）。
4 可能なら、抽出用のフィルターホルダー全体（ポルタフィルターとも呼ばれる）をはかりに載せて、コーヒーの粉を計量する（写真B）。難しければ、フィルターホルダーからバスケットを取り出してはかりに載せる。
5 精密なはかりを使っているなら、コーヒーの粉の量は0.1グラム単位まで、レシピに忠実に計量してほしい。自分で何度も磨きをかけてきたレシピでも、焙煎業者からもらったレシピでも同様だ。ここまで精密さを求めるのはやりすぎに見えるかもしれないが、デジタルスケールは比較的安くなっているし、こうすれば間違いなく、おいしいコーヒーを飲める確率を上げられる。
6 はかりからフィルターホルダーを下ろし、バスケット内のコーヒーの粉を押し込む（写真C）。手首を真っすぐにして、粉を平らにすること。タンパーを粉の上に置いた状態でフィルターホルダーの角度を観察し、十分に平らになったかどうか確認する。
7 コーヒーを注ぐカップの重さを計測する。
8 マシンのスイッチを入れ、抽出口に湯を通す。この作業によって、抽出用の湯の温度が一定になり、前回の抽出で残ったコーヒーの粉を洗い流すことができる。
9 フィルターホルダーを慎重にマシンに固定し、コーヒーを受けるカップを置く。
10 時間を計測する準備をする。マシンに抽出時間を示す表示がなければ、携帯電話やスマートフォンのストップウォッチ機能か、キッチンタイマーを使う。
11 できるだけ早く抽出を始める。抽出を始めると同時に、時間を計りはじめる。焙煎業者おすすめの抽出時間を守る。特にアドバイスがなければ、27～29秒あたりで試してみるといい。
12 抽出時間が終わったら、マシンを止める。フィルターホルダーからコーヒーが出なくなったら（数秒かかる）、カップをはかりに戻し、抽出したコーヒーの量を計測する。

Domenica si va in campagna?
La SMA ha il menù che fa per voi
IL GA
Lo hanno

結果の評価

抽出したコーヒーの量は、焙煎業者の勧めたレシピと数グラム程度の誤差であることが望ましい。もし異なっていたら、次回は以下のことを試してみるといい。

- 抽出液の量が多すぎた場合、湯の流れが速すぎる。より細挽きの粉を使うことで、湯の流れを遅くする。
- 抽出液の量が不足していた場合、湯の流れが遅すぎる。より粗挽きの粉をことで、湯の流れを速める。

ここまでの精密さはやり過ぎだと思う人も多いだろうし、重さでなく、カップ内のコーヒーの容量を目で見て判断したい人もいるだろう。もちろん目視も悪くはないが、やはり正確さに劣る。

1日の気温の変化が極端に大きい場所に住んでいるのでなければ、いったんコーヒー豆をミルにセットしたら、後は調整の必要はほとんどない。

豆の挽き具合を変える

エスプレッソを淹れる際は、挽き具合を簡単に調節できる臼歯式ミルを使って、自分で豆を挽く必要がある。新しいコーヒー豆の袋を開けてコーヒーを淹れる際は、挽き具合をミルで設定しなくてはならない。この作業を、コーヒー業界では「ダイヤルイン」と呼ぶ。

どんなミルでも、挽いた後に少量のコーヒーの粉が内部に残る。挽き具合の設定を変えても、最初に出てくる粉は以前の挽き具合のままで出てくる。そこで、挽き具合を新たに設定して、数グラムの豆を挽くことで古い粉を排出するという方法がよく採られる。設定用に挽いたコーヒーは捨てよう。挽き具合を変えたのに、抽出の過程で何も変化が見られないなら、ミルの清掃が不十分なのかもしれない。

ミルを調整する際は、小さな変更から始めることをお勧めする。新しいミルを購入したら、安いができれば新鮮なコーヒー豆を買おう。そのコーヒー豆を使って、ミルの設定をわずかに変更するだけで、結果に大きく影響することを確認しよう。たいていのミルでは、設定ダイヤルに番号が振ってある。その数字の値自体に意味はないが、より細かく豆を挽きたければ小さい数字にダイヤルを合わせ、粗く挽くなら大きい数字に合わせる。また、挽き具合の段階を選択できるようになっているミルも多い。表示は整数であったり分数であったり、さまざまだ。豆の挽き具合に満足できない場合、設定を1段階ずつ変えることから始めよう。

左ページ：エスプレッソが誕生した、イタリアのベネチア、サン・マルコ広場にある、カフェ・フローリアン。ここでは1720年からコーヒーを提供している。

コーヒーの粉と湯の割合

エスプレッソにはさまざまなスタイルがあり、濃さや抽出時間の長さは、人によって好みが分かれる。商業的には、コーヒーの粉と湯の割合が話題に上る。ある重さのコーヒーの粉からどれぐらいの量のコーヒーを抽出するかということだ。個人的な好みで、出発点としておすすめするのは、コーヒーの粉1に対して、抽出液2という割合だ。例えば、コーヒーの粉が18グラムなら、36グラムのコーヒーを抽出する。イタリア人は一般的に少量のコーヒーを好むので、ダブルエスプレッソを淹れる際、私なら14グラムのコーヒーの粉で、28グラムのコーヒーを抽出する。コーヒーと湯の割合を一定にしておけば、湯の量が変わっても、私の好みの濃さを保てる。

もっと濃いエスプレッソを淹れたいなら、割合を変更する。1対2ではなく、18グラムのコーヒーの粉からわずか27グラムしか抽出しない、1対1.5という割合を使う。このエスプレッソはとても濃いので、豆を細かく挽き、抽出時間が1対2の場合と同じくらいになるように調節する必要がある。少量の湯を1対2の場合と同じ速度で通すと、抽出時間が短すぎて、良い香りを十分に抽出できないからだ。

抽出温度

コーヒー業界は、エスプレッソを淹れる際の抽出温度を一定にしなければならないという強迫観念から、やっと解放されつつある。確かに、温度が変化するとコーヒーの抽出や味に影響はあるが、多くの人が主張するほど重要ではないと考えている。抽出用の湯が熱いほど、フレーバーを効果的に抽出できる。そのため、浅煎りの豆を使う場合、

深煎りの豆よりも高温で抽出するとよい。深煎りの豆のほうが、フレーバーが抽出されやすいからだ。

抽出温度が0.1℃異なれば、コーヒーの味が変わるという意見もある。だが、私はそうは思わない。人間が感知できる最小レベルの差を生み出すのは、1℃の違いだと思う。抽出温度がわずかに間違っていたのが原因で、まずいエスプレッソを提供されることは、まず起こらない。

エスプレッソマシンで温度を調節できるなら、湯温は90〜94℃をお勧めする。これでおいしいエスプレッソが淹れられなかったら、レシピの他の箇所を調整してみよう。それでも常に酸味があるなど不快な味が取れないなら、湯温を上げてみてほしい。常に苦味があるなら、温度を下げてみよう（マシンが正しく清掃されているのが前提だ）。

抽出の圧力

初期のエスプレッソマシンは、圧縮ばねを使って圧力をかけ、湯をコーヒーに通していた。ばねが伸びる際、圧力は徐々に弱まっていくので、最初は高圧で、最後は圧力が低くなる。電気ポンプが普及してくると、一定の圧力に設定する必要が出てきた。マシンの圧力が9気圧（130psi）になったのは、旧式のマシンでばねが生み出した圧力の平均

上：インド、コルカタにあるカルカッタ大学近くのカレッジ・ストリート・コーヒーハウスに、芸術家や知識人、学生たちが集う。この都市の文化史において、重要な役割を果たしてきた場所だ。

がおおよそこれくらいだったからだという説がある。

幸運にも、この9気圧という圧力は、湯が粉を通る最適な速度を作るようだ。9気圧未満では、コーヒーの粉の抵抗が大きく、湯の速度が落ちてしまう。9気圧より高いと、コーヒーの粉が圧縮されてしまい、こちらも速度が落ちてしまう。マシンがおおむね正しい圧力である限り、問題はないだろう。圧力が低すぎると、エスプレッソはコクとクリーミーさに欠けてしまう。圧力が高すぎると、木のようなおかしな苦味が出てしまい、おいしくない。

業務用には、抽出用の湯の圧力をバリスタが調節できる機器もあるが、この技術を家庭向けマシンに実装する利点があると論証するには、まだ十分なデータがない。

洗浄とメンテナンス

世界中で業務用に使われているエスプレッソマシンの95%は、正しく清掃されてないと考えられる。そのために、がっかりするような苦くて不快なコーヒーが日々提供されているのだ。きれいすぎるということはないし、コーヒーを

エスプレッソ向けの焙煎

エスプレッソの淹れ方は、他のコーヒーとはまったく異なる。使う水の量が少ないため、コーヒーを十分に抽出できるかどうかが課題となることが多い。加えて、濃度が極めて高い、濃縮されたコーヒーになるので、味のバランスが非常に重要だ。薄く淹れることでおいしく、バランスが取れていると感じるコーヒーは、濃く淹れてしまうと強烈な酸味のほうが際立ってしまうだろう。

そのため焙煎業者の多くは、エスプレッソ用には豆の焙煎度合いを変える。万国共通のやり方というわけではないが、おすすめは、フィルターを使って淹れるコーヒー向けよりも、わずかにゆっくり、深く煎ることだ。

エスプレッソ向けに適した焙煎度合いについては、世界中の焙煎業者の間で意見が割れていて、浅煎りから極めて深煎りに至るまで、さまざまな焙煎度合いの豆が販売されている。生豆の特徴がわかりやすいので、個人的には浅煎りを好む。深煎りの豆は全体的に「焙煎したコーヒー」のフレーバーを持っていることが多く、私が嫌いな苦味も強い。とはいえ、人にはそれぞれの好みがあり、私の好みは私にとってのみ重要なものだ。

豆が深煎りであればあるほど、抽出しやすい。焙煎度合いが進むにつれて、豆が多孔質になり、もろくなるからだ。ということは、深煎りの豆で抽出する際に必要な水の量は、浅煎りの豆を使う場合よりも少なくてよいことになる。コクと口当たりが大切なら、やや深煎りの豆を使い、コーヒーの粉と水の割合を1対1.5にして淹れるといいだろう。甘味とすっきりした風味が大切なら、浅煎りのエスプレッソ向けの豆を使い、粉と水の割合を1対2にしよう。

淹れるたびに少々手間はかかるが、清潔なマシンを使えば、常に甘味があってすっきりしたコーヒーを淹れられる。

- 抽出作業が終わったら、フィルターホルダーからバスケットを取り外し、たわしに洗剤を付けて底面を洗う。これをしないと、乾いたコーヒーの粉による不快な汚れが蓄積して、エスプレッソの香りと味が劣悪になる。
- エスプレッソマシンからの湯は、シャワースクリーンを通って出る。シャワースクリーンを簡単に取り外せるなら、外して洗浄する。シャワースクリーンに付いている、湯を分散させるパーツも洗浄する。
- シャワースクリーンが外れるなら、ゴムパッキンも洗浄する。ここにコーヒーの粉が付いていると、フィルターがマシンに密着せず、抽出中に湯が漏れる。フィルターホルダーの側面から漏れて、カップに滴ることが多い。
- フィルターホルダーからバスケットを外し、洗浄用バスケットをセットする。穴の開いていないバスケットで、エスプレッソマシンの付属品として付いているかもしれない。
- エスプレッソを淹れるたびに毎回、市販のエスプレッソマシン専用洗剤を使うことを勧める。これを使えば、マシン内部に残ったコーヒーの抽出液をきれいに洗浄できる。抽出液が内部に残ったままだと、徐々に悪臭がして不快なコーヒーになる。洗剤の使用方法は、メーカーの取扱説明書に従おう。
- スチームノズルを使う際は、汚れていないか確認する。

クリーニングの後は、1〜2度ほどエスプレッソを抽出して、なじませる必要があると主張する人もいる。抽出後の金属的な味を取り除くためだという。しかし、私にはこのような経験はない。マシンが適切に温められていれば（メーカーの推奨時間に少なくとも10〜15分を加えよう）、クリーニング直後から素晴らしいコーヒーができるはずだ。

マシンを使わないときは、電源を切っておこう。コーヒーを必要なときにすぐ使えるよう、タイマーを使って電源を入れるとよい。だが、終わったらスイッチは切っておこう。エスプレッソマシンは極めて多くの電力を消費するので、電源を入れっぱなしにしておくと、電気の無駄遣いになる。

マシンを正常に使える状態にしておくには、必ず適切な硬度の水を使おう。硬水を使うとすぐに石灰がたまってしまい、故障の原因となる。軟水を使っても、硬水より時間がかかるというだけで、石灰は蓄積するので、メーカーの多くは石灰を除去するようアドバイスしている。石灰を放置しておくと、専門家にしか除去できなくなってしまうこともあり、費用もかさむので、用心し過ぎるくらいで十分だ。

抽出口のゴムパッキンは、使っているうちに交換が必要になる。フィルターホルダーをマシンにセットしたときに、ホルダーはマシンに対して直角でなければならない。ホルダーが直角よりも回転し過ぎるようなら、ゴムが摩耗している可能性があるので、交換しよう。

フリス・ストリート 29 番地にあった、英国ロンドン初のエスプレッソ・バー「モカ・バー」で、バリスタの周りに集まる客。モカ・バーは 1953 年、イタリアの女優、ジーナ・ロロブリジーダが開いた。

フォームドミルク

おいしく淹れたエスプレッソに、絶妙に泡立てられたミルクを加えて飲むと、えも言われぬ素晴らしい感覚を体験できる。きめ細かく泡立てたミルクは、溶かしたマシュマロのように軟らかくムース状になっていて、間違いなく楽しみながら味わうことができる。ここでは、粒がほとんど目に見えないくらい極めて細かい泡(「マイクロフォーム」と呼ぶことが多い)を作る方法を紹介する。マイクロフォームは弾力性があって、コーヒーにそそぐことができ、カプチーノやカフェラテなどに、格別な味わいを添えてくれる。

ミルクを泡立てる際に重要なのは、新鮮な牛乳を使うことである。消費期限に近づいた牛乳は、味や安全性に問題はないのだが、しっかりした泡を作る力が失われはじめるのだ。泡立てた瞬間はいつもと変わらず泡ができるが、すぐに壊れてしまう。泡立てたミルクを入れたミルクジャグに耳に近づけると、注いだばかりの炭酸水のような、空気が抜けるプツプツという音が聞こえるだろう。

ミルクを泡立てる作業には、2つの目的がある。泡を作るために空気を十分含ませることと、ミルクを温めることだ。スチームノズルを使う場合は、1度に1つの作業だけを行うとよい。まず最初は、泡立てることに集中する。ミルクに十分に空気を含ませ、希望通りの体積になったら、次は、希望の温度まで加熱することだけに集中しよう。

全乳か、無脂肪乳か

細かい泡を保たせているのは、ミルクに含まれているタンパク質である。よって、無脂肪乳だろうと全乳だろうと、泡立てることはできる。ただし、脂肪分には役割がある。コーヒーに見事なコクを与えるとともに、フレーバーの広がり方に変化をもたらすのだ。無脂肪乳で作ったカプチーノは、一瞬香り高いフレーバーが立つが、長く残らない。全乳で作ると、フレーバーはそれほど高くないが、しばらく持続する。私はいつも全乳を使うことを勧めているが、量が少なめのミルク入りのコーヒーも好きだ。量が少なめで濃厚なカプチーノを味わうことは、何にも代え難い喜びだ。

適切な温度

コーヒーに加える際の理想的なミルクの温度は、多くのコーヒー専門店と客との間で議論になる話題である。ミルクは68℃を超えるとフレーバーや口当たりが低下し、元には戻せない。加熱することによってタンパク質が変性し、新たなフレーバーを作り出すからだ。このフレーバーはいつも良いものとは限らない。温めたミルクのにおいを嗅ぐと、良い場合は卵を、最悪の場合は赤ん坊が吐き戻したミルクを思い出す。

非常に熱いカプチーノは、温度を60℃に抑えたミルクを入れて作ったコーヒーに比べて、口当たりやフレーバー、甘味が劣るだろう。ミルクを沸点まで熱してしまうと、きめ細かいマイクロフォームを作ることはできない。残念ながら、それがミルクの性質なのだ。つまり、とても熱いコーヒーか、とてもおいしいコーヒーのどちらかを飲むことになる。だからといって、すべてのコーヒーをぬるい温度で提供すべきだというのではない。代わりに、作ったらできるだけ早く味わってもらえばいい。

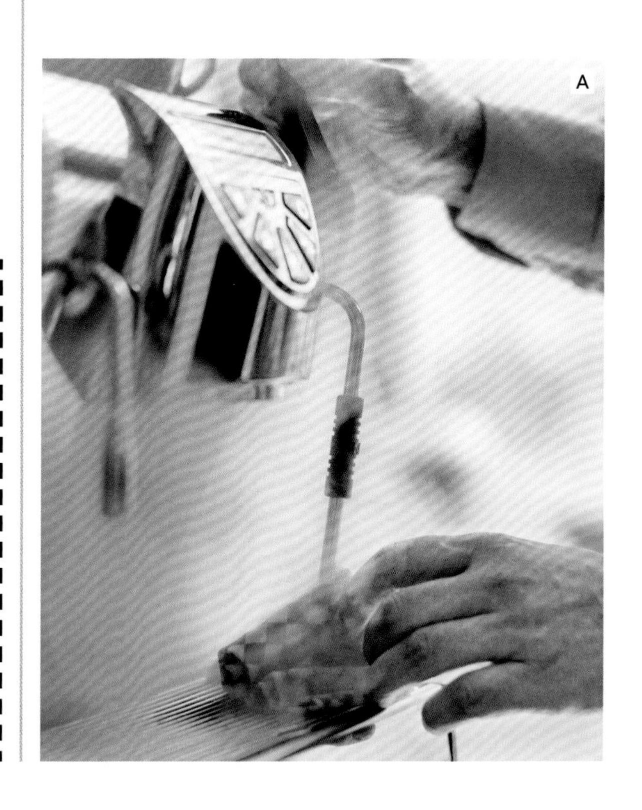

ミルクの泡立て方

この方法は、スチームノズルを使う、従来からのやり方に適している。もしマシンに専用付属品や自動の泡立て機能があれば、メーカーの取扱説明書に従ってほしい。

1 まず、スチームノズルをトレイ、または布に向けて、少しの間スチームノブを開け、スチーム管の中身を取り除く（写真A)。「パージ」とも呼ばれる作業だ。
2 清潔なステンレス製のミルクジャグに、新鮮な冷たいミルクを注ぐ。量は、ジャグの大きさの6割を超えてはいけない。
3 スチームノズルを、先端が隠れるくらいまでミルクに沈める。
4 スチームノブを全開にして、ミルクジャグを静かに下げ、ノズルの大部分がミルクの外に出るくらいの所で止める。耳を澄ますと、ノズルがミルクに空気をを含ませる音がしはじめる。ミルクの体積が増えてくるので、さらに泡立てたいなら、ミルクジャグをもう少し下げて、ノズルを再びミルクの表面に戻そう。
5 泡が望み通りの体積になったら、ミルクを温めるためにノズルの先端を再び沈めよう。これは、ミルクが温かく感じる前に行うのが理想だ。ノズルの先は、ミルクの表面のすぐ下まで沈める。ノズルをわずかにジャグの隅に寄せると、ミルクが回転して混ざる様子がわかるだろう。この工程では、音は比較的静かだ。
6 ミルクが十分温まっているかを確認するために、空いている手をジャグの底に添える（写真B)。ミルクを温めつづけると、ジャグは触っていられないほど熱くなる。この時点で、ミルクの温度は約55℃だ。ジャグの底から手を離し、温かくしたい温度によって、さらに3～5秒ほど温めつづけよう。
7 スチームノブをしっかり閉めて、ミルクジャグを置く。ぬれた清潔な布でノズルを拭き、ノズルを布に向けスチームノブを開いてパージしよう。こうして、残ったミルクをノズル内部から取り除く。
8 泡の中に大きくて不格好な気泡が含まれていても、心配する必要はない。そのまま数秒置いておけば、大きな気泡の表面は乾いて壊れやすくなる。ミルクジャグを調理台に2～3度軽く打ちつければ、たいていの場合、はじけて消える。
9 フォームドミルクは、ぜひコーヒーに加えて味わってほしい。その場合、泡とミルクが完全に混ざっているかどうか確認しよう。ジャグを軽く打ちつけてから、泡とミルクを一緒に旋回させる。ワインの香りを嗅ぐときに、グラスの中のワインを旋回させるのと同じだ。ミルクがきめ細かいマイクロフォームと十分に混ざるように、多少大胆に回しても構わない。泡に光沢が出たら、コーヒーに注ぐ（写真C)。

B

C

エスプレッソマシン

初心者向けの安価なものから、小型乗用車ほどの価格で高性能のものまで、ありとあらゆる価格のエスプレッソマシンがある。そのすべてが、同じ目的のために設計されている。水を温め、高圧で抽出することだ。

高価になればなるほど、マシンの製造品質や制御機能、精度は高まる。ここでいう精度とは、水の温め方や圧力の生み出し方に関するもので、さまざまな方式がある。

サーモブロック式

最も安価な家庭用エスプレッソマシンで採用されている方式で、マシン内部に水を温めるヒーターを備えた装置が1つある。この手のマシンのほとんどに2つの設定がある。まず、コーヒーを淹れるのに適した温度まで水を温めるもので、もう1つは、蒸気を発生させるために湯を沸騰させるものだ。つまり、この方式のマシンは、1度に1つの作業しか実行できない。この方式のマシンを使う場合は、まずコーヒーを淹れ、その後、ミルクを泡立てるために、マシンの温度を上げることをおすすめする。

この方式のマシンは概して、湯の温度を一定に保つことができない。また、エスプレッソを淹れることと蒸気を出すことの両方を1度にできないので、マシンが作れる飲み物の量は限られる。しかし、良いミルと組み合わせて使うことで、必ずおいしいエスプレッソを淹れることができる。

通常、サーモブロック式のマシンは、振動ポンプを使って圧力を発生させる。不便なことに、かなり音がうるさく、圧力をほとんど正確に設定できない。エスプレッソを淹れる際の理想的な圧力は、約9気圧（130psi）である。しかしこれらのポンプは通常もっと高い気圧に設定され、メーカーは自社製マシンが15気圧（220psi）の圧力を発生させることができるなどと、気圧が高いほど良いかのように宣伝する。マシンには、過剰な圧力を軽減するため、9気圧（130psi）を超えると開く過圧バルブがある。バルブはあまり調整されていないことが多く、時間がたつと調節が必要になるかもしれない。しかし、製品の保証が無効になるため、マシンを自分で分解するのは避けよう。

サーモブロック式のマシンは疑いの余地なく、最も人気

下：1950年代のイタリア、ローマで、こぎれいな服を着たバリスタが、客にエスプレッソを出している場面。きらりと光るエスプレッソマシンは目を楽しませるが、もっと重要なのは、素晴らしいコーヒーミルを手に入れることだ。

があり、普及しているエスプレッソマシンだ。しかし、エスプレッソを淹れることを楽しむ人々の多くは物足りないと感じ、すぐに買い換えを考えはじめる。

熱交換器式

業務用のエスプレッソマシンでよく使われている方式だが、家庭用のマシンにも使われている。ヒーターは1つしかないが、小型ボイラーの水を約120℃まで温めることができる。多量の蒸気が常に発生しているので、いつでもミルクを泡立てられる。しかし、ボイラーの水はコーヒーを淹れるには熱すぎるので、熱交換器と呼ばれる部分で新鮮な冷たい水を加え、湯の温度を下げる。熱交換器は通常、蒸気ボイラーを通るある種の管である。コーヒーを淹れる水はボイラーの水とは分けられているが、ボイラーの熱がコーヒーを淹れる水に伝わり、理想的な温度になる。

この方式のマシンは、価格は消費者向けで、性能はプロ向けなので、しばしば「プロシューマー」向けと呼ばれる。家庭用の熱交換器式マシンで不便な点は、ボイラーの温度変化がエスプレッソを淹れる水の温度に影響することだ。蒸気をたくさん出したいときは、ボイラーの温度を上げる必要があり、エスプレッソを淹れる水の温度も高くなる。コーヒーを淹れる湯の温度を著しく下げたいなら、蒸気を使ってミルクを泡立てる作業に影響が出るかもしれない。

熱交換器式のマシンの多くには、ボイラーの温度を制御するサーモスタット（温度自動調節器）が付いていて、機種による違いを生む。良いマシンには、蒸気ボイラーの温度を確実に調節する制御機能が備わっている。

熱交換器式のマシンには、サーモブロック式と同じ振動ポンプか、回転ポンプのいずれかが付いている。回転ポンプは業務用機器に使われ、より静かで調整がしやすい。しかし同じ圧力に設定した場合、ポンプの種類によって性能にそれほど違いがあるわけではない。

ダブルボイラー式

エスプレッソを淹れる湯を沸かすボイラーと別に、スチーム用の小型ボイラーを備えているマシン。スチーム用の小型ボイラーは湯が高温になっているので、紅茶やアメリカーノ（P115参照）用の湯を沸かすこともできる。

エスプレッソ抽出用のボイラーの温度は、通常デジタルで細かく制御されているので、温度を簡単に調整でき、非常に安定性が高い。この方式のマシンを使えば、間違いなく業務用マシンと同じくらいおいしいコーヒーを作ることができるが、価格もそれに見合って高額な場合が多い。

一言アドバイス

素晴らしいエスプレッソマシンは、見た目に美しく満足感を与える道具で、技術的にも目を見張るものだ。だが、素晴らしいコーヒーミルとともに使わなければ、お金の無駄遣いになってしまうだろう。道具を買い換える際は、エスプレッソマシンよりもまず、コーヒーミルを良いものにすることをおすすめする。良いミルとサーモブロック方式の安価なマシンで、安価なミルと最高級のダブルボイラー式のマシンを使うよりも、おいしいエスプレッソを淹れることができる。自宅でおいしいエスプレッソを味わいたいなら、ミルに投資するほうがずっと大きな恩恵を受けることができる。

エスプレッソ用ミル

エスプレッソマシンと併せて使うのに適しているミルは、2つの重要な作業をできなくてはならない。まず、おいしいエスプレッソを淹れるのに十分細かく豆を挽けること。そして、挽き具合の細かい調整が簡単にできることだ。

高価なミルは挽き具合の調整がしやすく、内部のモーターもより強力で静かだ。最高級のものは臼歯式ミルで、コーヒーに苦味が出るぎりぎりの極細挽きの粉を挽くことができる。エスプレッソ愛好家は、最高級の家庭向けミルではなく、小型で必要最低限の機能をもつ業務用ミルを選びがちだ。しかし、世の中には優れた家庭向けミルがある。理想的には、フィルターホルダーのバスケットに、挽いたコーヒーの粉を直接入れられるタイプのミルがよい。

エスプレッソベースのコーヒー飲料

エスプレッソの濃さやミルクの量を変えて、エスプレッソをベースにしたさまざまなコーヒー飲料を味わおう。

エスプレッソ

何をもってエスプレッソと呼ぶのか、その定義はたくさんあるが、私の定義では、エスプレッソは、細かく挽いたコーヒーの粉に高圧蒸気を通して淹れた、少量の濃い飲み物である。それに加えて、エスプレッソにはクレマがなければならない。より厳密に言えば、私の意見では、コーヒーの粉と淹れたエスプレッソの重さの比率は、約1対2だ。ただ、何が正しくて何が間違っているかを厳密に規定するより、エスプレッソを広く解釈する立場でいたい。

リストレット

リストレットはイタリア語で「制限された」の意で、エスプレッソよりも少量で濃いコーヒーを指す。エスプレッソと同量のコーヒーの粉を、少ない量の湯で淹れる。粉はエスプレッソよりも細かく挽いたものがよい。

ルンゴ

ルンゴ、すなわち「薄い」コーヒーは最近まで、スペシャルティコーヒーの世界では、かなり流行遅れだと考えられてきた。通常、ルンゴはエスプレッソマシンで淹れるが、エスプレッソと同じ重さのコーヒーの粉を、エスプレッソの2～3倍の湯で淹れる。こうするとかなり薄くなり、消費者は飲み物を長く楽しめるが、コクと口当たりがなくなり、まずいコーヒーと見なされていた。公正を期して言うならば、この方法で淹れたほとんどのコーヒーはまずくなり、非常に苦くて、灰のような味になる。

しかし、近年、スペシャルティコーヒー業界で変化が見られる。この方法で浅煎りのコーヒーを淹れると、複雑でバランスの取れたものになり、なかなかおいしい。エスプレッソブレンドの酸味のバランスに苦労しているなら、いつもと同量のコーヒーの粉を、多めの湯で淹れ、薄くしてみてもいいだろう。豆の挽き具合は、抽出時間を短くして過抽出を避けるため、少し粗めにする

マキアート

エスプレッソにミルクの泡で「印」「染み」を付けるという発想から名前が付けられた。イタリアでは、忙しいバリスタがカウンターにエスプレッソのカップを幾つも並べている光景をよく見かける。客の1人がエスプレッソに少量のミルクを入れるよう頼んだとすると、どのカップに入れたかわかるようにするためにも、少量のフォームドミルクを加えることが重要だ。普通のミルクを少量、淹れたてのエスプレッソに注ぐと、クレマの下に消えてしまい、どのカップに入れたかわからなくなってしまう。

過去10年ほどの間に、品質を重視するカフェの多くは、コーヒーにさまざまな試みをしてきた。そのなかで、マキアートは、エスプレッソの上にフォームドミルクを載せた飲み物に変化した。マキアートは、エスプレッソよりも薄くて甘めの飲み物を好む客からよくリクエストされる。しかし、時にはバリスタが非常に小さなカップでラテアートを見せつけたいために、フォームドミルクを注ぐ場合もある。

さらに混乱を招くことに、コーヒーチェーンのスターバックスには「キャラメル マキアート」という飲み物がある。これはここでいうマキアートとはまったく異なる飲み物で、キャラメルシロップで「印」「染み」を付けたカフェラテに近い。客が混乱するので、特に北米のカフェでは「伝統的なマキアート」とメニューに書かれていることも多い。

カプチーノ

カプチーノには多くの俗説がある。カプチーノの名前の由来は、修道士のローブに付いている頭巾とも、彼らの頭髪をそった部分とも、何の関係もない。カプチーノは19世紀、オーストリアのウィーンで飲まれていた飲み物で、元々「カプツィーナ」と呼ばれていた。少量のコーヒーに、コーヒーの色がカプチン会修道士のローブと同じ茶色になるまで、ミルクかクリームを混ぜたものだ。名前がほのめかしているのは、この飲み物の濃さだ。

近年、よく聞く俗説に、「3分の1のルール」がある。伝統的なカプチーノのレシピは、3分の1がエスプレッソで、3分の1がミルク、3分の1がフォームドミルクだというものだ。しかしこれは、伝統的なものではない。コーヒーに関する本はたくさん読んだが、この3分の1のルールに言及した最古の事例は、1950年代の本で発見した。その本では、カプチーノは「エスプレッソに同量のミルクとフォームドミルクを混ぜたもの」と説明されている。この表現は少々曖昧で、ミルクと泡だけが同量だともとれるし、エスプレッソを含む3つが同量だともとれる。著者は1対1対1でなく、1対2対2を意味したつもりだったのかもしれない。

ワンショットのエスプレッソに対し、倍の量のミルクとフォームドミルクを加えて、1対2対2の割合で作った150〜175ミリリットルのカプチーノには、長い伝統がある。ファストフード店で出される、コーヒーをたっぷり使ったものに屈することなく、今なおイタリアの大半の地域とヨーロッパの一部の地域で広く提供されている。この割合のカプチーノは実際、上手に淹れると素晴らしくおいしい。

素晴らしいカプチーノは、ミルクを使ったエスプレッソベースの飲み物のなかで、最高においしいと思う。深いコクのあるクリーミーな泡と、甘く温められたミルク、上手に淹れたエスプレッソのフレーバーが組み合わさり、この上なくおいしい。温度が下がるにつれて、甘味が増すのも楽しい。

カプチーノは１日１杯

イタリアでは、１日のうち、朝にカプチーノを１杯飲み、残りの時間はエスプレッソしか飲まないという習慣がある。これは、食生活を反映する文化の興味深い一例だと考える。多くの南欧の人々と同じく、イタリア人の多くは乳糖不耐症である。しかし、乳糖不耐症でも少量のミルクなら問題なく摂取できるので、毎日カプチーノを飲めるのだ。しかし量の少ないイタリアのカプチーノでも、２杯以上は胃に不快感をもたらす。そのためイタリアでは、カプチーノを１日中飲みつづけることを文化的に軽くタブー視することで、ミルクの過剰摂取を妨いでいるのだ。

カフェラテ

カフェラテはイタリア発祥の飲み物ではない。エスプレッソが初めて世界に広まったとき、エスプレッソは苦く強烈で、エスプレッソを甘くし、苦味を和らげるために、温めたミルクを加えたのだ。カフェラテは、強烈すぎないコーヒーを求める客を満足させるために作り出された。通常カフェラテには、コーヒーのフレーバーをまろやかにするため、カプチーノよりたくさんの液状のミルクが入っている。ミルクの泡も伝統的に少なめだ。

カフェラテはよく単に「ラテ」と呼ばれるが、私はきちんと「カフェラテ」と表現するように心がけている。イタリアでついいつものくせで「ラテ」と注文すると、コップ1杯のミルクが出てきてしまうからだ。

フラットホワイト

フラットホワイトを考案したのは、オーストラリアか、それともニュージーランドかという議論は続いているが、間違いなくオセアニアで考案され、カフェを開くためにヨーロッパや北米にやってきた人々が広めた。英国では当初、フラットホワイトとは品質重視のカフェで提供される飲み物と同義だったが、大手チェーンがメニューに加えたことで広く浸透した。

ルンゴ
マキアート
アメリカーノ
フラットホワイト

リストレット
カプチーノ
カフェラテ
エスプレッソ

Cie des ANTILLES
TOURS
CAFÉ COLLAS
PERLES DES INDES
CAFÉ COLLAS
PERLES DES INDES
CAFÉ COLLAS
PERLES DES INDES
Le Meilleur de Tous les Cafés

しかしながら、この飲み物の出自はそれほどよいものではなかったようだ。1990年代までは、イタリア以外ではほとんどどこでも、カプチーノは乾いたメレンゲのような大きな泡をエスプレッソの液面に載せて出されるのが常だった。多くの消費者は、中身のほとんどが空気のようなコーヒーに不満を覚え、泡なしで表面が平らな、ミルク入りのコーヒーを欲するようになった。さらにコーヒーの品質やミルクの口当たり、ラテアートを重視するようになり、フラットホワイトがおいしいコーヒー飲料に改良されると、コーヒー文化の1つとして定着したのだ。

私が提案するフラットホワイトは、少量の濃いラテである。強いコーヒーフレーバーが必須なので、たいていはダブルリストレットかダブルエスプレッソに温かいミルクを加えた、150〜175ミリリットルの飲み物である。ミルクは少し泡立っていたほうがいいが、泡が多すぎてはいけない。これならば、ラテアートと呼ばれる複雑な模様を比較的簡単に描くことができる。

アメリカーノ

語り伝えられるところでは、第二次世界大戦後、イタリアに駐留した米兵には、エスプレッソは濃すぎたようだ。彼らはエスプレッソと湯を一緒に出すか、母国で飲み慣れているコーヒーと同じ程度に薄めるよう要求した。このエスプレッソを湯で割ったスタイルのコーヒーが「カフェ・アメリカーノ」と呼ばれるようになった。

ドリップ式で淹れたコーヒーと似ているが、味はやや劣ると私は思う。しかしながら、カフェのオーナーには依然として人気がある。追加の道具を買わなくても、ドリップ式と同じ濃さのコーヒーを提供できるからである。

アメリカーノの淹れ方はシンプルである。カップに沸かしたてのきれいな湯を注ぎ、上からダブルエスプレッソを注ぐ。エスプレッソマシンに蒸気ボイラーが付いているなら、それを使おう。ただし、湯はマシンからカップに注いで少し置いておかないと、不快な味になるかもしれない。

エスプレッソに非常に熱い湯を足しては駄目で、必ず湯にエスプレッソを足すべきだと主張する人がいるが、どちらもあまり大差はないと思う。湯にエスプレッソを注いだほうが、単に出来上がったコーヒーが色鮮やかで、おいしそうに見えるというだけのことである。

エスプレッソを薄めるため、やや苦味が増すことがある。そのため、アメリカーノを淹れたらすぐに、液面に浮いているクレマをすくって捨てることをおすすめする。クレマは見た目はよいが、中にコーヒーの微粉が多く含まれているため、残っていると苦味が増す。飲む前にクレマを取り除くと、アメリカーノのフレーバーは格段に良くなる。エスプレッソもクレマを取り除くと、風味が驚くほど違う。私はクレマのないエスプレッソのほうが好きだが、エスプレッソの場合はそのまま飲んでも十分楽しめる。アメリカーノの場合は、この飲む前の一手間は本当に重要だ。

コルタード

これもイタリア発祥ではない数少ないコーヒー飲料の1つである。スペイン、おそらくマドリードで生まれたこの飲み物は、当地でよく飲まれている。伝統的にスペインでは、イタリアよりもやや量が多めで、少し薄めのエスプレッソを淹れる。コルタードは、約30ミリリットルのエスプレッソに、同量の温めたミルクを合わせ、伝統的にグラスで供される。コルタードは他地域にも広がり、いろいろな再解釈がなされているが、これがその背景にある基本的な考え方である。

左ページ：1905年、ルネ・オノレ・コラが創業したフランス最大のコーヒー輸入業者、ペルル・デ・アンド社の宣伝ポスター。1日に2000キロ（4400重量ポンド）もの豆を焙煎した。

自家焙煎

かつては、各家庭で生豆を購入し、自家焙煎するのは珍しいことではなかった。しかし20世紀中頃から、便利なものばかりがもてはやされるようになったため、自家焙煎する機会は減ってしまった。一流業者と同じ品質の焙煎をすることは非常に難しいが、自家焙煎は楽しく、比較的費用も安く済む。

すでに焙煎してあるものを購入してくるよりも、自家焙煎ならもっと少ない量で生豆を焙煎できる。自分で焙煎することで、よりたくさんの種類の生豆を試すことができ、続けるうちに知識も深まってくる。どんなことでもそうだが、大失敗をすることもあれば、素晴らしい成功を味わうこともあるだろう。大事なのは、焙煎済みを買うより安いからと、自家焙煎をただの節約術として考えるのではなく、新しい趣味ができたと考えること。せっかく時間を作り、器具も買いそろえるのだから、できるだけ楽しみながら焙煎したり、学んだりしたほうがいい。

オンラインで生豆を売る会社はますます増えている。生豆は焙煎した豆よりも長く保存できるが、くれぐれも一度に大量の購入は控えること。生豆も時間とともに風味が落ちていくし、購入後3〜6カ月以内に消費したほうがいい。

生豆を選ぶときには、履歴をきちんと遡ることができるかどうかを確かめるといいだろう（世界のコーヒー生産地を参照）。また、生豆を買った店で、焙煎済みの同じ豆も買ってみるのもお勧めだ。自家焙煎した豆と、業者が焙煎した豆を比べて、自分がどれくらい上達したか確かめることができる。

家庭用焙煎機

熱を十分に出すものであれば、コーヒー豆を焙煎できる。生の豆をベーキングシートに並べ、茶色くなるまでオーブンで焼くこともできる。しかし、これはうまいやり方ではない。豆の焙煎され具合にむらができ、トレイにくっついてる部分は焦げてしまうこともある。つまり、むらなく焙煎するためには、豆を転がしたりかき混ぜたりすることが必要なのだ。中華鍋で炒ることもできるが、ずっとかき混ぜていなくてはならず、腕が疲れてうんざりしてしまう。

もう少しラクに焙煎したければ、定期的に豆をかき混ぜながら、ヒートガンで熱風を当ててあぶったり、電動ポップコーンメーカーを改造して使ったりするとよい。中古のポップコーンメーカーなら割と安く手に入り、コーヒー豆をうまく焙煎してくれる。抽出1回分の生豆なら、焙煎にかかる時間は4〜5分と非常に短時間だ。しかし、浅煎りの場合、仕上りが均一になりにくい。深煎りのコーヒーが好きな人にはちょうどよいだろう。もちろん、それ用に作られているわけではないため、十分なパワーを持たずしっかりと焙煎できないものもあるということも頭の隅に置いておいてほしい。

もし自宅で上手に焙煎したいのであれば、専用の道具が必要だ。少量から始めてみて、焙煎の決まった手順や、規則性、全過程を楽しめるかどうか見極めよう。この一歩は難しいことではなく、何より楽しい。そのあとで、焙煎作業はプロに任せると決めたとしても、後悔はしないだろう。

家庭向け焙煎機には主に2つのタイプがある。熱風式焙煎機とドラム型焙煎機である。

熱風式焙煎機

サイズこそはるかに小さいが、焙煎業者の使う流動床型焙煎機に類似したものである（P60参照）。働きは強力なポップコーンメーカーといったところ。熱風を当てて焙煎かごの中の豆をかき混ぜ、転がすことにより均一に焙煎する。また熱風が与える熱で、豆は茶色に色づいていく。ある程度、熱の量やファンの回転数をコントロールできるため、必要なら所要時間を短縮したり、逆にゆっくりと仕上げることもできる。このタイプの焙煎機はドラム型焙煎機よりも安価なので、自家焙煎を始めてみようという人に、最初の1台としてお勧めできる。

焙煎中の煙や匂いが出ないように設計してあっても、十分に換気できる場所で使用することを勧める。ただ屋外で、しかもひどい寒さのなかで使用したときには、焙煎に

熱風式焙煎機の仕組み

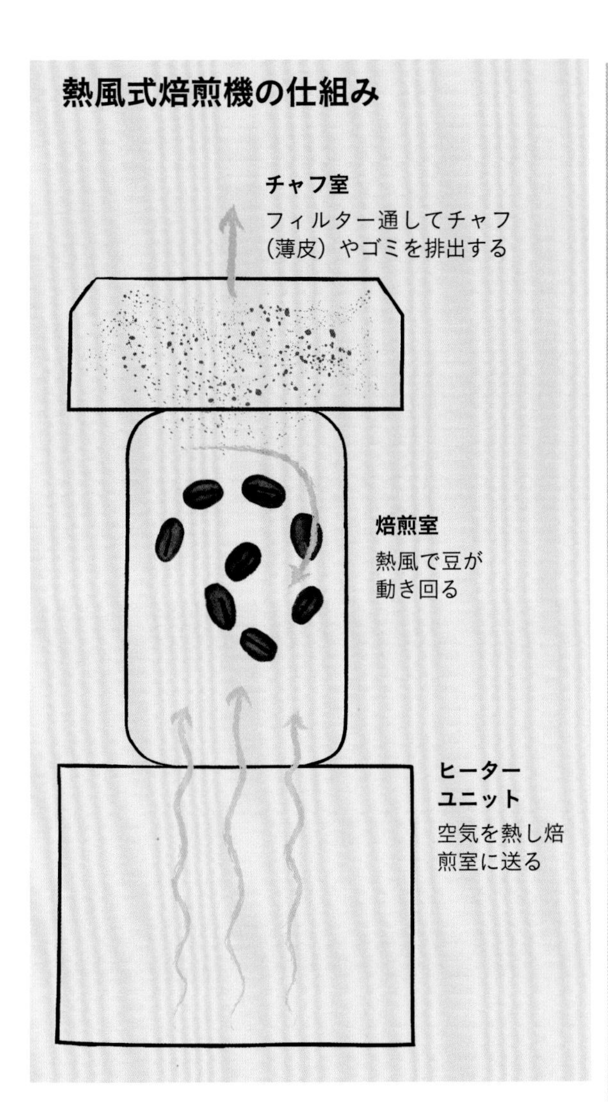

完璧な焙煎

熱風式焙煎機であれば、8～12分かけて焙煎するのが望ましい。ドラム型の場合はもう少し時間がかかる傾向にあり、豆の量にもよるが、10～15分といったところである。もし焙煎したコーヒーの味がとても苦いようであれば、深煎りし過ぎたのだろう。フレーバーや甘味に欠けるならば、焙煎に時間をかけ過ぎたと見ていいかもしれない。酸味が非常に強く、渋味や草のようなにおいを感じるなら、焙煎時間が短かすぎたのだろう。何度もテイスティングを重ね、小さな試行錯誤を繰り返すことは、焙煎を覚える過程で健全なことであり、それを通して自分の好みもより一層わかるようになる。

思ったよりも時間がかかることもある。

ドラム型焙煎機

業務用のドラム型焙煎機と構造は似ているものの、品質や使われる材料の重さは異なっている。熱せられている間、豆はドラムの中で転げ回る。ドラムは豆が動き続けるよう設計されていて、豆を均一に色づけることができる。

ドラム型焙煎機のなかにはプログラミング機能を備え、独自の焙煎データを作れるものもある。熱の強さを焙煎中に変化させられるため、自分好みの焙煎を自動で簡単に再現できる。

上：コーヒーの自家焙煎は、他の趣味と同様に、大失敗も驚くような成功もあるが、さまざまな生豆の味を試したいのであれば、やってみる価値がある。

第３章
世界のコーヒー生産地

アフリカ

コーヒーの生まれ故郷はエチオピアだと広く考えられているが、非常に多くのコーヒー豆が、アフリカ中央部および東部でも栽培されている。ブルンジ、マラウイ、ルワンダ、タンザニア、ザンビアには、コーヒー豆の輸出市場が確立されている。それぞれの国が独自の特別な生産方法、品種を持ち、バイヤーに対して多様な選択肢を提供している。ここでは各国の主要な生産地域について述べ、その典型的な生産工程、コーヒー豆の香味の紹介やトレーサビリティーに焦点を当てていく。

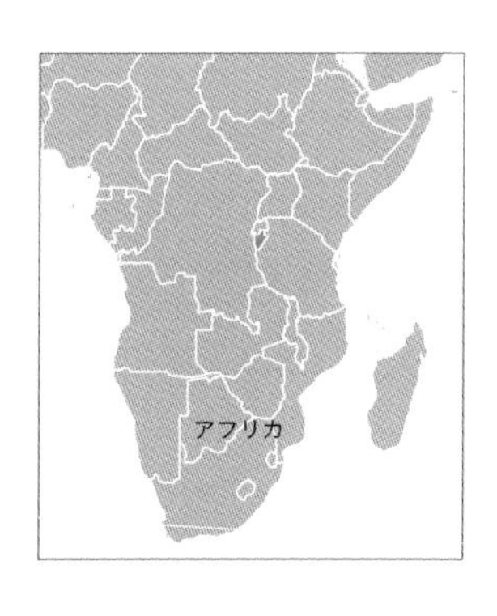

ブルンジ

ブルンジにコーヒーが持ち込まれたのは1920年代、ベルギーによる植民地支配下のことで、1933年からはすべての農民が最低50本のコーヒーの木を栽培させられた。1962年に独立を果たすと、コーヒー生産は民営化された。その体系は政治情勢の影響で1972年に変わってしまったが、1991年以降は、民間の元へコーヒー事業が徐々に戻りつつある。

着実に拡大していたコーヒー栽培は、1993年の内戦によって生産量が急落した。以降、ブルンジ産コーヒーの生産量と品質の両方を向上させるための取り組みが続いている。紛争によってブルンジの経済は壊滅的なダメージを受けており、コーヒー産業への投資は極めて重視されている。2011年には1人当たりの国民総所得が世界で最も低い国の1つとなったブルンジは、人口の約9割が自給自足農業に頼る国だ。外貨総収入の約9割はコーヒーと茶の輸出が占めている。コーヒー生産量は回復を見せてはいるものの、1980年代初頭の水準にはまだ達していない。しかし、ブルンジのコーヒー産業には望みがある。約65万世帯がコーヒーで生計を立てており、品質の向上による価格の上昇を目指す動きは望ましい限りだ。ただし、政情不安への絶え間ない恐怖が大きくのしかかっている。

ブルンジの地理はコーヒー栽培によく適している。国土の大半が山岳地帯で、栽培に必要な標高と気候がそろっている。コーヒーの大農園はないが、数多くの小規模農家がコーヒーを生産している。近年、こういった生産者の組織化が進み、国内に160カ所あるウォッシングステーション（ウェットミルを行う処理場）のいずれかを拠点にして活動している組織が多い。ウォッシングステーションの約3分の2は政府が所有し、残りは民間が運営している。各ウォッシングステーションには、数百から時には2000人の生産者が収穫後のコーヒーを持ち込む。

これらの処理場は、ソゲスタルズ（SOGESTALs）と呼ばれるウォッシングステーションの事実上の管理団体によって、地域ごとにまとめて運営されている。ソゲスタルズ主導の下、主に地域内におけるインフラの改良が進んだことで、近年の品質向上につながっている。

ブルンジの最高レベルのコーヒーはフリー・ウォッシュトのもので、そのうちの大半がブルボン種だが、栽培品種は他にもある。隣国のルワンダと、標高も品種も似通っている。両国とも内陸国なので、消費地に良い状態の生豆（なままめ）を届けるために欠かせない迅速な輸出が妨げられるという、同じ悩みを抱えている。ルワンダと同様に、ポテト臭の問題にもさらされやすい（P147参照）。

トレーサビリティー

最近まで、ソゲスタルズに集まる各ウォッシングステーションのコーヒー豆はすべて一緒くたに交ぜられていたため、ブルンジのコーヒーはソゲスタルズまでしかルートをたどれず、ソゲスタルズが事実上の生産元になっていた。

2008年、ブルンジはスペシャルティコーヒー分野に参入。直接、トレーサビリティーの高い購入が可能になった。2011年には権威あるカップ・オブ・エクセレンスの前段階として、プレステージ・カップというコーヒー品評会を自国で開催。ウォッシングステーション単位でロットを分けて品質をランク付けし、高いトレーサビリティーのままオークションにかけられ、販売された。今後、ブルンジ産のコーヒーとの出会いが増え、品質向上も期待できる。

テイスティングノート

ブルンジの上質なコーヒーはベリーを感じさせる複雑なフレーバーがあり、素晴らしくジューシーな口当たりだ。

URUNDI COFFEE COMPAN
BCC

生産地域

人口：1117 万 9000 人
生産量（1 袋当たり 60 キロ、2016 年）：
35 万 1000 袋

ブルンジは小国なので、明確な栽培地域はない。国中の至る所に土壌と標高が適した土地があり、コーヒーが栽培されている。ブルンジの行政区画は州で分かれていて、コーヒー農園はその州内にあるウォッシングステーション（ウェットミル）の周りに集中している。

ブバンザ（北西部）

標　高：平均 1350 メートル（4400 フィート）
収穫期：4 月～7 月
品　種：ブルボン、ジャクソン、ミビリジ、いずれかの SL

ブジュンブラ・ルーラル（西部）

標　高：平均 1400 メートル（4600 フィート）
収穫期：4 月～7 月
品　種：ブルボン、ジャクソン、ミビリジ、いずれかの SL

ブルリ（南西部）

州内に国立公園が 3 つある。
標　高：平均 1550 メートル（5050 フィート）
収穫期：4 月～7 月
品　種：ブルボン、ジャクソン、ミビリジ、いずれかの SL

シビトケ（北西部）

コンゴ民主共和国に隣接。
標　高：平均 1450 メートル（4750 フィート）
収穫期：4 月～7 月
品　種：ブルボン、ジャクソン、ミビリジ、いずれかの SL

ギテカ（中部）

2 つある国営ドライミルのうち 1 つがあり、輸出前の豆の最終処理と品質管理を行う。
標　高：平均 1450 メートル（4750 フィート）
収穫期：4 月～7 月
品　種：ブルボン、ジャクソン、ミビリジ、いずれかの SL

カルシ（中西部）

標　高：平均 1600 メートル（5200 フィート）
収穫期：4 月～7 月
品　種：ブルボン、ジャクソン、ミビリジ、いずれかの SL

カヤンザ（北部）
ルワンダに隣接。ウォッシングステーション数が国内で2番目に多い州。
標　高：平均1700メートル（5600フィート）
収穫期：4月～7月
品　種：ブルボン、ジャクソン、ミビリジ、いずれかのSL

キルンド（最北部）
標　高：平均1500メートル（4900フィート）
収穫期：4月～7月
品　種：ブルボン、ジャクソン、ミビリジ、いずれかのSL

マカンバ（南部）
標　高：平均1550メートル（5050フィート）
収穫期：4月～7月
品　種：ブルボン、ジャクソン、ミビリジ、いずれかのSL

ムランブヤ（中部）
標　高：平均1800メートル（5900フィート）
収穫期：4月～7月
品　種：ブルボン、ジャクソン、ミビリジ、いずれかのSL

ムインガ（北東部）
タンザニアと隣接。
標　高：平均1600メートル（5200フィート）
収穫期：4月～7月
品　種：ブルボン、ジャクソン、ミビリジ、いずれかのSL

ムワロ（中部）
標　高：平均1700メートル（5600フィート）
収穫期：4月～7月
品　種：ブルボン、ジャクソン、ミビリジ、いずれかのSL

ンゴジ（北部）
ブルンジでコーヒー生産が最も盛んな州。国内のウォッシングステーションの約4分の1がある。
標　高：平均1650メートル（5400フィート）
収穫期：4月～7月
品　種：ブルボン、ジャクソン、ミビリジ、いずれかのSL

ルタナ（南部）
ギキジ山の西側にある州。ウォッシングステーションが1カ所ある。
標　高：平均1550メートル（5050フィート）
収穫期：4月～7月
品　種：ブルボン、ジャクソン、ミビリジ、いずれかのSL

上：ブルンジのカヤンザで、精製のために、収穫したコーヒーをウォッシングステーションに運び込む、摘み取り作業者たち。

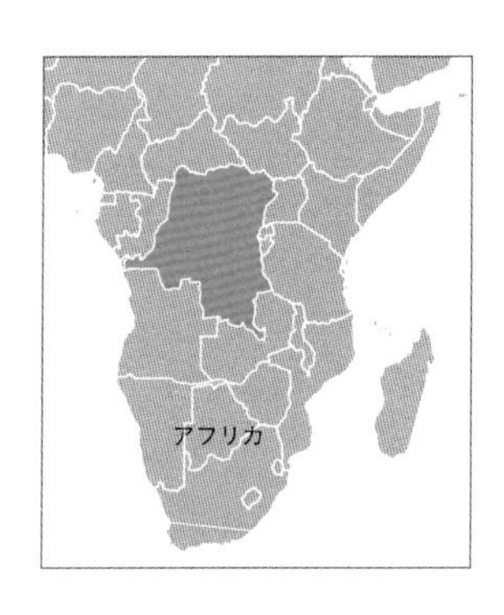

コンゴ民主共和国

コンゴ民主共和国（以下DRC）のコーヒーの歴史は1881年、リベリアから持ち込まれたことに始まる。しかし、国内の生産が本格化するのは、ベルギー人入植者が自生する新種のコーヒーノキを見つけた1898年以降だ。長く続いた動乱の歴史をよそに、DRCは現在、スペシャルティコーヒーの有望な生産国として期待されている。そのためにも、まずは国内の難題を解決しなくてはならない。

ベルギーの植民地だった1898年に発見されたコーヒーノキというのは、カネフォラの一種だ。病気に強い性質を持っているため、ロブスト（強健）という英語にちなみ「ロブスタ」と名付けられた（P12参照）。その後、ベルギー人入植者たちがプランテーションをつくり、住民を奴隷のように働かせるようになると、コーヒー産業は急激に成長し始めた。1960年に独立するまで、生産のほとんどは、小さな農家ではなくプランテーションなどの大規模農園によるものだった。その頃、コーヒーを含む農産業は、国内に26の研究所をもち、300人の専門家を擁するベルギーコンゴ領国立農業調査研究所に、資金援助などさまざまな面で支えられていた。

1960年に独立を果たしてからは政府からの資金援助が少なくなり、外国人に対する排斥や、インフラの整備が遅れていたことなどもあって、1970年代にはプランテーションが減り始めた。大規模農園によるコーヒー生産量は1987年に14％になり、さらに1996年になるとわずか2％にまで落ち込んだ。しかしその後、自由市場に移行すると、1970〜80年代の生産量は跳ね上がる。1980年代後半、産業を支える目的で、政府は輸出関税を引き下げた。

1990年代はこの国にとってもコーヒー産業にとっても苦難の時代だった。1996年に第一次、第二次とコンゴ戦争が勃発し、終結したのが2003年。相次ぐ戦乱にコーヒーの生産量が減少したところへ、葉が茶色く枯れてしまうさび病の蔓延が追い打ちをかけた。80年代後半から90年代前半の高い生産水準は半分以下にまで落ち込んだ。さび病にかかるのは主にロブスタ種なのだが、そのロブスタがDRCのコーヒー生産の大部分を占めていた。

またこの国はやっと戦争状態から抜け出ることができた

下：キブ州の農園で、熟れたコーヒー豆を洗っている。DRC産のコーヒーはしばらく国際市場から姿を消していたが、復活を目指して試行錯誤中だ。

のだが、まだインフラの整備という問題もかかえている。しかし、コーヒー産業が好調に推移すれば、経済が息を吹き返すきっかけになる可能性が高い。政府と国外のNGOはコーヒーセクターに多額の投資を行っており、上質なコーヒーの生産国になるとの期待はますます高まっている。極上のコーヒーを育むのにうってつけの土壌や標高、気候など、DRCには援助されるに値する条件が十分そろっている。

トレーサビリティー

DRCのコーヒーは、ほとんどが小規模農家の団体か協同組合によって作られている。特定の農園まで履歴を遡ることは不可能に近く、高品質コーヒーの生産もまだあまり望めない状況だ。

テイスティングノート

最上級のDRC産コーヒーはフルーティーな良い香りがして甘みがある。深いコクを楽しめるものもある。

下：1911年に撮影された、輸入用コーヒーを袋詰めしている写真。当時は植民地としてベルギーの支配下にあった。

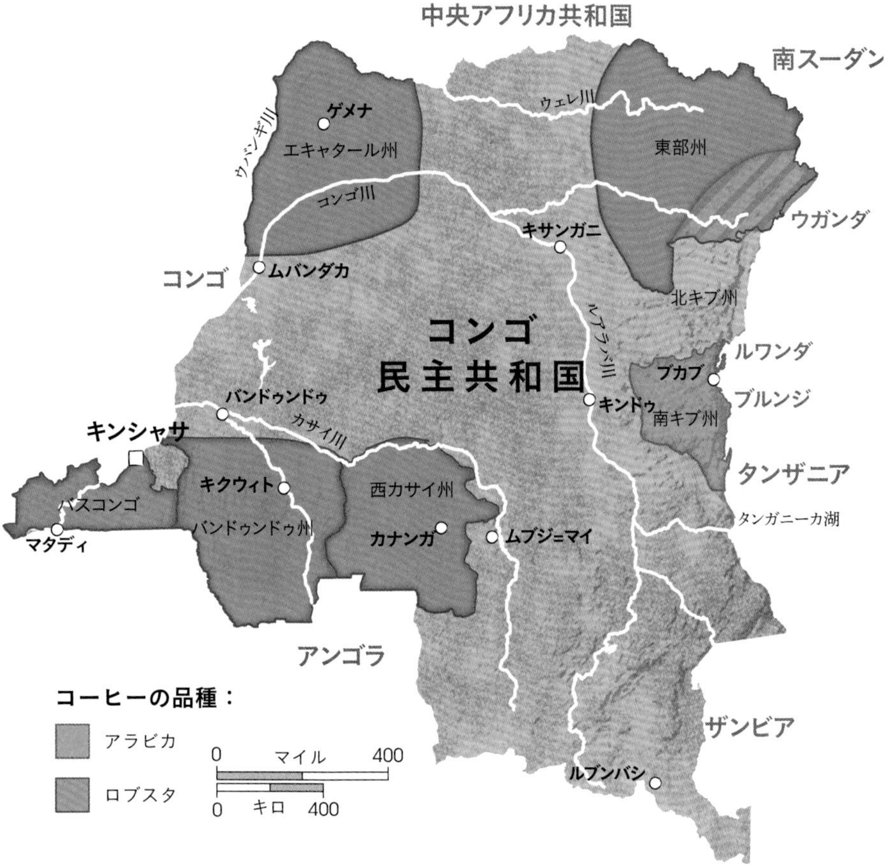

生産地域

人口：8224万3000人
生産量（1袋当たり60キロ、2016年）：
33万5000袋

DRCでは主にロブスタ種かアラビカ種のどちらかを栽培している地域が多い。両方を栽培している地域もある。

キブ

キブは北キブ州、南キブ州、マニエマ州からなる地域で、ルワンダとの国境をまたぐキブ湖が名前の由来。高地では主にアラビカ種を栽培している。国内最高品質を誇り、探し出す価値のあるコーヒーだ。
標　高：1460〜2000メートル（4800〜6560フィート）
収穫期：10月〜9月
品　種：主にブルボン

オリエンタル州

東部のこの地域ではアラビカ種も栽培されているが、大半はロブスタ種。
標　高：1400〜2200メートル（4600〜7200フィート）
収穫期：10月〜9月
品　種：ロブスタとブルボン

コンゴ中央州

西端にあり、正式名称はバコンゴ州。生産は、ロブスタ種のみ。
収穫期：3月〜6月
品　種：ロブスタ

赤道州

北西に位置するこの州も生産量は多く、ほとんどがロブスタ種。
収穫期：10月〜1月
品　種：ロブスタ

右：キブ湖沿岸のコーヒープランテーションへ働きに行く女性。キブの高地で採れるアラビカ種は、かつて世界最高級のコーヒーとして知られていた。

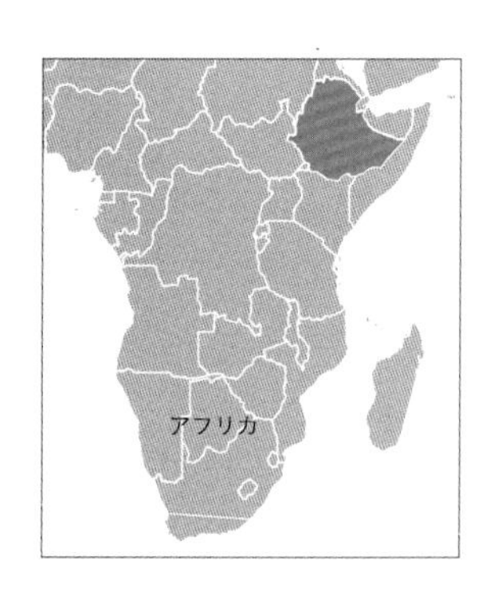

エチオピア

エチオピアは、世界のコーヒー生産国のなかで最も魅力的な国だろう。その理由は、ここで生み出される独特で印象深いコーヒーと、そのコーヒーを包み込む何とも言えない香りにある。エチオピアで作られる驚くほどフローラルでフルーティーなコーヒーにより、コーヒー業界の専門家の多くが、コーヒーが持ちうる多彩な香りに注目することとなった。

エチオピアは一般にコーヒーの原産国と言われる。しかし、アラビカコーヒーノキが初めて見つかったのは恐らく現在の南スーダンで、それがエチオピアに広がってから繁茂しはじめたに過ぎない。初めて人によって食されたのもエチオピアでのことで、当初は飲み物というよりフルーツとして食された。初めてコーヒーを農作物として栽培した国はイエメンだが、それよりずっと前から、エチオピアでは自生したコーヒーを収穫していた。

初めてエチオピアからコーヒーが輸出されたのは、恐らく17世紀のことだ。当時はイエメンなどの中東諸国でカフェが登場していた。ヨーロッパの貿易業者も興味を示していたが、エチオピアは輸出を断ることが多く、イエメンやジャワ島、さらに南北アメリカのプランテーションで、コーヒーが栽培されるようになった。当時のエチオピアでの

エチオピアの生産システム

エチオピアのコーヒーは、生産方法の違いによって主に３種類に分けることができる。

フォレスト・コーヒー

大部分はエチオピア南西部で自生したコーヒーの木から収穫される。この木の周りには普通、数種類の天然の陰性植物が入り交じって生えており、コーヒーの木そのものも、実にさまざまな種類が交ざり合っている。目的を持って栽培されたコーヒーの木に比べると、生産性と収穫高は低い。

ガーデン・コーヒー

主に、農家やその他の住居周辺に植えられたコーヒーの木から収穫されるコーヒー。天然の木陰は少ないため、日よけの木の管理が必要である。木陰ができ過ぎないように定期的に刈り込みなどをする。多くの生産者が肥料を使用している。この種類のコーヒーがエチオピアの生産の大部分を占めている。

プランテーション・コーヒー

大規模農場で集中的に栽培されるコーヒー。ここでは、刈り込みや根覆い、肥料の使用、病害に強い品種の選択など、標準的な農法が用いられている。

上：エチオピアは一般にコーヒーの原産地と考えられている。この女性は昔から伝わるコーヒーの儀式を実演している。ウォロ県ラリベラにて。

コーヒーの生産は基本的に、カファ地区やブノ地区に自生するコーヒーの木からの収穫に頼っていた。

エチオピアのコーヒーが再び注目されたのは、19世紀初頭のこと。当時、現在のエチオピアに当たるエナリアからのコーヒーの輸出量が約5トンであったとの記録が残っている。19世紀には、エチオピアでは2つの等級のコーヒーが普及していた。ハラール地区周辺で栽培されたハラールと、それ以外の地域で自生していたアビシニアである。ハラールは長年にわたって好まれ、上質であるとの評価を得ている（常に高い評価を得ていたわけではない）。

1950年代は、エチオピアのコーヒー産業体制が強化された時期で、新しい格付けシステムが導入され、1957年には、エチオピア国営コーヒー協会が設立された。しかし、1970年代に皇帝ハイレ・セラシエによる帝政が打倒されて変化が訪れる。この反乱は農民によるものではなく、深刻な食糧難や紛争に嫌気が差したエリート層によるクーデターであった。その後、社会主義思想に強く影響を受けた軍部によって、権力は奪われた。

それまでエチオピアでは、さまざまな面で封建制に近い統治が行われていた。新たな計画の1つに土地の再配分があり、政府は土地の国有化に乗り出す。これにより、農村に住む貧困層の収入は最高で50%も増えたため、多くの国民に有利な政策だったと評価する人もいる。厳格なマルクス主義者は、土地の私有や雇用労働を禁止したため、コーヒー産業は多大な影響を受けた。大規模な農業経営は断念させられ、エチオピアは再び自生するコーヒーを収穫することとなった。1980年代の食糧難では800万人が飢餓に苦しみ、そのうち100万人が餓死した。

コーヒー豆はエチオピアの生産工場で、女性たちの手で選別される。エチオピアの多様な自然環境で栽培された、エチオピアのコーヒー豆の味の種類は幅広い。

民主化に向けた動き

1991年、エチオピア人民革命民主戦線（EPRDF）は軍事政権を打倒した。これが自由化へのプロセスの引き金となり、エチオピアは民主主義の実現に向けて動き出した。エチオピアは国際市場に参入したが、同時に国際市場価格の変動の影響を受けることとなった。コーヒー農業に従事する者は、制御できないほどの激しい価格変動に対処しなければならなくなったのだ。そのため協同組合が設立され、資金調達や市場情報の提供、輸送手段の支援などが、組合員に対して行われた。

エチオピア農産物取引所

エチオピアのコーヒー取引における近年最大の変化は、

右：コーヒーの品質と生産地の情報は、以前より入手しやすくなってきた。どこでどのようにコーヒー豆が収穫されたかについて、消費者が十分な情報を得た上で選択できるようになってきた。

生産地域

人口：1億237万4000人
生産量（1袋当たり60キロ、2013年）：660万袋

エチオピアの栽培地域は、コーヒーの商品名としても非常に認知度が高い。エチオピアの栽培地域の名前は、今日コーヒーの販売を促進し、今後しばらくの間もその状況は変わらないだろう。固有品種の遺伝子特性の将来性と、アラビカ種の品種の種類の豊富さは、エチオピアのコーヒーがこれからも人々を楽しませることを大いに期待させる。

シダマ

エチオピア政府は、その特徴的なコーヒーの認知度を高めようと、ハラールとイルガチェフェのコーヒーとともに、シダマのコーヒーを2004年に商標登録した。シダマは、ウォッシュトとナチュラルの両方のコーヒーを生産している。そのコーヒーは、フルーティーで香り高いコーヒーを好む人々の間で、非常に人気が高い。

地域名は民族名にちなんでシダマというが、コーヒーはシダモと呼ばれることが多い。近年、このシダモという名前を使わないようにしようという動きがある。シダモという言葉には侮蔑の響きがあるという理由だ。とはいえ、業界では昔から使われ、深く浸透しているブランド名である。この地域産のコーヒーに、シダモとシダマが混在しているのはそのためだ。この地域では、エチオピアで最も高級なコーヒーも栽培されている。

標　高：1400～2200メートル（4600～7200フィート）
収穫期：10月～1月
品　種：在来種

リム

シダマやイルガチェフェほど評判は高くないが、リムも驚くほど素晴らしいコーヒーの生産地だ。この地域の生産者は、ほとんどが小規模農家だが、政府が所有する大規模なプランテーションも幾つかある。

標　高：1400～2200メートル（4600～7200フィート）
収穫期：11月～1月
品　種：在来種

ジマ

エチオピア南西部のこの地域で生産されるコーヒーは、エチオピア産コーヒーの多くを占める。ジマ産のコーヒーは、近年エチオピアの他の地域のコーヒーの評判の陰に隠れがちだが、間違いなく飲んでみる

2008年にエチオピア農産物取引所（ECX）が導入されたことである。これは、スペシャルティコーヒーのバイヤーにとっても大きな関心事であった。ECXの目的は、エチオピアのさまざまな農産物について、売り手と買い手の双方を保護できる効率の良い取引システムを作ることにあった。しかし、コモディティコーヒーではなく、生産履歴が明確で、特徴のあるコーヒーを求めているバイヤーにとっては、不満の残るシステムだった。コーヒーはECXの倉庫に運ばれ、数字が割り当てられる。ウォッシュトには産地ごとに1〜10の番号が付けられ、ナチュラルはすべて11番とされる。その後品質で格付けし、1〜9の番号が割り当てられるか、格付けできないものはUGに分類された。

このやり方だと、オークションにかけられる前に生産履歴が不明になってしまう。しかし良い面は、以前より生産者が対価を早く受け取ることができるようになった点である。このシステムは、国際市場に提供されるコーヒーを規制し、契約上の透明性を高めた。

今日、ECXの制約に縛られずに働く労働者は増加している。それにより高品質でトレーサビリティーが明確なコーヒーが、海外の消費者に届くようになってきた。

トレーサビリティー

エチオピアのコーヒーは、どの農場で作られたのか特定することができるのは比較的珍しく、協同組合までしか明らかにならない場合が多い。しかしながら、焙煎業者が生産履歴の不透明さにもかかわらず、ECXを通じてコーヒー豆を買うのは、驚くべきことだ。これらのコーヒーは入手しやすいので、気に入ったコーヒーがあればその焙煎業者を見つけ、彼らにコーヒーについてアドバイスをもらうことをおすすめする。

テイスティングノート

エチオピアのコーヒーのフレーバーは種類が豊富で、かんきつ類、ベルガモットやフローラル、砂糖漬けの果物やトロピカルフルーツまである。良質なウォッシュトのコーヒーは、この上なく優雅で複雑で美味だ。良質なナチュラルのコーヒーは非常にフルーティーで、うっとりするほど素晴らしく、また独特である。

価値がある。この地域の名前（JIMA）は、Jimmahや、Jimma、またはDjimmahとも表記される。

標　高：1400〜2000メートル（4600〜6600フィート）
収穫期：11月〜1月
品　種：在来種

ギンビ／レケンプティ

この地域は、ギンビとレケンプティの2つの町の周辺で、2つ合わせて1つの産地とされている。焙煎業者はどちらかの名前を使うこともあれば、両方の名前を使うこともある。レケンプティは中心都市であり、レケンプティの名前が付けられているコーヒーには、100キロ離れたギンビで生産されたものもある。

標　高：1500〜2100メートル（4900〜6900フィート）
収穫期：2月〜4月
品　種：在来種

ハラール

ハラールの小さな町周辺のこの地域は、最も古くからの生産地域の1つである。この地域で生産されたコーヒーには、非常にはっきりとした特徴があり、特別なかんがいが必要な環境で栽培されていることが多い。ハラール産のコーヒーは、長い間高い評判を得てきた。そのナチュラルのコーヒーは雑味があり、生木臭とで土臭さがあるが、それが強いブルーベリーの香味にも変化する。ハラール産の非常に特徴あるコーヒーは、1杯のコーヒーの中の香味の変化に、コーヒー産業に従事している人たちをも驚かせる。

標　高：1500〜2100メートル（4900〜6900フィート）
収穫期：10月〜2月
品　種：在来種

イルガチェフェ

この地域で生産されたコーヒーは、いろいろな意味で本当に独特だ。イルガチェフェ産の高品質のウォッシュトのコーヒーは、シトラスとフローラルの芳醇な香りで、軽やかでエレガントなこくがある。イルガチェフェは、間違いなく最も素晴らしく、興味深いコーヒーの産地である。イルガチェフェで栽培された良質のコーヒーは最高級品質で、その風味はコーヒーというよりも、アールグレーの紅茶に近いと感じる人もいる。絶対に試してみる価値がある。イルガチェフェでは、ナチュラルのコーヒーも生産されるが、こちらも非常に独特な風味で美味だ。

標　高：1750〜2200メートル（5750〜7200フィート）
収穫期：10月〜1月
品　種：在来種

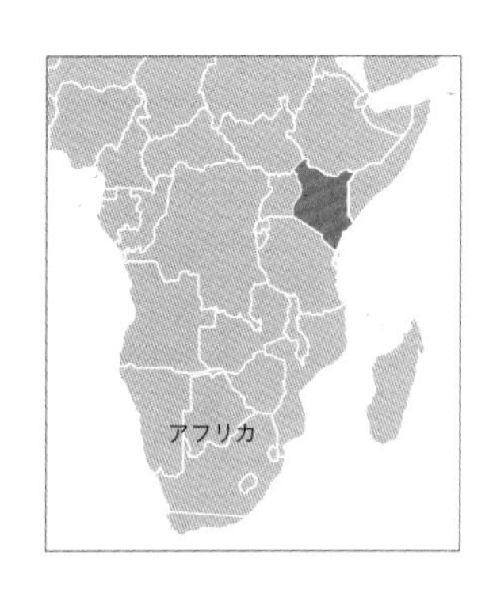

ケニア

コーヒー発祥の地と言われるエチオピアの隣国であるにもかかわらず、ケニアでのコーヒー生産はやや遅れて始まった。コーヒーは1893年に宣教師たちによって初めて持ち込まれたと記録に残っている。持ち込まれた品種はブルボンだったというのが大多数の意見だ。1896年に最初の収穫が行われた。

当初、コーヒーは英国による植民地支配の下、大規模農園で生産され、収穫した豆はロンドンで売られていた。1933年にコーヒー条令が可決され、ケニアコーヒー局が誕生すると、ケニアで売買されるようになった。1934年にはオークション制度が確立し、翌年にはコーヒー豆の格付けに関する規定が定められ、品質向上につながった。

下：収穫したばかりの完熟コーヒーチェリーをバケツいっぱいに入れて、選別と精製を行う作業所へ向かうケニア人女性たち。

1950年代初頭に農業支援策が実施され、農民に私的土地所有権を与え、自給自足農業と換金作物の生産を同時に行うことで、所得の向上を図った。この計画は、政府の農業部門の高官にちなんで、スウィナートン計画と名付けられ、コーヒーの生産が英国人の手からケニア人の手に移行しはじめた。これは小規模農家の生産に大きく影響を与え、1955年には520万ポンドだった総収益が1964年には1400万ポンドまで増大した。とりわけコーヒー生産が占

めた割合は大きく、増益分の55%にも上った。

ケニアは1963年に独立を果たし、現在までさまざまな規模の農家が非常に品質の高いコーヒーを生産しつづけている。ケニアでのコーヒーの調査や開発は優れていると考えられていて、コーヒー生産の高等教育を受けている農家も多い。品質を重視する生産者が高い価格の恩恵に預かるべきだが、買い手が高い価格を支払っても、不正により、上乗せ価格が農家に還元されないこともある。

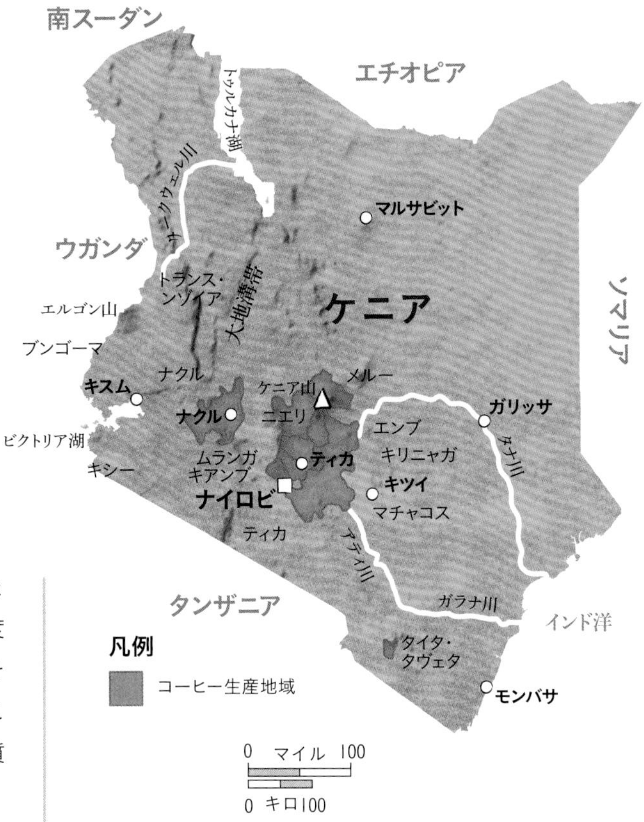

格付け

ケニアでは、ロットのトレーサビリティーの有無に関わらず、輸出されるコーヒーにはすべて同じ格付けシステムが適用される。等級は豆の大きさと品質で決まる。定義上、サイズは明確に区別されているが、ある程度までは品質も豆の大きさと関連すると見なされている。それはたいていの場合正しく、AAロットは上質な豆であることが多いが、近年では、大半のAAロットよりも複雑で品質が高いABロットの収穫も多く見られる。

E：エレファント・ビーン。豆のサイズが非常に大きいため、ロットはそれに比例して小さくなる傾向がある。

AA：大きなスクリーンサイズのものとしては、ごく一般的な等級。スクリーンサイズ18(P40参照)か、7.22ミリ。概して、この等級に最も高い値段がつく。

AB：この等級は、A(スクリーンサイズ16、もしくは6.80ミリ)とB(スクリーンサイズ15、もしくは6.20ミリ)を組み合わせたもの。ケニアの年間生産量の30%程度を占める。

PB：ピーベリーの等級。普通はコーヒーチェリーの内部で豆が2つ育つのに対して、豆が1つしかないもの。

C：等級ABよりも小さなスクリーンサイズ。この等級の高品質コーヒーはあまりない。

TT：小さなサイズの等級で、通常はAAやAB、Eの等級からはじかれた小さめの豆で構成される。密度による選別においていちばん軽い豆は、たいていはTT等級である。

T：最も小さいサイズの等級。豆のかけらや、割れた豆で構成されることが多い。

MH/ML：「重いムブニ(Mbuni Heavy)」と「軽いムブニ(Mbuni Light)」の頭文字。ムブニはナチュラルのコーヒーを指す。品質が低いとされており、未熟な豆や過熟した豆が含まれることも多い。非常に低い価格で取引される。年間生産量の7%を占める等級。

トレーサビリティー

ケニアのコーヒーは大規模農園と小規模農家の両方で栽培されており、小規模農家のコーヒーは地元のウォッシングステーションに持ち込まれる。つまり、栽培地からの生産履歴が非常に明確なコーヒーを入手することが可能である。近年は、小規模農家から出荷される高品質のコーヒーが増えてきている。それは通常、あるウォッシングステーションから出荷される特定のロットで、スクリーンサイズ(例えばAAなど)の等級を含んでいる。ただし、そういっ

ケニアのコーヒー農園の航空写真。この国は一貫して、非常に高い品質のコーヒー豆を生産し続けている。生産地は大規模農園や小規模農家など、さまざまである。

生産地域

人口：4846万人
生産量（1袋当たり60キロ、2016年）：
78万3000袋

大半が中央部で生産され、最も品質が良いのもこの地域のものだ。近年では、西部やキシー、トランゾイア、ケイヨ、マラクエットのコーヒーも注目されつつある。

ニエリ

ケニア山麓に位置し、土壌は赤土で、最高品質のコーヒーを生産する。コーヒーは主要作物の1つで、大規模農園よりも小規模農家で構成する農業協同組合が一般的だ。2期作で、メインクロップのほうが品質が高い傾向がある。

標　高：1200～2300メートル（3900～7500フィート）
収穫期：10月～12月（メインクロップ）、6月～8月（フライクロップ）
品　種：SL28、SL34、ルイル11、バティアン

ムランガ

セントラル州にあり、約10万の農家がコーヒーを生産。この内陸地域は、ポルトガル人によって沿岸部から追われた宣教団が最初に定住した土地の1つだ。火山性の肥沃な土壌、小規模農家が多い。

標　高：1350～1950メートル（4400～6400フィート）
収穫期：10月～12月（メインクロップ）、6月～8月（フライクロップ）
品　種：SL28、SL34、ルイル11、バティアン

キリニャガ

ニエリの東にある県で、肥沃な火山性土壌だ。小規模農家による生産が多く、ウォッシングステーションで生産される非常に高品質のロットは試すに値する。

標　高：1300～1900メートル（4300～6200フィート）
収穫期：10月～12月（メインクロップ）、6月～8月（フライクロップ）
品　種：SL28、SL34、ルイル11、バティアン

エンブ

ケニア山に近く、人口の約7割が小規模農家。人気のある換金作物は紅茶とコーヒーである。コーヒーの大半は小規模農家で作られているため、生産量は低い。

標　高：1300～1900メートル（4300～6200フィート）
収穫期：10月～12月（メインクロップ）、6月～8月（フライクロップ）
品　種：SL28、SL34、ルイル11、バティアン、K7

メルー

コーヒーはケニア山の斜面やニャンベネ・ヒルで栽培。その多くは小規模農家によるものだ。地域名は県名と、メルー族の名にちなむ。メルー族は1930年代にケニア人で初めてコーヒー栽培を始めた人々だ。

標　高：1300～1950メートル（4300～

たロットは数百もの農家による共同体から来ていることも多い。このようなウォッシングステーション（ファクトリーと呼ばれることもある）は、最終的な生産品の品質において重要な役割を果たしているため、そこから出荷されるコーヒーを探す価値は十分にある。

テイスティングノート

ケニアのコーヒーは華やかで、ベリーやフルーツのような複雑さで有名で、甘味と強い酸味もある。

左ページ：ケニアのルイルにあるコモタイのファクトリーで、サイズと品質によって豆を格付けしている女性。

ケニアのコーヒー品種

２つのケニアの品種が、スペシャルティコーヒー業界で注目されている。「SL28」と「SL34」だ。ガイ・ギブソン率いるスコット研究所が改良した40品種のうちの２種で、ケニア産の高品質コーヒーの大部分を占めるが、サビ病に弱い。

サビ病への耐性が強い品種を生み出すため、ケニアでは多くの研究が行われた。ルイル11はケニアコーヒー局による最初の成功例と考えられたが、スペシャルティコーヒーの買い手からはあまり好感触を得られなかった。最近になって、ケニアコーヒー局はバティアンという品種を開発。ルイルへの失望もあったため、カップに注いだ時の風味については懐疑的な意見も残るが、品質は向上しているようだ。バティアンが将来的に素晴らしいコーヒーになる可能性は高い。

6400フィート）
収穫期：10月〜12月（メインクロップ）、６月〜８月（フライクロップ）
品　種：SL28、SL34、ルイル11、バティアン、K7

キアンブ

この中央地域の生産の大半は大規模農園が行うが、都市化が進み、農園数は減少しつつある。この地域のコーヒーはティカ、ルイル、リムルなど産地名を付けられることが多い。農園の多くは多国籍企業が運営し、品質よりも生産性を重視するため農作業を機械化しているところが多い。相当数の小規模農家も存在する。
標　高：1500〜2200メートル（4900〜7200フィート）
収穫期：10月〜12月（メインクロップ）、６月〜８月（フライクロップ）
品　種：SL28、SL34、ルイル11、バティアン

マチャコス

国の中央に位置する小さな県。大規模農園と小規模農家が混在している。
標　高：1400〜1850メートル（4600〜6050フィート）
収穫期：10月〜12月（メインクロップ）、６月〜８月（フライクロップ）
品　種：SL28、SL34

ナクル

国の中心部にある地域で、ケニアで最も樹高の高いコーヒーを栽培。標高の高い場所では「立ち枯れ病」にかかり実をつけなくなる木もある。大規模農園と小規模農家が混在する。生産量はやや少ない。
標　高：1850〜2200メートル（6050〜7200フィート）
収穫期：９月〜12月（メインクロップ）、６月〜８月（フライクロップ）
品　種：SL28、SL34、ルイル11、バティアン

キシー

南西部に位置し、ビクトリア湖からさほど遠くない。やや狭い地域で、小規模農家の農業協同組合が生産する。
標　高：1450〜1800メートル（4750〜5900フィート）
収穫期：10月〜12月（メインクロップ）、６月〜８月（フライクロップ）
品　種：SL28、SL34、ブルーマウンテン、K7

トランゾイア、ケイヨ、マラクエット

西部に位置するやや狭い生産地域で、近年成長を遂げている。エルゴン山の斜面で栽培するため、標高は高い。
標　高：1500〜1900メートル（4900〜6200フィート）
収穫期：10月〜12月（メインクロップ）、６月〜８月（フライクロップ）
品　種：ルイル11、バティアン、SL28、SL34

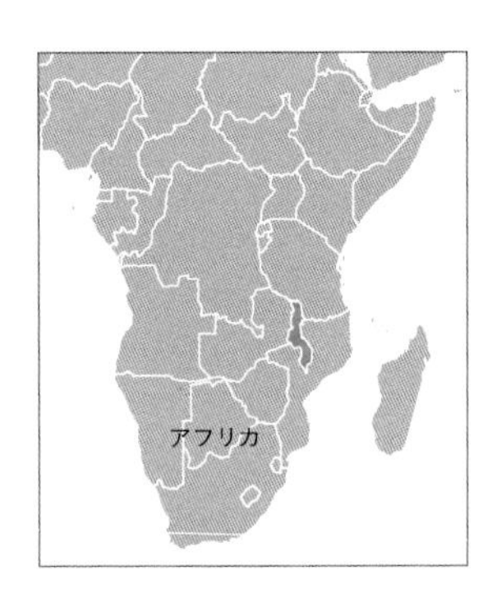

マラウイ

マラウイにコーヒーが伝わったのは、19世紀後半と言われている。一説によると、1878年に英国スコットランドの宣教師ジョン・ブキャナンが、エディンバラ植物園から1本のコーヒーの木をこの国に持ち込んだという。木は最初にマラウイ南部のブランタイル地域に根付き、1900年にはコーヒーの年間生産量は1000トンに達していた。

この幸先の良いスタートにもかかわらず、コーヒーの生産はその後すぐに衰退した。土壌の管理が悪く、害虫や病気が発生したためである。勢いを増しつつあったブラジル産コーヒーとの競争も原因の1つだ。

マラウイは英国による植民地支配下にあったため、20世紀初頭にはアフリカ人の経営する大規模農園は少なかった。しかし、1946年に農業協同組合を発足する動きが始まり、1950年代にはコーヒー生産も急増した。ついに成功したように思われたが、政治の介入によって1971年にすべての農業協同組合が解体してしまった。マラウイのコーヒーの生産量は1990年代にピークを迎え、年間生産量7000トンに達したが、その後再び1500トンほどまで減少した。

内陸国であるにもかかわらず、マラウイは強力な農作物の輸出経済を築き上げた。コーヒーの場合は、輸出への政治介入がなく、売り手と買い手が直接的な関係を結べたことが、成功の要因だったとも言われている。しかし、長い間、品質は重視されてこなかった。格付けはグレード1とグレード2という非常にシンプルなシステムだが、近年ではアフリカで広く採用されているAA式の格付けシステムへ移行する動きが出てきている。

マラウイでは、非常に幅広い品種のコーヒーが栽培されている。なかでも、中央アフリカで注目されているゲイシャが多く栽培されている。加えて、カティモールも国内に広く浸透している。病気に強い品種だが、一般的には品質が低いとされている。

テイスティングノート

とても甘くクリーンなコーヒーになるが、東アフリカの他のコーヒーのようなフルーティーさや複雑さに満ちた味わいになることはまれである。

トレーサビリティー

コーヒーは、マラウイ南部では一般的に大規模な商業農園で生産され、中央部と北部では小規模農家で生産されている。コーヒーは、1つの農園あるいは規模の大きい生産者団体まで遡ることが可能だ。概してそのどちらからでも素晴らしいコーヒーを入手することができる。

生産地域

人口：1809 万人
生産量（1 袋当たり 60 キロ、2016 年）：
1 万 8000 袋

マラウイのコーヒーには地域性がめったに見られない。ここでいう「地域」とは、単にコーヒーを栽培するための農地を意味しているのではない。テロワール（生育環境）と局地的な気象条件によってもたらされた、他にはない特徴をもつ場所のことを指しているのだ。

チティパ

マラウイの中でも最高級のコーヒーの生産地として名高い。マラウイと、その北に位置するタンザニアの国境でもあるソングウェ川に程近い。規模の大きいミスクヒルズ農業協同組合の拠点でもある。

標　高：1700 ～ 2000 メートル（5600 ～ 6600 フィート）
収穫期：4 月～ 9 月
品　種：S アガロ、ゲイシャ、カティモール、ムンド・ノーボ、カトゥーラ

ルンフィ

北部に位置し、ニイカ国立公園の東にあるマラウイ湖に程近い。ここには生産者が集中しているエリアが複数ある。チャカカ、ムファチ、サラウェ、ジュンジ、ブングブングなどだ。また、ポカヒルズ農協と北ビフィヤ農協もこの地域にある。

標　高：1200 ～ 2500 メートル（3900 ～ 8100 フィート）
収穫期：4 月～ 9 月
品　種：S アガロ、ゲイシャ、カティモール、ムンド・ノーボ、カトゥーラ

北ビフィヤ

北ビフィヤに広がる地域。リズンフミ川谷によってヌカタ・ベイ高原と隔てられている。

標　高：1200 ～ 1500 メートル（3900 ～ 4900 フィート）
収穫期：4 月～ 9 月
品　種：S アガロ、ゲイシャ、カティモール、ムンド・ノーボ、カトゥーラ

南東ムジンバ

ムジンバ市の名前を取って命名された地域。幾つかの渓谷や河川がある。

標　高：1200 ～ 1700 メートル（3900 ～ 5600 フィート）
収穫期：4 月～ 9 月
品　種：S アガロ、ゲイシャ、カティモール、ムンド・ノーボ、カトゥーラ

ヌカタ・ベイ高原

主要都市ムズズの東に位置する地域。

標　高：1000 ～ 2000 メートル（3300 ～ 6600 フィート）
収穫期：4 月～ 9 月
品　種：S アガロ、ゲイシャ、カティモール、ムンド・ノーボ、カトゥーラ

下：マラウイのコーヒー農園は、輸出において大きな経済効果を担っている。ほとんどのコーヒーは生産履歴をたどると 1 つの農園にたどり着く。

ルワンダ

1904年、ドイツ人宣教師が初めてルワンダにコーヒーを持ち込んだ。しかし1917年までは輸出できるほどの量を生産してこなかった。第一次世界大戦後、国際連盟の要求により、ドイツはルワンダの植民地統治から手を引き、ベルギーが引き継いだ。そのため、歴史的に見て、多くのルワンダ産コーヒーがベルギーへ輸出されている。

チャンググ地方のミビリジに、初めてコーヒーの木が植えられた。この土地の名前がそのまま、ルワンダ初のコーヒー品種であるミビリジ種の名前となった。ブルボンの突然変異種である（P144参照）。次第にコーヒー栽培はキブへと広まり、最終的にはルワンダ全域で見られるようになった。ベルギーが隣のブルンジを植民地化したときと同じように、1930年代にはコーヒーの栽培がルワンダの多くの農家にも義務づけられていた。

ベルギーは輸出を厳密に管理し、農産物に高い関税を課した。このことが、ルワンダに安価で低品質なコーヒーを大量に生産させる結果となった。しかし少量しか輸出しないことが、かえってコーヒーに強いインパクトを持たせてしまい、生産者たちを思い上がらせた。良質のコーヒーを生産するための施設はほとんどなく、ウォッシングステーション1つさえ存在しなかった。

1990年代まで、コーヒーはルワンダで最も価値のある輸出品だった。しかし、1994年に国内で起きた大規模な集団虐殺によって100万人近くが犠牲になり、その後10年間にわたってコーヒー産業に大打撃を与えた。世界的にコーヒー豆の価格が急落したことも追い打ちをかけた。

ルワンダ復興とコーヒー

コーヒーはルワンダの復興のシンボルとなった。外国からの援助と関心がルワンダに集まり、コーヒー産業は特に注目された。ウォッシングステーションが建設され、高品質なコーヒーの生産という目標も定まった。政府はコーヒー取引に積極的になり、世界中のスペシャルティコーヒーの買い手がルワンダに興味を持つようになった。ルワンダは、2011年まではアフリカで唯一のカップ・オブ・エクセレンスという品評会の開催国だった。コーヒーの最高級品を発見し、インターネットオークションで流通させる取り組みだ。

ウォッシングステーション第1号は、2004年に米国国際開発庁（USAID）の支援によって建てられた。その後も多くが後に続き、爆発的に数を増やした。近年では300近くが運用されている。PEARLプロジェクト（連携を通じたルワンダ農業発展のためのパートナーシップ）は知識を広め、農業を学ぶ若い人の教育に貢献した。それが今ではSPREADプロジェクト（地方事業及びアグリビジネス発展のための支援パートナーシップ）となった。どちらのプロ

上：ブタレのウォッシングステーション。パルパーで果肉を取り除いて種を取り出している間、コーヒーチェリーは作業者の手によって絶えず動かされる。

ジェクトもブタレ地方に力を注いできた。

ルワンダは「千の丘の国」としても知られており、おいしいコーヒーを生産するために必要な標高の高さと気象がそろっている。しかしながら、土壌劣化の広まりと輸送の問題は依然として解決されず、しばしば生産コストに経費としてかなり上乗せされる。

2010年頃の世界的なコーヒー豆の値上がりが、ルワンダにとっての正念場となった（他の多くの国にとっても）。高い品質を保つために最適な動機を探す必要があるためだ。市場が高値を付ければ、低品質のものでさえ十分に利益を生むので、それ以上品質を上げるために投資をしなくなるからだ。しかしここ数年、ルワンダのコーヒーの出来は素晴らしい。少量のロブスタ種も輸出しているが、ほとんどがフリー・ウォッシュトのアラビカ種だ。

ポテト臭

ブルンジとルワンダ産のコーヒーにのみ見られる特異な現象で、未知のバクテリアが果肉の中に入り込み、不快な毒素を作り出すことが原因だ。人体には無害だが、このバクテリアを持つ豆が焙煎されて挽かれると、はっきりそれとわかる刺激臭が放出される。不思議と生のジャガイモの皮をむいた時のにおいに似ている。この欠点は特定の豆にのみ影響するので、もし見つけても袋の中の豆がすべて駄目になってしまうわけではない。豆を挽いてしまった後であれば話は別だが。

欠点豆を完璧に取り除くのは難しい。収穫後の精製処理が終わってしまうと、見つけられないからだ。焙煎業者も焙煎してみるまではわからない。焙煎後でさえ、豆を挽いてみるまで見つけるのは難しいのだ。精製の段階でシルバースキンが破れていたり、傷があったりするコーヒーチェリーを見つけ出すことは可能だ。現場と研究チームの両者が取り組めば、この特異なコーヒー豆を根絶できる。

トレーサビリティー

ルワンダのコーヒーは、ウォッシングステーションと多数の生産者団体、農業協同組合まで生産履歴をたどれることが多い。それぞれの生産者は平均して183本程の木しか所有していないので、あるコーヒーの履歴を1人の生産者までたどることは不可能だ。

テイスティングノート

ルワンダ産のおいしいコーヒーは、リンゴやブドウを思い起こさせるフルーティーでみずみずしいフレーバーをもっている。ベリー系のフレーバーとフローラル系の特徴も共通している。

在来種

ミビリジ

初めてグアテマラからブルボン種の木を受け取ったルワンダの地名。ミビリジはその地でブルボンの突然変異種として生まれた。初めはルワンダ国内で栽培されていたが、1930 年代にブルンジにも伝わった。

ジャクソン

別のブルボン種の変異種。初めはルワンダで栽培され、後にブルンジに伝わった。

生産地域

人口：1192 万人
生産量（1 袋当たり 60 キロ、2016 年）：
22 万袋

コーヒーは、特別に制限される地域もなくルワンダ全土で作られている。ウォッシングステーションや生産者団体の名前に加えて、生産地域の名前も豆の名前に使われることがある。

上：焙煎や輸出に備え、乾燥棚にコーヒー豆を広げ、5 日間乾燥させる。

南部と西部

この地域では、素晴らしいコーヒー豆が作られている。特に山の多いフイエ地域、ニャマガベ地域、そしてキブ湖沿岸のニャマシェケ地域で多く生産されている。

標　高：1700 ～ 2200 メートル（5600 ～ 7200 フィート）
収穫期：3 月～ 6 月
品　種：ブルボン、ミビリジ

東部

東部は国内の他の地域に比べ標高は低いが、北東端にあるンゴマやニャガタレで素晴らしいコーヒー豆が生産されている。

標　高：1300 ～ 1900 メートル（4300 ～ 6200 フィート）
収穫期：3 月～ 6 月
品　種：ブルボン、ミビリジ

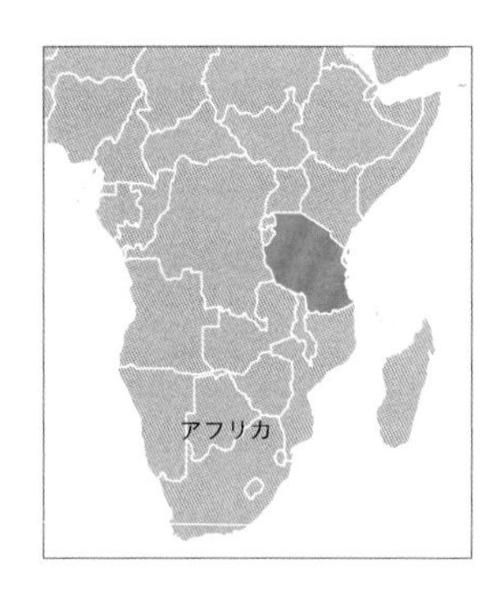

タンザニア

言い伝えによると、コーヒーは16世紀にエチオピアからタンザニアにもたらされた。持ち込んだのは「ハヤコーヒー」または「アマワニ」と呼ばれるコーヒーで知られるハヤ族で、ロブスタ種であったと考えられている。以来、このコーヒーはタンザニアの文化に深く織り込まれている。熟したコーヒーチェリーは、飲み物として抽出されるよりは、ゆでて数日間いぶし、噛んで利用されていた。

ドイツの植民地時代、コーヒーは換金作物だった。1911年、入植者がブコバ地域全域でアラビカ種の栽培を義務づけた。その栽培方法は、ハヤ族のものとは大きく異なっていたので、彼らは食用作物をコーヒーと入れ替えることに消極的だった。しかし、この地域では次々とコーヒーが生産された。国内の他の地域ではコーヒーにあまりなじみがなく、栽培への抵抗は少なかった。キリマンジャロ山周辺に住むチャガ族は、ドイツによる奴隷貿易が終わりを迎えた際、完全にコーヒーの生産に転換した。

第一次世界大戦後、英国がこの地域を支配した。英国はブコバに1000万本以上のコーヒーの苗木を移植したが、ハヤ族の反発を招き、苗木は引き抜かれてしまった。その結果、ブコバではあまりコーヒーの生産は発展しなかった。1925年にキリマンジャロ先住民栽培者協会（KNPA）と呼ばれる初の協同組合が結成された。これは幾つかある農業共同組合のうちで最初にできたもので、生産者はロンドンへ直接、高値で販売できるようになり、その恩恵を享受した。1961年に独立すると、タンザニア政府はコーヒー栽培に注目し、1970年までに生産を倍増させようとしたが、実現しなかった。産業の停滞、高いインフレ率、経済の衰退に苦しんだ政府は、複数政党制民主主義へと転換した。

1990年代の初頭から中頃にかけてコーヒー産業の改革が行われ、生産者からバイヤーへより多くのコーヒーが直接売られるようになった。それまでは、流通公社がすべてを取り仕切っていたのだ。1990年代後半に萎凋（いちょう）病が国中に広まり、ウガンダ国境に近い北部のコーヒーの木が著しいダメージ

右ページ：キリマンジャロ山から見下ろせるタンザニア、ムウィカにある新しい農園。一部に最近植えられたコーヒーの木が見られる。

上：タンザニア、ンゴロンゴロ・クレーター近くのファクトリー。乾燥させ、集められたコーヒー豆の分類が行われる。この国で生産されるコーヒーのほとんどは、小規模農家によるものである。

を受けた。このため、コーヒー産業は大きく後退することとなった。今日のタンザニアのコーヒー生産は、約70%がアラビカ種で、30%がロブスタ種である。

等級

タンザニアでは、英国式の名称が等級に使われ、ケニアの等級と類似している（P138 参照）。等級には、AA、A、B、PB、C、E、F、AF、TT、UG と TEX がある。

トレーサビリティー

タンザニアで生産されるコーヒーの約90%が、45万人の小規模農家によるものだ。残りの10%は大規模農園による。コーヒーの生産元を、生産者組合とウォッシングステーションまでたどることも可能だ。大規模農園のコーヒーなら特定の農園までたどれる。私がここ10年で味わった優れたコーヒーは、大規模農園で生産されたものなので、まずはそこから探すことをおすすめする。

テイスティングノート

爽やかな酸味と、ベリーやフルーツの香りが混じった複雑なフレーバー。タンザニアのコーヒーはみずみずしく、興味深いおいしさがある。

生産地域

人口：5557万人
生産量（1袋当たり60キロ、2016年）：
87万袋

タンザニアでは、かなりの量のロブスタ種が生産されるが、北西部にあるビクトリア湖周辺に集中している。他の生産地域は、標高の高さが特徴である。

キリマンジャロ

タンザニアでは最も古くからアラビカ種の栽培が行われている地域なので、世界的な認知度も高く、定評もある。近年では多くの木が老木となり、生産量が低下してきてはいるが、長くコーヒー栽培を行ってきた地域のなので、インフラ面でも設備面でも優れている。コーヒーは、他の農作物との競争が激しくなってきている。

標　高：1050～2500メートル（3500～8100フィート）
収穫期：7月～12月
品　種：ケント、ブルボン、ティピカ、ティピカ／ニヤラ

アルーシャ

アルーシャは、キリマンジャロ山周辺地域と隣接し、多くの面で似たところがある。1910年以降噴火していない活火山、メルー山を囲む地域だ。

標　高：1100～1800メートル（3600～5900フィート）
収穫期：7月～12月
品　種：ケント、ブルボン、ティピカ、ティピカ／ニヤラ

ルブーマ

ルブーマ川から名付けられた地域で、国の最南部に位置する。コーヒー栽培はムビンガ地域に集中している。過去には資金面の問題により栽培が滞ったこともあったが、質の高いコーヒーの栽培が可能であると考えられている。

標　高：1200～1800メートル（3900～5900フィート）
収穫期：6月～10月
品　種：ケント、ブルボン、N5やN39などのブルボンの派生種

ムベヤ

国の南部に位置するムベヤ市を中心とし、コーヒー、紅茶、カカオや香辛料を含む価値の高い輸出用作物を生産する主要地域である。伝統的に質の高いコーヒーを産出する地域ではないが、近年その質を向上させようとする認証団体やNGOから注目されている。

標　高：1200～2000メートル（3900～6600フィート）
収穫期：6月～10月
品　種：ケント、ブルボン、ティピカ

タリメ

ケニアに隣接する、国の最北部に位置する狭い地域で、世界的にはあまり知られていない。より質の高いコーヒーの栽培を始めたところ、生産を拡大する機会に恵まれた。生産量は比較的少なく、コーヒー豆の精製設備も限られているが、近年関心が寄せられ、過去10年で生産量は3倍に増加した。

標　高：1500～1800メートル（4900～5900フィート）
収穫期：7月～12月
品　種：ケント、ブルボン、ティピカ、ロブスタ

キゴマ

主要都市のキゴマから名付けられた地域で、国の北西部にある緩やかな起伏のある高原に位置し、ブルンジとの国境に近い。国内の他の地域に比べるとまだ発展の初期段階であるが、非常に魅力的なコーヒーを生産する。

標　高：1100～1700メートル（3600～5600フィート）
収穫期：7月～12月
品　種：ケント、ブルボン、ティピカ

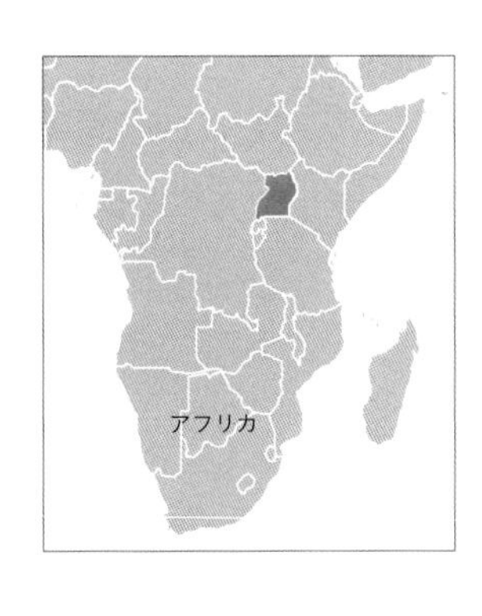

ウガンダ

ビクトリア湖の周りにロブスタ種が自生しているウガンダは、世界でも珍しい、在来種のコーヒーを持つ国だ。輸出品の大部分をコーヒーが占め、ウガンダは世界有数のコーヒー産出国となっている。しかし、そのほとんどはロブスタであるため、品質が認められずに苦労してきた。

ウガンダでは在来種のロブスタが何百年も前から栽培されてきたが、農産業の主力作物ではなかった。20世紀初頭、おそらくマラウイかエチオピアからアラビカ種が伝えられたが、うまく収穫できず、病気にも悩まされた。その頃から、病気に強いロブスタ種を栽培する農家が増えた。

1925年には、コーヒーは輸出の1%を占めるに過ぎなかったが、小規模農家にも栽培しやすく、重要な作物とみなされ、1929年、コーヒー産業公社が設立された。農業協同組合が産業の成長をうまく促し、1940年代にはコーヒーは主要輸出品になっていた。ウガンダ独立後の1969年にコーヒー法が制定され、産業公社がコーヒーの価格を統制するようになった。

1975年ブラジルのコーヒーが霜で大打撃を受け世界的に価格が上昇した際に、ウガンダのコーヒー産業はしばらく追い風に乗って力をつけ、悪名高きイディ・アミン体制の下でも衰えることはなかった。80年代に入っても強力な換金作物であることに変わりはなく、生産も伸びていた。ところが、近隣諸国へ密輸されるケースが増えた。ウガンダ政府の定めた価格より高値で取引されたからだ。

1988年、コーヒー産業公社は、農家への支払い価格を引き上げたが、その年の終わりには巨額の負債を抱え、政府に肩代わりしてもらわなければならなかった。1989年、国際コーヒー協定の破綻で価格は暴落。政府はコーヒーの国際競争力を上げるためにウガンダ・シリングの切り下

左ページ：素晴らしいコーヒーの木が育つ土壌、標高、気候の三拍子がそろった地域。

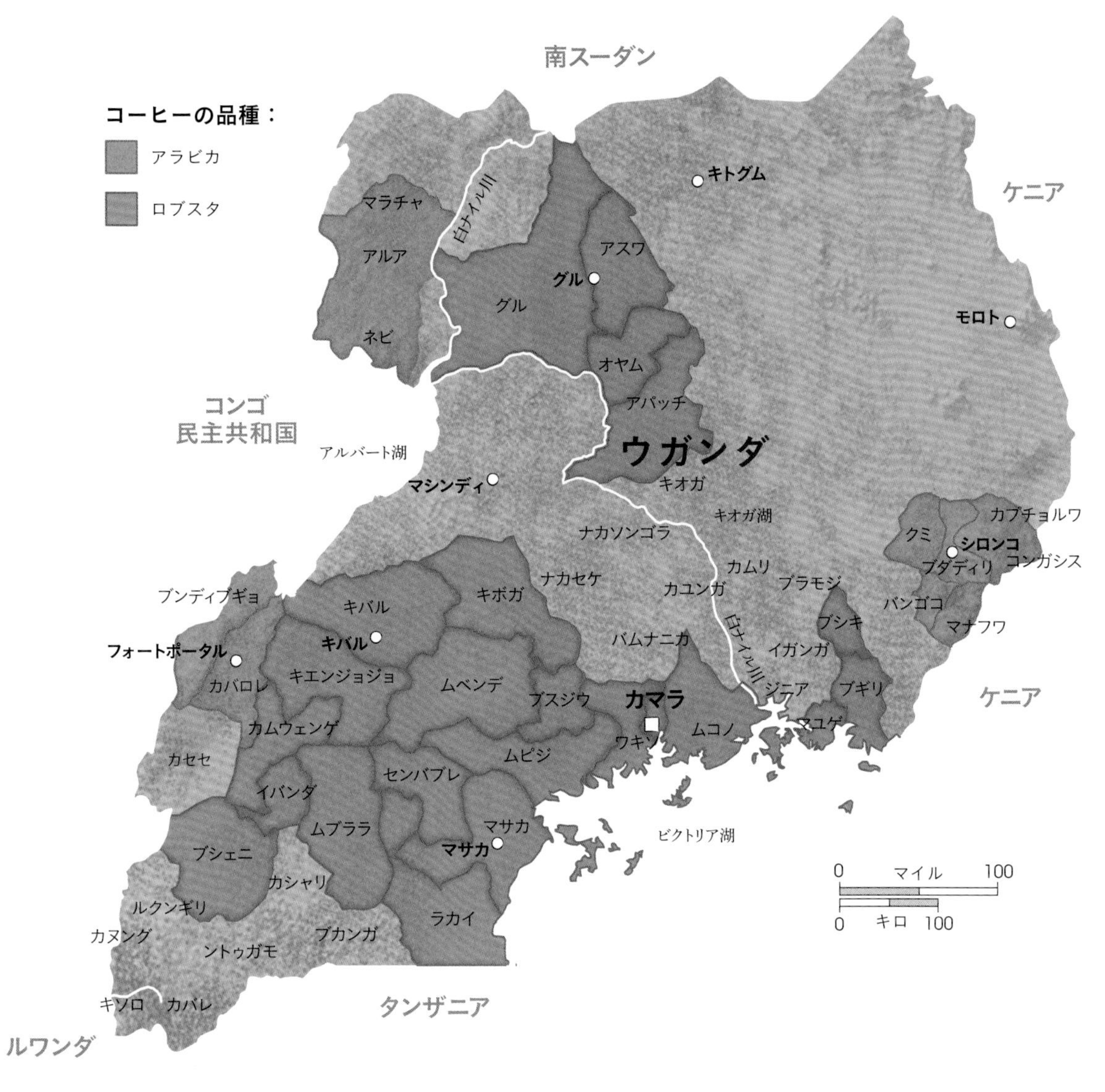
南スーダン
コーヒーの品種：
アラビカ
ロブスタ
ケニア
キトグム
マラチャ
白ナイル川
アスワ
アルア
グル
グル
モロト
ネビ
オヤム
コンゴ
民主共和国
アパッチ
ウガンダ
アルバート湖
マシンディ
キオガ
キオガ湖
カプチョルワ
ナカソンゴラ
クミ
シロンコ
ブダディリ
コンガシス
カムリ
ブンディブギョ
キボガ
ナカセケ
カユンガ
ブラモジ
キバル
バンゴコ
ブシキ
マナフワ
キバル
バムナニカ
イガンガ
フォートポータル
カバロレ
キエンジョジョ
ムベンデ
ケニア
ブスジウ
カマラ
ジニア
ブギリ
カムウェンゲ
マユゲ
ワキソ
ムコノ
カセセ
ムピジ
センバブレ
イバンダ
マサカ
ムブララ
ビクトリア湖
マサカ
ブシェニ
カシャリ
0
マイル
100
ルクンギリ
0
キロ
100
カヌング
ブカンガ
ラカイ
ントゥガモ
キソロ
カバレ
タンザニア
ルワンダ

げを行った。翌年、コーヒーの生産量は20%下落した。それは低価格のせいだけではなく、干ばつの被害と、農家が自給のための作物へ転換を図ったためだった。

1990年代、政府はマーケティングと開発においてその役割を補助的なものにとどめ、コーヒー産業の自由化に拍車をかけた。この時期を境に、ウガンダのコーヒー産業は劇的に変わったのである。ウガンダコーヒー開発庁はその後も規制緩和を続け、トレーサビリティーは向上し、ウガンダのコーヒーは以前より手に入れやすくなった。生産者団体は独自のブランドを次々に立ち上げ、評価も上々だ。

主な輸出コーヒーは依然としてロブスタだが、その品質は良い評価を得ている。アラビカ種の生産は少ないままだが、これも品質は向上している。しばらくは、ウガンダのコーヒーがスペシャルティコーヒーの世界で担う役割は大きくなる一方だろう。

トレーサビリティー

ウガンダ産の良質なコーヒーは、もっぱら生産者団体か協同組合が生産しているものだ。ウガンダには独特なコーヒー用語がある。ウーガー(ウォッシュトのウガンダ産アラビカ種)とドルーガー(ナチュラルのウガンダ産アラビカ種)だ。コーヒーはほぼ一年を通して生産されている。ほとんどの地域で収穫期が2回あり、大きな収穫のほうをメインクロップ、2回目の小さなほうをフライクロップという。

テイスティングノート

他の生産国に比べると素晴らしい味のコーヒーというのはウガンダではまだ希少である。しかし良質のものは甘みがあり、ダークフルーツのような風味で、後味はすっきりしている。

上：カンパラにあるグッド・アフリカン・コーヒーというブランドの工場で焙煎中のコーヒー豆。この会社は2003年にウガンダ人実業家により設立された。

右ページ：カムリ地方ではNGOが農業研修プログラムを実施している。そのおかげで、住民の暮らしが良くなっている。

生産地域

人口：4149万人
生産量（1袋当たり60キロ、2016年）：490万袋

ウガンダの生産地域には明確な境界がなく、定義の統一もされていない。

ブギス

この地方、特にケニヤ国境に近いエルゴン山一帯で採れるコーヒーの品質が高く評価されている。農地は急な斜面に広がり、インフラの整備が遅れているが、土壌、標高、気候の3条件が整っている。

標　高：1500～2300メートル（4900～7550フィート）
収穫期：10月～3月（メインクロップ）、5月～7月（フライクロップ）
品　種：ケント、ティピカ、SL14、SL28

ウエストナイル

北西部のこの地方では、より多くのアラビカ種を栽培している。南の湖周辺ではアラビカ、北に行くほどロブスタが多くなる。

標　高：1450～1800メートル（4760～5900フィート）
収穫期：10月～1月（メインクロップ）、4月～7月（フライクロップ）
品　種：ケント、ティピカ、SL14、SL28、ロブスタ（在来種）

ウガンダ西部

国内で最も生産量が多いのが、西のルウェンゾリ山一帯だ。ウガンダ産コーヒーは、ここで生産されたナチュラル精製のコーヒー（ドルーガー）であることが多い。

標　高：1200～2200メートル（3900～7200フィート）
収穫期：4月～7月（メインクロップ）、10月～7月（フライクロップ）
品　種：ケント、ティピカ、SL14、SL28、ロブスタ（在来種）

中央低地

ロブスタはビクトリア湖流域でも栽培されている。標高はかなり低く、作物の出来は雨の量次第だ。トゥッザはカティモールの新しい品種で、低地でも育ち病気に強い。

標　高：1200～1500メートル（3900～4900フィート）
収穫期：11月～2月（メインクロップ）、5月～8月（フライクロップ）
品　種：ロブスタ（在来種）、トゥッザ（少量）

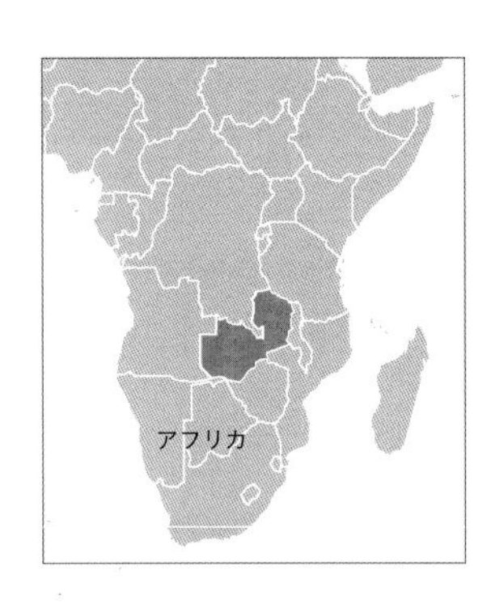

ザンビア

ザンビアは長い間、スペシャルティコーヒー産業の多くから見落とされてきた。歴史的にスペシャルティコーヒーの買い手からの関心が寄せられなかった。質の向上に向けた投資はほとんどなく、買い手からの関心も寄せられない、どちらが原因で結果なのかわからない状態である。

コーヒーがザンビアに持ち込まれたのは1950年代だ。宣教師が、タンザニアとケニアからブルボン種の種子を持ち込んだ。しかし、1970年代後半～1980年代初頭に世界銀行から資金援助があるまで、コーヒー生産は拡大しなかった。害虫や病気の問題から、ブルボンより味の劣るカティモールというハイブリッド種が採用された。これは一時的なもので、政府はブルボンを推奨する立場に戻ったが、まだかなりの量のカティモールが栽培されている。

ザンビアのコーヒー輸出は、2005～06年に6500トンでピークを迎え、その後急激に落ち込んだ。原因は、価格

上と右：ザンビアの農園では、コーヒーチェリーが熟すと、人の手で収穫する。ザンビアの農園の大部分は大規模で経営状態も良く、近代的な設備もそろっている。

が低かったことや、長期融資が決定的に足りなかったことだと考えられる。加えて、2008年にザンビア最大の農園が、融資の債務不履行で倒産した。ノーザン・コーヒー・コープは倒産当時、ザンビアの全コーヒー生産量6000トンの3分の1を生産していた。2012年には全生産量が300トンまで減少したが、現在は持ち直しているようだ。

ザンビアのコーヒーは、ほとんどが大規模農園で生産されているが、小規模農家による生産も奨励されている。大規模農園は一般的に経営状態が良く、最新設備を整えやすい。比較的最近コーヒー生産が始まったため、多国籍企業が経営する場合もある。小規模農家は、生産を軌道に乗せるのに苦労してきた。肥料や設備を整えるのが難しく、コーヒーの品質は概して高くなかった。水の入手や収穫後の精製も不十分だったため、雑味がなく甘味のあるコーヒーを生産するのは、非常に困難だった。

テイスティングノート

希少な高級コーヒーは華やかかつフローラルで、雑味のないフルーツのような複雑なフレーバーをもつ。

トレーサビリティー

ザンビアの最高級コーヒーは、単独の農園で生産されたものである傾向があるが探し出すのはかなり大変だろう。ザンビア全体の生産量が少ないうえに、上質なコーヒーを生産する農園もわずかなのだ。現在の状況は歯がゆいが、この国には、種子の蓄えから地形に至るまで、傑出したコーヒーを生産できる素晴らしい潜在能力がある。

生産地域

人口：1659万人
生産量（1袋当たり60キロ、2016年）：2000袋

ザンビアのコーヒー産地については、定義が明確でない。一般的には単に、南部、中部、カッパーベルト、北部と称される。コーヒーは主に、ムチンガ山脈の北部地域（イソカ、ナコンデ、カサマを含む地域）と、首都ルサカの周辺で栽培されている。

標　高：900～2000メートル（3000～6600フィート）
収穫期：4月～9月
品　種：ブルボン、カティモール

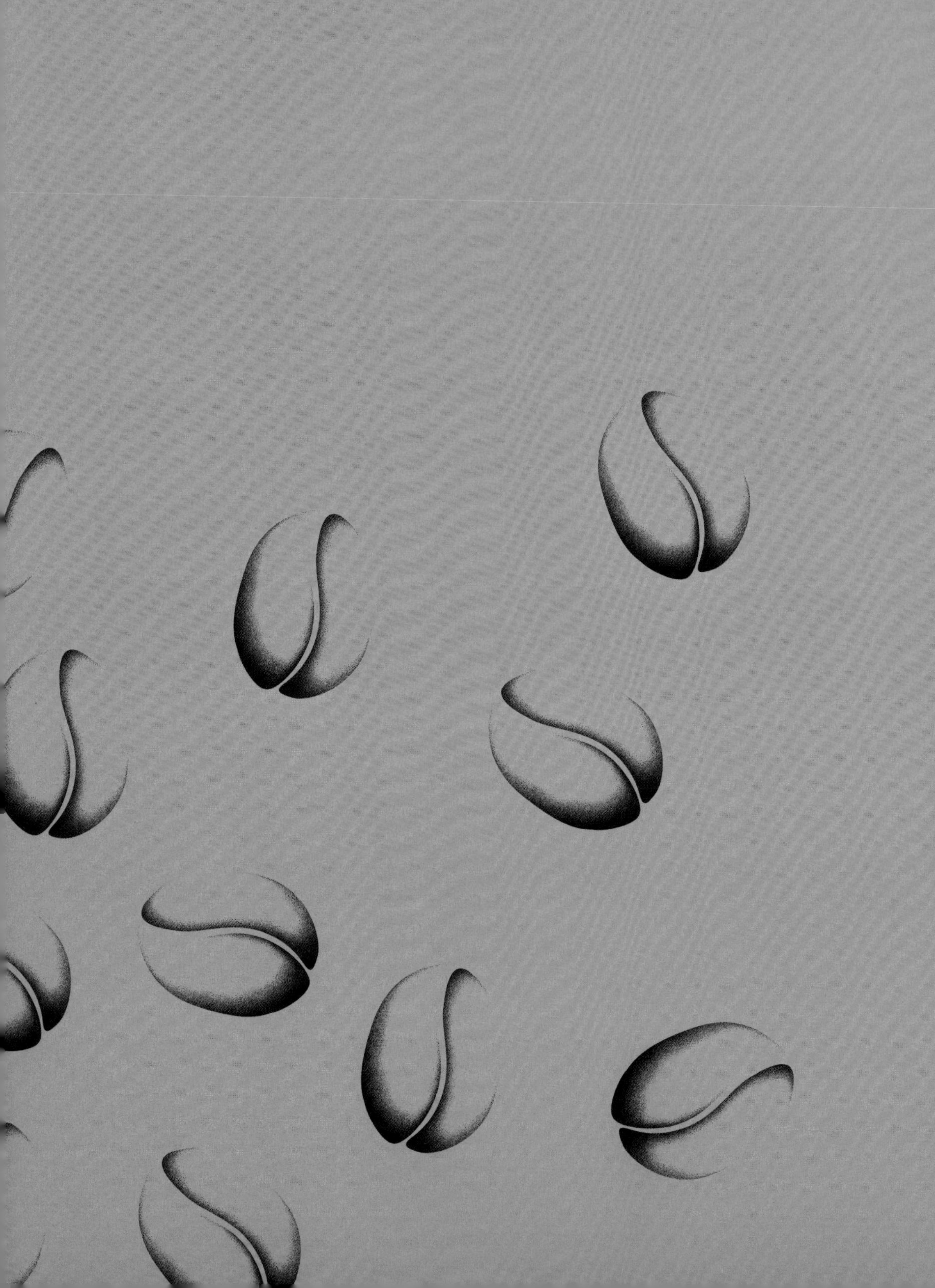

アジア

アジアでは、神話や歴史によってコーヒー産業が受け継がれてきた。ある巡礼者が、ロブスタ種の豆をイエメンからインドに持ち込んだことに始まり、16世紀には、オランダ東インド会社が、インドネシアの豆を輸出して利益を上げげた。こうした歴史を経て、アジアは現在、かなりの割合のコモディティコーヒーを市場に供給している。そのなかで、イエメンは注目すべき例外だろう。輸出量が比較的少ないその独特な豆は、世界的に根強い需要がある。

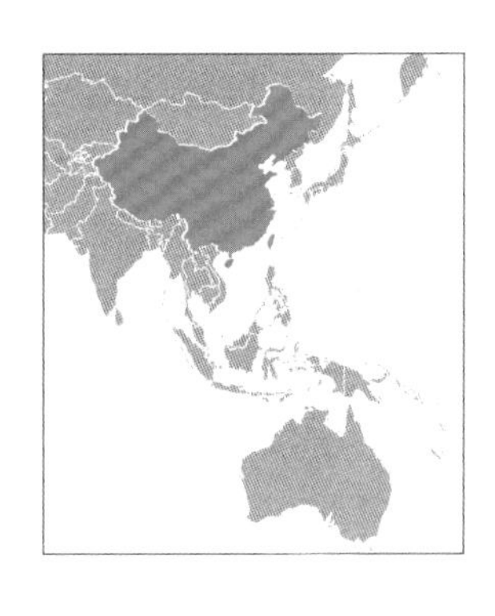

中国

今や、世界中のコーヒー関係者の目が中国に向けられている。潜在的な消費者も入れると、コーヒー消費国としての中国は巨大である。いつか需給がひっ迫し、世界規模でコーヒー産業が混乱しかねない。また生産国としても、驚くほど力をつけつつある。農家は品質にこだわるようになり、独自の土壌や気候、品種の可能性を広げようとしている。

コーヒーは1892年に、ベトナムから越境してきたフランス人宣教師によって雲南省へ伝えられた。彼はコーヒーの種を朱苦拉村の教会のそばに植えた。だが、100年ほどたっても、コーヒーの生産量は少しも増えていなかった。雲南はすでに紅茶の質、量ともに有名な一大産地であったのだ。雲南のコーヒー生産に転機が訪れたのは1988年。国際連合開発計画と世界銀行が共同事業に乗り出したのである。ネスレが名乗りを上げ、雲南のコーヒー産業を後押しした。

それでもコーヒーの生産量は比較的おとなしく推移していた。飛躍的に伸びたのは2009年。これは、紅茶の価格が下がったことと、コーヒーの価格が世界的に一時急上昇したという二つの条件が重なったことが大きかった。雲南のコーヒー産業は今もぐんぐんと成長している。それは特に、中国全土でコーヒーを飲む人が増え、マーケットが拡大しているためだ。中国での一人当たりのコーヒー消費量はまだごくわずかだ。しかしその莫大な数の人口を思えば、中国のマーケットが世界のコーヒー産業に今後及ぼすであろうインパクトの大きさについて容易に察しがつく。

中国は国内産のコーヒーに目を向け始めた。筆者の知る味の良い中国のコーヒーは、国内でしか売られていない。品質の確かな豆はオークションで活発に取引され、国内産の価格はかなり高い。このことからも中国は特異なマーケットとして注目されている。

そして今や中国は、探し出す価値のある素晴らしいコーヒーを輸出するようにもなった。だが、まだ味よりも、病気への耐性を重視する農家が多い。デリケートで味の良い品種が栽培されるようになるまでには課題がたくさん残っているが、それも次第に解決されていくだろう。

トレーサビリティー

中国はコーヒーの歴史が浅く、期待も低いのが現状だが、農園や生産者の団体から良質なコーヒー豆が出荷されている可能性はあり、探す価値は十分にある。

テイスティングノート

中国産の良質なコーヒーは、少し土臭かったり木の匂いがしたりするが、甘くフルーティーな味わいがある。比較的酸味が少なく、割にコクのあるものも多い。

生産地域

人口：13 億 7000 万人
生産量（1 袋当たり 60 キロ、2016 年）：
220 万袋

生産地域は、広い国土の割りに狭く感じるが、それでもかなりの面積になる。生産と消費どちらの面でも、まだたっぷりと伸び代があるのが中国のコーヒーだ。

雲南

中国で初めてコーヒーが栽培された土地であり、今でも高品質のコーヒーの産地といえば雲南が第一に挙げられるだろう。プーアル茶の産地として有名な地域だが、コーヒーの生産もなくてはならない産業の1つになっている。

標　高：900 ～ 1700 メートル（3000 ～ 5580 フィート）
収穫期：10 月～ 1 月
品　種：カティモール、ある程度のカトゥーラとブルボン

福建

ウーロン茶をはじめ、さまざまな中国茶の産地として非常に有名な地域である。コーヒー産業はまだ規模が小さく、高品質のコーヒーはめったに採れない。

収穫期：11 月～ 4 月
品　種：ロブスタ

海南

コーヒーがこの島に持ち込まれたのは 1908 年、マレーシアからだと言われている。中国最南端にあるこの省ではロブスタが栽培されているが、品質についてきちんとした評価はされていない。

収穫期：11 月～ 4 月
品　質：ロブスタ

右：江蘇省南東にある蘇州市の伝統的建物に入っているモダンなコーヒー専門店。

左ページ：中国南西にある雲南省、新寨村のプランテーションで、コーヒー豆を収穫する少数民族ミャオ族の農民。

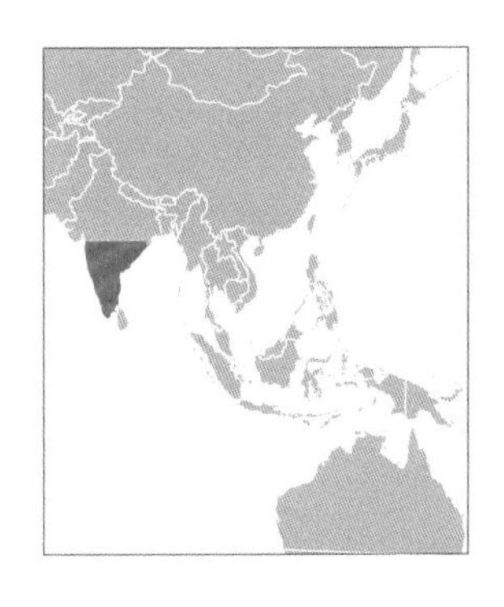

インド

インド南部でコーヒーが生産されることになった発端には、ある神話が絡んでいる。物語によれば、1670年、メッカからの帰路に就いていたババ・ブダンという巡礼者がイエメンを通過し、輸出が厳しく規制されていたコーヒー豆を、7粒持ち出した。イスラム教にとって「7」は極めて神聖な数であるため、宗教的な行為だと考えられた。

ババ・ブダンがその最初の種子を、現在のカルナータカ州チクマガルールに当たる地域に植えたところ、そこでコーヒーは繁殖した。今ではその丘に彼の名前が付けられ、ババブダンギリと呼ばれる。この地域は現在でも重要なコーヒーの産地だ。

19世紀半ば、英国の植民地支配の下、インド南部のコーヒー農園は繁栄しはじめた。しかし長続きせず、コーヒーの人気は再び下火になった。1870年代には、紅茶の需要が伸びたのに加えて、サビ病の発生率が増加してコーヒーの木が打撃を受けたのだ。多くの農園が紅茶の生産に乗り換えたが、皮肉にも、それは過去にコーヒーの輸出で成功した農園であった。しかし、サビ病によってインドからコーヒーが一掃されることはなく、サビ病に耐性を持つ品種の開発が後押しされた。この研究はある程度成功し、幾つかの新品種が開発された。もっとも、これはコーヒーの香味が極めて重要だと考えられる以前のことだ。

1942年、政府主導でインド・コーヒー委員会が設立され、業界の統制が始まった。政府が多くの生産者からのコーヒーをため込んだため、生産者がコーヒーの品質を改善しようとする意欲を妨げたという異議を唱える声もある。しかし生産量は伸び、1990年代に30%も増大した。

1990年代には、生産者によるコーヒーの販売方法と場所の規制も緩和された。国内のコーヒー市場も急速に成長した。インドでは、紅茶という安価な代替飲料があるため、1人当たりのコーヒー消費量は少ないが、人口が飛び抜けて多く、国全体では消費量が膨大になる。1人当たりの年間消費量は100グラムだが、国全体では年間で200万袋に上る。インドは、全国で500万袋余りのコーヒーを生産していたが、大多数はロブスタ種であった。

ロブスタ種はアラビカ種より、多くの点でインドに適している。低地であることや気候から、ロブスタ種の収穫量は多い。また、インドでのロブスタ種生産は、他のどの国よりも手入れや配慮が行き届いているため、最高品質のロブス

左：インドでは、一般に紅茶の人気のほうが高い。しかし、インドのコーヒー年間生産量500万袋のうち、200万袋を国内で消費する。そのほとんどがロブスタ種だ。

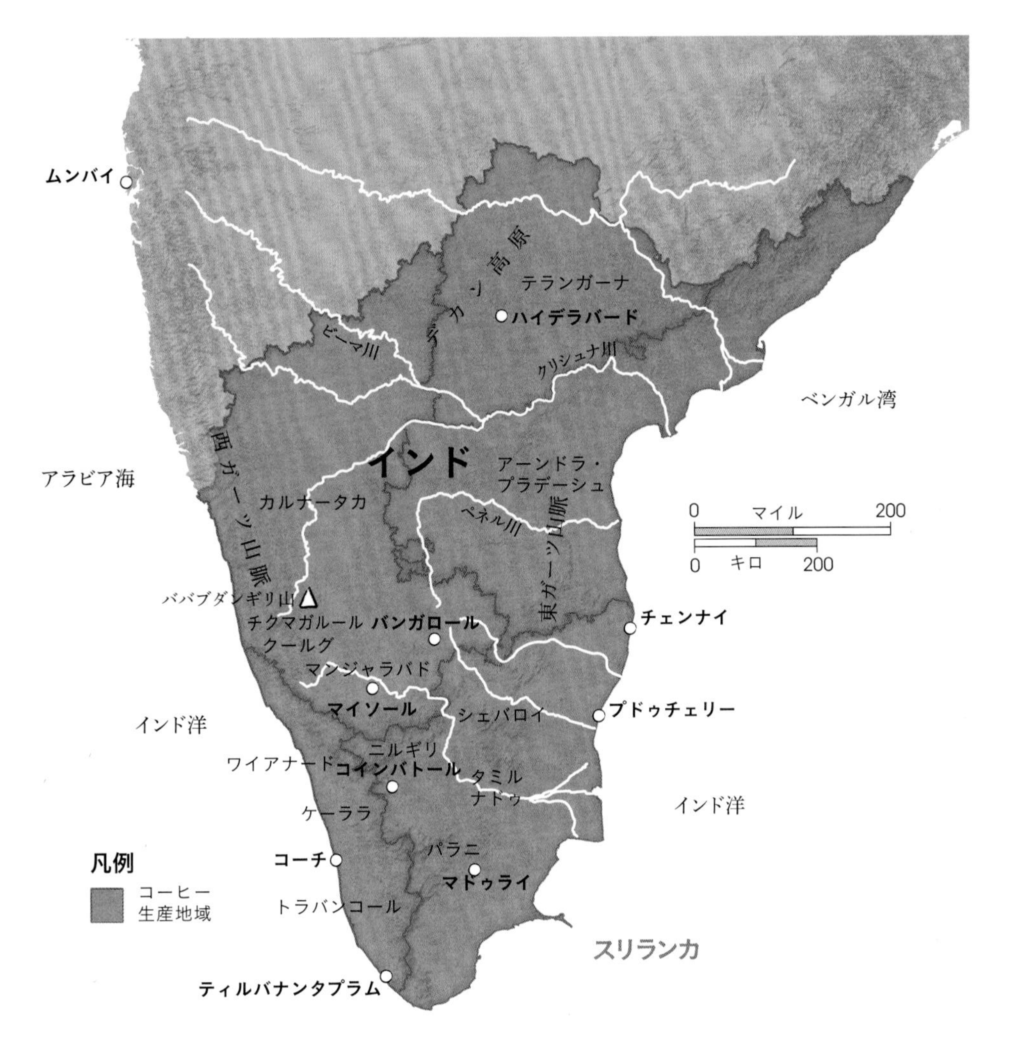

タコーヒー市場を独占している。最高のロブスタ種でも、やはり独特の木質臭を備えている。しかし、インドのロブスタ種は雑味が比較的少ないため、ロブスタ種をエスプレッソにブレンドするのを好む焙煎業者に人気がある。

モンスーン処理

インド産でよく知られている銘柄の1つに、モンスーン・マラバールがある。これは、「モンスーン処理」と呼ばれる独特なプロセスを経て作られる。モンスーン処理は、今では生産工程として確立しているが、始まりはまったくの偶然だった。英国植民地時代、インドからヨーロッパへコーヒーを輸出する最中のことだ。豆は木箱に入れて輸送したため、モンスーンの季節の間、降雨にさらされることになる。コーヒーの生豆が多量の湿気を吸収したところ、コーヒーの味に強く影響したのだ。

輸出方法は改善されたが、この独特のコーヒーに対する需要は根強かったので、西海岸沿いのファクトリーで同じ過程が再現された。モンスーン処理は、ナチュラルで精製されたコーヒーだけに施される。すると、生豆はとても薄い色になり、もろくなる。モンスーン処理された豆は、均一に焙煎するのが難しい。もろい性質が意味するのは、袋詰めの過程で割れた数多くの豆が、焙煎されたコーヒー豆の袋にたくさん入っているということだ。しかしながら、これは心配には及ばない。割れ豆が含まれていて避けたほうがいいような、等級が低いコーヒーとは、話が違うからだ。

モンスーン処理を施すと、通常、コーヒーは酸味を失うが、ピリッとした荒々しいフレーバーが加わることが多い。これはコーヒー業界では、やや意見がわかれる部分だ。そのコーヒーのコクや力強さが好きな人もいれば、そのフレーバーは不完全な処理方法によって生じた結果であり、とても味が悪いと考える人もいる。

トレーサビリティー

インドにある25万の生産業者のうち、98%は小規模農家であるため、最後の1軒の農園にまで生産履歴を遡ることは難しい。しかし、多くは捜し出すだけの価値がある。トレーサビリティーは、精製方法や、ある一定の地域までなら可能かもしれない。

テイスティングノート

インドにおける最高級のコーヒーは、濃厚でクリーミー、そして酸味が弱い傾向にあるが、特別に複雑なフレーバーはほとんどない。

生産地域

人口：13億2657万2000人
生産量（1袋当たり60キロ、2016年）：533万3000袋

インドのコーヒーの大半は、主に4つの州で生産されている。それぞれの州は地域ごとにさらに細かく分けることができる。

■タミル・ナードゥ州

タミル・ナードゥ州は、インドにある28の州の、最南部に位置する。州都はチェンナイ（旧マドラス）で、この地域は大きなヒンドゥー教寺院があることで有名だ。

パラニ

タミル・ナードゥ州最大のコーヒーの産地。この地域のコーヒー農家には、数々の課題がある。サビ病の発生率は高く（これによって、どの品種を栽培するかが決まる）、労働力は不足している。不在地主が多く、収穫後の精製に必要な水は不足している。

標　高：600～2000メートル（2000～6600フィート）
収穫期：10月～2月
品　種：S795、セレクション5B、セレクション9、セレクション10、コーベリー

ニルギリ

この山岳地帯の生産者の多くは少数民族で、金銭的な制約により小規模な農地を所有している。この地域では、アラビカ種の2倍ほどロブスタ種を生産しており、多雨の気候や、コーヒーノミキクイムシなどのたくさんの害虫に悩まされている。カルナータカ州とケーララ州に隣接し、生産地域では最西部に位置する。

標　高：900～1400メートル（3000～4600フィート）
収穫期：10月～2月
品　種：S795、ケント、コーベリー、ロブスタ

シェバロイ

この地域のみ、ほぼ独占的にアラビカ種を生産している。この地域の農園のほとんどは小規模農家だが、土地の分配は、大規模農園に有利になるようにゆがめられている。たった5%の大規模農園で、コーヒー栽培地の約75%を占有しているのだ。この地域の大規模農園における問題点の1つは、コーヒーの木に陰を作るために使われる樹木、シェードツリーが、単一品種になりつつあることだ。ここではシルバー・オーク・ツリーが非常によく使われている。生物多様性や持続可能な生産のためにも、さまざまな種類のシェードツリーを使うことが大切だ。

標　高：900～1500メートル（3000～4900フィート）
収穫期：10月～2月
品　種：S795、コーベリー、セレクション9

■カルナータカ州

インドのコーヒーの大半を生産している州。マイソールという名で知られていたが、1973年、カルナータカに改称した。名前の意味については統一の見解があるわけではなく、「高地」「黒い地域」といった説がある。後者は、この地域で発見された黒綿土（熱帯黒色土壌）にちなんでいる。

ババブダンギリ

この地域は、インドのコーヒーの原産地と考えられている。ババ・ブダンがイエメンから持ち出した種子を、初めて植えた場所だからだ。

標　高：1000～1500メートル（3300～4900フィート）
収穫期：10月～2月
品　種：S795、セレクション9、コーベリー

格付け

インドのコーヒーは２つの異なる方法で格付けされる。１つ目はインド独自の方法で、ウォッシュト精製したコーヒーを「プランテーション」、ナチュラル精製したコーヒーを「チェリー」、ウォッシュト精製したロブスタ種のコーヒーを「パーチメント」と分類する。

２つ目として、サイズを基にした格付けシステムも使われ、AAA（最も大きいもの）、AAとA、PB（ピーベリー）がある。サイズの格付けシステムを用いる多くの他の国々で、大きな豆のサイズは品質の高さと関連付けられているが、必ずしも正しくない。

左：クールグで、コーヒーチェリーを天日乾燥させている様子。クールグは、インドに４つある主なコーヒー生産州の１つ、タミル・ナードゥ州にある。

チクマガルール

チクマガルールは、ババブダンギリを含む広い地域で、チクマガルールの町を中心としている。この地域では、アラビカ種と、それよりわずかに多くのロブスタ種を生産している。

標　高：700 〜 1200 メートル（2300 〜 3900 フィート）
収穫期：10月〜２月
品　種：S795、セレクション 5B、セレクション 9、コーベリー、ロブスタ

クールグ

この地域の多くの農園は、19 世紀に英国が始めた。その後インドが 1947 年に独立した際、地元の人々に売られた。ロブスタ種の栽培に、アラビカ種のほぼ２倍の広さの土地が利用されている。ロブスタ種のほうが収穫量が多いので、生産量はアラビカ種のほぼ３倍だ。

標　高：750 〜 1100 メートル（2450 〜 3600 フィート）
収穫期：10月〜２月
品　種：S795、セレクション 6、セレクション 9、ロブスタ

マンジャラバド

集中的にアラビカ種を生産している地域だが、幾つかの農園が生産するロブスタ種は、インド・コーヒー委員会が運営する品評会で、高い品質が認められている。

標　高：900 〜 1100 メートル（3000 〜 3600 フィート）
収穫期：10月〜２月
品　種：S795、セレクション 6、セレクション 9、コーベリー

■ケーララ州

この南西部の州では、インドのコーヒー総生産量の３分の１弱が生産されている。マラバール海岸はこの州にあり、モンスーン処理されたマラバール・コーヒーと有機栽培コーヒーの生産では、インドの他の地域よりも大成功を収めている。16 世紀、香辛料の輸出がこの地域で始まったため、ポルトガル人はまずこの地域にやってきて貿易ルートを開拓し、ヨーロッパ諸国によるインドの植民地化の端緒を付けた。

トラバンコール

標高の高い地域ではアラビカ種も栽培されているが、この地域で栽培されているコーヒーのほとんどが、ロブスタ種だ。

標　高：400 〜 1600 メートル（1300 〜 5200 フィート）
収穫期：10月〜２月
品　種：S274、ロブスタ

ワイアナード

標高が低く、ロブスタ種の生産のみに適している。

標　高：600 〜 900 メートル（2000 〜 3000 フィート）
収穫期：10月〜２月
品　種：ロブスタ、S274

■アーンドラ・プラデーシュ州

インドの東海岸沿いを走る東ガーツ山脈は、コーヒーの生産に必要な標高を提供している。生産量はやや少ないが、その大半はアラビカ種である。

標　高：900 〜 1100 メートル（3000 〜 3600 フィート）
収穫期：10月〜２月
品　種：S795、セレクション 4、セレクション 5、コーベリー

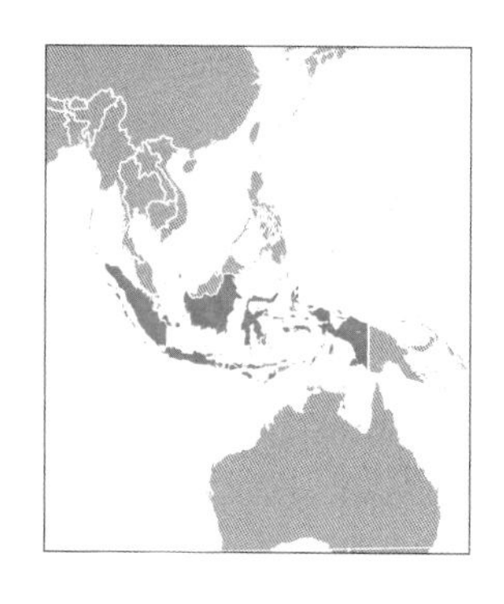

インドネシア

インドネシアでコーヒーを栽培しようという最初の試みは失敗に終わった。1696年、インド、マラバールのオランダ人総督が、当時のバタビア（現ジャカルタ）総督に、数本のコーヒーの苗木を贈った。しかしこの苗木は、ジャカルタの洪水で流されてしまったのだ。1699年に再び贈られたコーヒーの苗木が繁殖し、コーヒー栽培が始まった。

コーヒーの輸出が始まったのは1711年のことで、オランダ東インド会社（VOC、オランダ語表記の略称）が管理していた。アムステルダムに到着したコーヒーは、1キロがほぼ平均年収の1%という高値で売られた。価格は18世紀の間ゆっくりと下がったが、コーヒーはVOCにとって紛れもなく、収益性の高い作物だった。しかし、植民地支配下のジャワ島では、コーヒー農家の利益は多くなかった。1860年、オランダ人植民地官僚が『マックス・ハーフェラール：もしくはオランダ商事会社のコーヒー競売』というタイトルの、植民地制度の乱用をテーマにした小説を書いた。この本はオランダ社会に長きにわたって影響を与え、コーヒーの取引方法と植民地制度についての世論を変えた。マックス・ハベラー（マックス・ハーフェラールの英語読み）の名前は、コーヒー業界で公正な取引を示す、国際フェアトレード認証で使われている。

当初、インドネシアではアラビカ種のみが生産されたが、1876年にサビ病でほとんど全滅した。代わりにリベリカ種を植えてみたが、こちらもサビ病の被害に遭ったため、病気に強いロブスタ種が生産されるようになった。現在はロブスタ種が生産量の大部分を占める。

インドネシアでのコーヒー生産の特徴の1つに、「ギリン・バサー」と呼ばれるスマトラの伝統的な精製法があり、味について非常に意見が分かれている。この精製法は、ウォッシュトとナチュラルの要素を組み合わせたもので、淹れたコーヒーの味わいに劇的な効果をもたらす（P37参照）。この方法によりコーヒーの酸味は著しく減り、コクも増し、滑らかで円熟した、重厚なコクのコーヒーができる。

しかしこの精製法は、野菜やハーブのようなにおい、あ

るいは木やカビ、土臭さといった、さまざまな付加的なフレーバーももたらす。この方法で精製されたすべてのコーヒーの品質が均一化し、味も画一化するわけではない。

スマトラ式で精製されたコーヒーのフレーバーについては、コーヒー業界内でもかなり意見が分かれる。もしアフリカや中米で生産されたコーヒーがこのようなフレーバーなら、いかにうまく精製が行われたものでも欠陥があると見なされ、バイヤーに即座に却下されるだろう。しかし、強烈で重厚なコクのある、インドネシアのスマトラ式で精製されたコーヒーをおいしいと考える人もたくさんいるので、コーヒー業界ではそれらを買い続ける。

近年、スペシャルティコーヒーのバイヤーは、インドネシアじゅうの生産者に、スマトラ式精製法に特有のフレーバーよりも、豆の種類や土地に特有の味わいを引き出すため、ウォッシュト（P33参照）で精製することを奨励している。雑味の少ないコーヒー生産が広がるほどウォッシュト精製のコーヒーの需要が高いか、コーヒー業界がスマトラ式で精製されたコーヒーの需要を引き続き認め、このまま生産しつづけるか、今後はっきりしてくるだろう。

テイスティングノート

スマトラ式で精製したコーヒーは非常に重厚なコクがあり、土や木のような臭いがして、スパイシーでほんの少し酸味のあることが多い。

下：インドネシアの女性が収穫のため、大きなコーヒーの木にはしごで上っている。コーヒーは、オランダ東インド会社が収益性の高い貿易を開始した16世紀以来、この国から輸出されている。

コピ・ルアク

インドネシアでは、コーヒーチェリーを食べたジャコウネコのふんを集めて作るコーヒーを、「コピ・ルアク」と呼ぶ。消化されかかったコーヒー豆をふんから取り出し、処理を施して乾燥させる。10年ほど前から、素晴らしいフレーバーを持つという根拠のない主張から、興味をそそられる珍品だとされるようになり、目を見張るほど高い値で売れている。このことが、主に2つの問題を引き起こしている。

1つ目は、このコーヒーの模造品がちまたにあふれていることだ。実際の生産量より数倍以上の模造品が流通し、しばしば低品質のロブスタ種が高額で売られている。

2つ目は、インドネシアの悪徳業者がジャコウネコをわなで捕まえておりに入れ、コーヒーチェリーを無理やり食べさせて虐待するのを助長していることだ。

私はコピ・ルアクを、ほぼあらゆる理由で嫌悪する。もしおいしいコーヒーに興味があるなら、コピ・ルアクを買うのは本当にお金の無駄である。コピ・ルアク1袋の4分の1の値段で、世界中の非常に優れた生産者から、驚くほど素晴らしいコーヒーを買うことができるだろう。このコーヒーは虐待を招き、非倫理的である。コピ・ルアクのように、動物が生産工程に関わるコーヒーは避けるべきであり、こういった卑劣な行為に利するべきではないと強く思う。

トレーサビリティー

インドネシアの個々の農場で生産されたコーヒーを見つけるのは可能だが、比較的珍しい。しかし、生産履歴が明確で、フリー・ウォッシュトのものがあれば、絶対に試す価値がある。

コーヒーの大半は、1〜2ヘクタールの土地を所有する小規模農家が生産しているので、通常は、特定のウォッシングステーションまでか、ある特定の地域までしか生産履歴を遡ることができない。インドネシアのコーヒーの品質には広い幅があり、幾分賭けかもしれない。

左:大きなかごに入ったロブスタ種の実が、ランプン州タンガムスで、天日干しするために平らにならされている。タンガムスは、インドネシア最大のコーヒー生産地の1つである。

生産地域

人口：2億6351万人
生産量（1袋当たり60キロ、2016年）：
1149万1000袋

コーヒーはまずジャワ島に伝わり、その後ゆっくりとインドネシアの他の島々に広まっていった。まず1750年には、スラウェシ島に伝わった。スマトラ島北部に伝わったのは、1888年だ。ここではまず、トバ湖周辺で生産されるようになり、やがて1924年にガヨ地区のタワール湖の周辺で生産されるようになった。

スマトラ島

スマトラ島には、主な3つの生産地がある。北部のアチェ州と、そこから少し南のトバ湖周辺、そして最近は島の南部にあるマングラジャ周辺でも生産されている。生産履歴はかなり狭いエリアまで遡ることができるかもしれない。アチェ州であればタケンゴンかベネルムリア、トバ湖周辺ならリントン、シディカラン、ドロッサングール、またはセリブドロクだろう。この水準までトレーサビリティーが明らかになったのは、比較的最近のことだ。

かつて「スマトラ・マンデリン」という名前のコーヒーが売られていたが、マンデリンは地名ではなく、スマトラ島に暮らすある部族の名前だ。マンデリンには1か2の等級が付けられることが多い。生豆による一般的な方法ではなく、淹れたコーヒーの味わいによって格付けされるとのことだが、幾分不正確な場合があるようで、等級1のコーヒーすべてがおすすめとは言いがたい。

スマトラ島では、異なる品種ごとにロットを分けることをあまりしないので、この地のコーヒーの大半には、恐らく不明な品種が混ざっている。生産されたコーヒーは、メダン港から出荷されるが、出荷前に港湾倉庫に長く置かれていることがある。暑く湿度の高い気候は、コーヒーに悪い影響を与える恐れがある。

標　高：アチェ1100～1300メートル（3600～4300フィート）、トバ湖1100～1600メートル（3600～5200フィート）、マングラジャ1100～1300メートル（3600～4300フィート）
収穫期：9月～12月
品　種：ティピカ（バーゲンダル、シディカラン、ジュンベル、ティムティム、アテン、オナン・ガンジャンを含む）

品種名

スマトラ島のコーヒーの品種名は少し扱いにくい。最初に島に持ち込まれたアラビカ種の多くの品種は、イエメンから持ち込まれたティピカ種系統の品種に起源があるようだ。スマトラ島ではこれを「ジュンベル・ティピカ」と呼ぶことが多いが、「ジュンベル」はスラウェシ島で見つかったまったく別の品種を指すこともある。しかもスマトラ島のジュンベル・ティピカより品質が低いので、注意しよう。

ロブスタ種との交配品種は、ある時期からよく見かけるようになった。最もよく知られた交配品種は「ティモール・ハイブリッド」と呼ばれ、より一般的な品種であるカティモールの親に当たる。スマトラ島ではティムティムと呼ばれることが多い。

オールド・ブラウン・ジャワ

ジャワ島の幾つかの農園では、輸出する前に必ず5年まで豆をエイジングすることを選択する。スマトラ式で精製した生豆は、青緑色から土褐色に変わる。焙煎するとコーヒーにまったく酸味は残らず、鋭い辛味と木の臭いを感じる。甘くて雑味がなく、清涼感のあるコーヒーを好む人は、避けたほうがいいだろう。

ジャワ島

植民地の歴史とオランダの政策により、ジャワ島ではインドネシアの他の地域よりも、大規模なコーヒー農園が多い。かつて政府が所有していた最大級の4つの農園は、合わせて4000ヘクタールに及ぶ。長い間、この島で生産されたコーヒーは素晴らしく高い評判を誇っていた。しかし次第に、多くの一流焙煎家が「モカ・ジャワ」ブレンドに使っていた本物のジャワ・コーヒーは使われなくなり、他のコーヒーで代用されるようになった。ジャワ・コーヒーは長年、高額なのが当たり前だったが、20世紀末には価格が下がった。

コーヒーの木の大半はジャワ島の東側、イジェン火山の周辺に植えられたが、島の西側にも生産農家がある。

標　高：900～1800メートル（3000～5900フィート）
収穫期：7月～9月
品　種：ティピカ、アテン、USDA

スラウェシ島

スラウェシ島のコーヒーの大半は、小規模農家が生産している。大規模農園も7つあるが、生産量の全体に占める割合は5%ほどだ。この島では、アラビカ種の大半は標高の高いタナトラジャ付近で栽培されている。南部のカロシは、この地で産出するコーヒーのブランド名にもなった。知名度は劣るが、他にも2つのコーヒー栽培地域がある。西部のママサと、カロシの南に位置するゴワである。この島のコーヒーのなかには完全にウォッシュトで精製されたものもあり、極めて美味だ。機会があったらぜひ探してみよう。依然としてセミウォッシュトによる精製が一般的だ。またこの島ではロブスタ種も大量に生産している。全般的に、コーヒー生産はあまり組織化されていない。多くの小規模農家は、コーヒーを補助収入のために栽培していて、他の作物の生産に注力している。

標　高：タナトラジャ1100～1800メートル（3600～5900フィート）、ママサ1300～1700メートル（4300～5600フィート）、ゴワ平均850メートル(2800フィート)
収穫期：5月～11月
品　種：S795、ティピカ、アテン

フローレス島

フローレス島はバリ島の東320キロにある小さな島で、コーヒー栽培を始めたのも、産出するコーヒーの評価が高まったのも、インドネシアでは遅いほうだ。かつてこの島のコーヒーの多くは、「フローレス・コーヒー」として輸出されるよりも、国内で販売されるか、他のコーヒーとのブレンド用に使われることが珍しくなかった。この島は火山が多く、活動の激しさがまちまちであることが、土壌に良い影響を与えている。主な栽培地域の1つはバジャワである。ウォッシュトで精製されたコーヒーも多少あるが、依然としてセミウォッシュトが圧倒的に多い。

標　高：1200～1800メートル（3900～5900フィート）
収穫期：5月～9月
品　種：アテン、ティピカ、ロブスタ

バリ島

コーヒーがバリ島にもたらされたのは大変遅く、山岳地方のキンタマーニ高原で栽培が始まった。1963年のアグン山の噴火は2000人もの死者を出し、島の東部を広範囲にわたって破壊。これにより、バリ島のコーヒー生産も大きく後退した。1970年代後半から1980年代前半にかけて、政府はコーヒー生産の促進に一層力を入れ、その一環としてアラビカ種の苗木も配布した。しかし、今日のバリ島におけるコーヒー生産の約80%はロブスタ種であることから、政府の促進策は限定的にしか成功しなかったと主張する人もいる。

この島の最大の収入源は観光業だが、雇用の最大の受け皿となっているのは農業だ。かつては、すべてではないものの、コーヒー豆の大半を日本が買っていた。

標　高：1250～1700メートル（4100～5600フィート）
収穫期：5月～10月
品　種：ティピカ、ティピカの派生種、ロブスタ

下：バリ島の農園で、コーヒーの生豆を乾燥しているところ。この地域では、コーヒーの生産は非常に大きな雇用を創出し、その大半は日本に売られている。

パプアニューギニア

多くの人が、パプアニューギニアのコーヒーをインドネシア産と似たようなものとして考えているかもしれないが、それは正しくない。ニューギニア島の東半分を占めるパプアニューギニアのコーヒーは、島の西半分を占めるインドネシアのパプア州のものとは、共通点がそれほど多くない。

コーヒーの木が植えられたのは、1890年代と比較的早かったが、当初は商品作物として扱われなかった。しかし1926年、ジャマイカのブルーマウンテン種を栽培する18の農園が設立され、1928年までに生産が本格化した。

1950年代には、島全体へコーヒー栽培を広げるためにインフラが整備され、コーヒー産業は構造的な成長を見せるようになった。1970年代も成長が続いたが、これはブラジルのコーヒー生産量が減ったことに後押しされたものだろう。パプアニューギニア政府は、小規模農園が農業協同組合の運営下に入ることを促す計画を支援し、コーヒー産業は共同運営の農園へ集中した。しかし、1980年代には分散化が進行。コーヒー価格の下落により、多くの農園が資金難に陥ったためだと考えられる。小規模農家は、市場のリスクの影響が少なく、コーヒー生産を続けられた。

今日、95%の生産者は小規模農家であり、自給自足農家も多い。ほぼすべてがアラビカ種で、国のコーヒー生産の90%は彼らの働きによるものである。人口の大部分、特に高原地域に暮らす人々のほとんどが、コーヒー生産に携わっている。この状況で、高品質のコーヒーをたくさん生産することは、間違いなく挑戦である。多くの生産者

左ページ：パプアニューギニア東部および西部の高原地域は、同国でコーヒー産地として最も有名な地域。土地の大半は、小規模農家が所有している。

上：パプアニューギニアでコーヒー生産が始まったのは20世紀になってからだが、現在、代表的な作物の1つとして定着している。輸出の大半を占めるアラビカ種は、高原地域で栽培されているものがほとんどだ。

が収穫したコーヒーを加工する設備を持たず、生産履歴も不明確なため、高品質のコーヒーを生産しても、確実な報酬を得ることができないからだ。

トレーサビリティー

大規模農園のなかには非常に成功しているものもある。そのため、1つの農園だけで生産されている、シングル・オリジンのコーヒーを見つけ出すこともできる。トレーサビリティーの歴史は長くない。かつては、他の生産者からコーヒーを買い付け、自分で生産したコーヒーと偽って売る農園もあった。コーヒーを産地別に売るようになったのも割合最近の話だが、この国の標高や土壌はコーヒーの品質を上げる大きな可能性を秘めているため、スペシャルティコーヒー業界が最近関心を寄せている。パプアニューギニアのコーヒーを購入するときは、特定の農園や生産者グループをたどることが可能なものに注目しよう。

テイスティングノート

パプアニューギニア産の良質なコーヒーは、バターのような品質、上品な甘味、素晴らしい複雑さを兼ね備えていると評されることが多い。

格付け

輸出品は、品質によって上から順に、AA、A、X、PSC、Yと格付けされる。上から3つまでは農園のコーヒー、後の2つは小規模農家のコーヒーとして格付けされる。PSCはプレミアム・スモールホルダー（小規模農家）・コーヒーの略である。

生産地域

人口：706万人
生産量（1袋当たり60キロ、2016年）：117万1000袋

パプアニューギニアのコーヒーの大半は高原地域で生産されていて、将来、非常に良質なコーヒーを産出する可能性が高い。主要地域以外でもコーヒーは栽培されているが、生産量はごくわずかである。

東部高原地域

国土の端から端まで1列の山脈が連なっていて、東部の高原地域はその一部。

標　高：400～1900メートル（1300～6200フィート）
収穫期：4月～9月
品　種：ブルボン、ティピカ、アルーシャ

西部高原地域

もう1つの主要な生産地域。コーヒーの大半は、この地域の中心地であるマウントハーゲン付近で栽培されている。マウントハーゲンとは、太古の昔からこの地にある火山の名前だ。この地域で生産されたコーヒーは、ゴロカに運ばれて精製されることも多く、生産履歴をたどるのが難しいものもある。標高が高く、土壌が大変豊かなので、この地域のコーヒーの品質には、高い将来性を感じている。

標　高：1000～1800メートル（3300～5900フィート）
収穫期：4月～9月
品　種：ブルボン、ティピカ、アルーシャ

シンブ

シンブ（公式表記はChimbuだが、Simbuとも）は3番目に大きな生産量を誇る地域だが、東部や西部の高原地域と比較すると、生産量ははるかに少ない。この地名は現地語で「ありがとう」を意味する言葉から来ている。この地域のコーヒーの大半は、小規模農家が自宅周辺のコーヒー園で栽培したものだ。人口の90%近くが何らかの形でコーヒー生産に従事する。彼らの多くにとって、コーヒーは現金収入に結び付く唯一の作物である。

標　高：1300～1900メートル（4300～6200フィート）
収穫期：4月～9月
品　種：ブルボン、ティピカ、アルーシャ

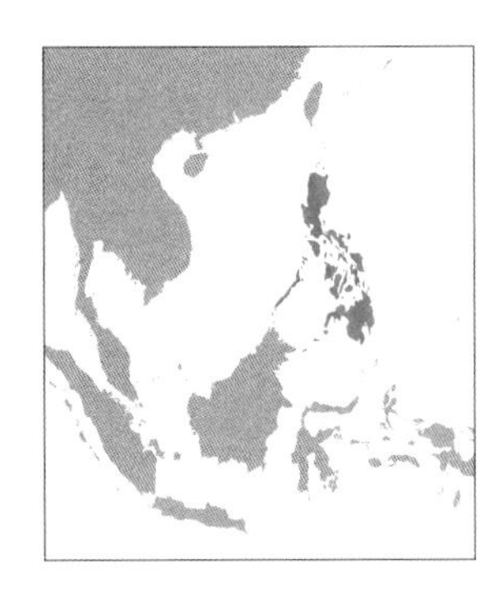

フィリピン

フィリピンのコーヒーの歴史は少し変わっている。一時は経済を支えるほどの勢いがあったコーヒー産業の火が、ある時からほとんど消えてしまった。最初にコーヒーが伝わったのは、1740年にスペインの修道士がバタンガス州のリパーに植えたという説が有力だ。スペインの植民地支配下で、盛んに栽培され、フィリピン全土に広がっていった。

1828年、コーヒー栽培を促進する目的で、スペイン政府は、6万平方フィート（約5500平方メートル）の畑を開墾しコーヒーを実らせる、つまり約6000本のコーヒーの木を育てた者に賞金を与えると発表した。そして、1人の農夫がリサール州のジャラジャラにあった土地を豊かなプランテーションに変え、1000ペソの賞金を手にした。このサクセスストーリーに触発され、後に続く農民が増えていった。

1860年代に入る頃にはコーヒーの輸出が軌道に乗っていた。相手は米国という巨大マーケット。サンフランシスコがその玄関口であった。1869年にスエズ運河が完成し、潜在的なマーケットであったヨーロッパへの扉も開いた。1880年代にはフィリピンは、世界第4位のコーヒー生産国となっていた。だが1889年、多くの生産国を悩ませていたさび病がフィリピンでも大発生した。

さび病に加えて害虫の大発生で、特にバタンガス州の被害は壊滅的だった。それでも主要な生産地ではあったが、2年後には生産量がそれまでの2割以下に落ち込んだ。コーヒーの苗は北のカビテ州へと移植され、そこで根をはり順調に生産されていくように見えた。だが、農家のほとんどはコーヒーに見切りをつけ、他の作物を栽培するようになった。コーヒー産業はめっきり下火になり、そのような状態が50年ほど続いた。

1950年代、政府がコーヒー産業の復活を目指して動き出した。米国から5カ年戦略計画の一環として支援を受け、ロブスタ種をはじめ病虫害に強いさまざまな品種を導入した。それがうまい具合に働き、生産量が増えた。しかし、輸入に頼ることなく国内での消費をまかなえる状態になったのは、やっと1962年か1963年の頃だった。国内需要のほとんどは、フィリピン全土に散らばるインスタントコーヒー工場からのものだった。

コーヒー生産は多くの点で、世界市場の価格の影響を

左：フィリピンの村にあるコーヒー専門店。フィリピンが国内需要をまかなえるほどのコーヒーを栽培するようになったのは1960年代前半で、輸出は現在でもほとんどしていない。

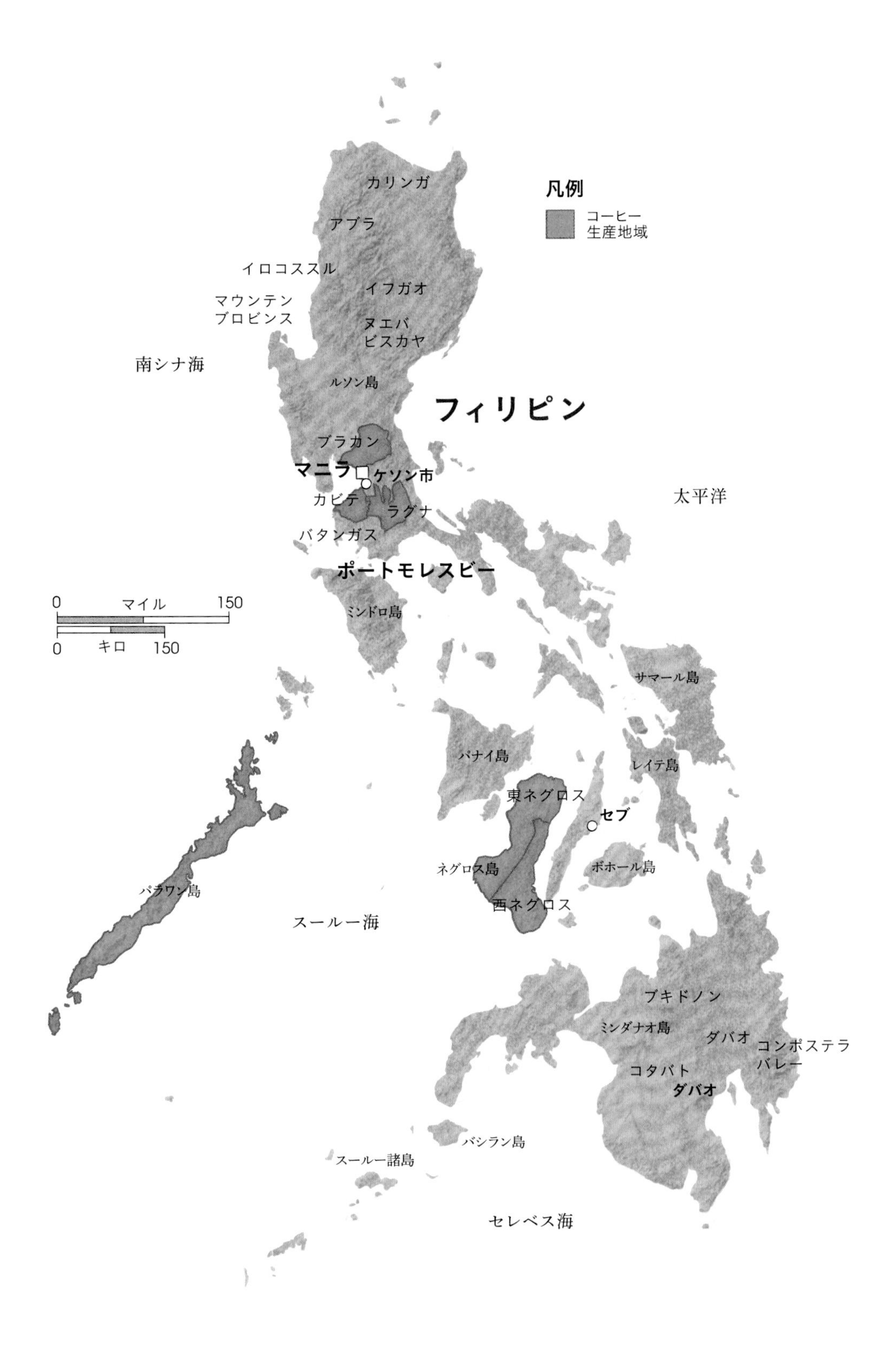
凡例
コーヒー
生産地域
カリンガ
アブラ
イロコススル
イフガオ
マウンテン
プロビンス
ヌエバ
ビスカヤ
南シナ海
ルソン島
フィリピン
ブラカン
マニラ
ケソン市
カビテ
ラグナ
太平洋
バタンガス
ポートモレスビー
0
マイル
150
ミンドロ島
0
キロ
150
サマール島
パナイ島
レイテ島
東ネグロス
セブ
ネグロス島
ボホール島
パラワン島
西ネグロス
スールー海
ブキドノン
ミンダナオ島
ダバオ
コンポステラ
バレー
コタバト
ダバオ
バシラン島
スールー諸島
セレベス海

受けていた。また需要の動向によって、生産量が潮の満ち引きのように増減した。1975年、ブラジルのコーヒーが霜で大被害を受け、フィリピンに再び輸出国に復活する機会が巡ってきた。

ここ数年を見ると、生産量は再び上昇している。生産促進のためのプログラムは続けられているが、国内の需要が依然として強く、なかなか輸出にまで回らない状態だ。輸出が少なく、生産のほとんどがロブスタ種のため、当面の間は素晴らしいコーヒーが手に入る可能性は低い。

フィリピンは他の国ではあまり見ない品種を2種類、栽培している。リベリカ種とエクセルサ種である。どちらもそれほど味が良いというわけではないが、試してみる価値はある。機会があれば、ぜひ飲んでみてほしい。

テイスティングノート

フィリピン産の素晴らしいコーヒーというのはまれだが、高品質のコーヒーはかなり濃厚で、酸味が少なく、ふわりと花のような香りがするものやフルーティーな味わいのものがある。

トレーサビリティー

フィリピンのコーヒーは協同組合や農園、個々の農家で栽培されている。良質なコーヒーはめったにないが、履歴を遡ることは比較的簡単にできる。

右ページ：コーヒーチェリーを天日干しする農夫。カラバルソン地方にあるアマデオという町。フィリピンは一流のコーヒー輸出国に返り咲くための道筋を模索中だ。

生産地域

人口：1億98万2000人
生産量（1袋当たり60キロ、2016年）：
20万袋

フィリピンは7641もの大小の島々からなる国だ。生産地域は、たとえば山岳地帯のように地形で分けられているというよりも、島や地域の集まりで呼ばれることが多い。

コルディリェラ行政地域

コルディリェラ行政地域（CAR）は、ルソン島北部にある山岳地帯で、マウンテンプロビンス州、ベンゲット州、カリンガ州、イフガオ州、アブラ州からなり、フィリピンで唯一、内陸にある行政区だ。フィリピンでいちばん高所にある地域でもあるのだが、ロブスタが栽培されているのは標高の低いルソン南部の地域だ。

標　高：1000～1800メートル（3280～5900フィート）
収穫期：10月～3月
品　種：レッド・ブルボン、イエロー・ブルボン、ティピカ、ムンド・ノーボ、カトゥーラ

カラバルソン地方

マニラの東部から南部に広がるこの行政区は大部分が低地であり、アラビカ種以外のコーヒーを栽培している。

標　高：300～500メートル（980～1640フィート）
収穫期：10月～3月
品　種：ロブスタ、エクセルサ、リベリカ

ミマロパ地方

フィリピン南西部の大小の島々からなり、ミンドロ、マリンドゥク、ロンブロン、パラワンの四つの州がある。標高の高い山岳地帯もあるが、コーヒーはたいてい低い地域で栽培されている。

標　高：300～500メートル（980～1640フィート）
収穫期：10月～3月
品　種：ロブスタ、エクセルサ

ビサヤ諸島

この地域もたくさんの島からなっており、低い円錐形の山々が並ぶ奇観で有名なボホール島も含まれる。ネグロス島全土を覆う火山性土壌はコーヒー栽培にうってつけだが、味の良いコーヒーのためには標高が足りない。

標　高：500～1000メートル（1640～3280フィート）
収穫期：10月～3月
品　種：カティモール、ロブスタ

ミンダナオ

フィリピンの中で最も南に位置するこのコーヒー生産地域は、最も生産性の高い地域でもある。国内の70%に近いコーヒーの木がこの地域に植えられている。

標　高：700～1200メートル（2300～3940フィート）
収穫期：10月～3月
品　種：マイソール、ティピカ、SV2006、カティモール、ロブスタ、エクセルサ

タイ

コーヒーの歴史については1904年、イスラム教徒がメッカ巡礼の帰りに、インドネシアでロブスタ種の苗を手に入れ、タイ南部の土地に植えたという説が有力だ。また1950年代に、イタリアからの移民がアラビカ種を持ち込んで北部に植えたという説もある。真偽のほどははっきりしないが、どちらにしろコーヒーが作物としてタイの経済に貢献するまでになるのは、1970年代に入ってからのことだ。

1972から1979年にかけて、政府はタイ北部でアヘンの原料として盛んに栽培されていたケシの代わりにコーヒーを栽培するよう住民を促すため、試験プロジェクトを立ち上げた。コーヒーは収益性の高い換金作物で、アヘン栽培と焼き畑農業を止めても乗り換える価値があると考えられていた。このプロジェクトのおかげでタイのコーヒー産業の幕が開くことになるのだが、コーヒーが主要作物となるまでにはまだしばらく時間がかかった。

1990年代に入ってすぐ、コーヒー産業はピークを迎える。しかし、ここ20年ほどはコーヒー豆の国際価格が乱高下し、生産量がそれに大きく左右された。南部ではロブスタ種が多く栽培され、北部ではアラビカ種が多かった。アラビカ種のほうが価格変動の影響をより大きく受けるため、生産量の増減が激しかったのはもっぱら北部高地のコーヒーだった。とはいえ、タイでは生産履歴を正確に遡ることは難しい。ラオスやミャンマーから国境を越えてコーヒーが大量に持ち込まれているためだ。

優れたコーヒー産出国に比べ、国際市場でのタイの評価は低い。国内で生産されるコーヒーは、けっして品質が高いとは言えないのが現状だ。しかし良質な豆を生産しようと懸命に働く農家や協同組合もある。そしてまた、よりおいしいコーヒーを好む国内消費が育ってきたことが、産業の成長を後押ししている。

トレーサビリティー

タイでは、単独の農園で生産されたコーヒーというのはめったにない。多くは、品質を重視する生産者団体や農業協同組合で生産されている。

凡例
コーヒー
生産地域

ミャンマー
チェンライ
チェンマイ
チェンマイ
ラオス
メーホーン
ソーン
ランパーン
メコン川
ウドーンターニー
ターク
タイ
チャオプラヤー川
ターチン川
ナコーン
ラーチャシーマー
メークローン川
バンコク
ミャンマー
カンボジア
アンダマイ海
タイ湾
チュンポーン
ラノーン
サムイ島
0 マイル 250
0 キロ 250
スラー
ターニー
パンガー
ナコーンシー
タンマラート
クラビ
ハジャイ
マレーシア

生産地域

人口：6886万4000人
生産量（1袋当たり60キロ、2016年）：
66万4000袋

北部

タイ北部の山岳地帯には、チェンマイ、チェンラーイ、ラムパーン、メーホンソーン、タークなど、コーヒーを栽培している県が多い。タイのスペシャルティコーヒーはすべて、ドイチャーン村のコミュニティーで生産されたものだ。

収穫期：11月～3月
標　高：1000～1600メートル（3280～5250フィート）
品　種：カトゥーラ、カティモール、カトゥアイ

南部

南部で栽培しているのはロブスタのみ。生産しているのは、スラートターニー、チュムポーン、ナコーンシータンマラート、パンガー、クラビ、ラノーン県。

収穫期：12月～1月
標　高：800～1200メートル（2620～3940フィート）
品　種：ロブスタ

上：チェンラーイ県高地にあるドイチャーンコーヒーで、コーヒー豆を選んでいるコミュニティーワーカー。

左ページ：コーヒー豆を一面に広げ、天日に干しているタイ北部の風景。北部で栽培しているのはたいていがアラビカ種で、南部ではロブスタ種のみ。

テイスティングノート

タイ産の質の良いコーヒー豆は甘く、かなりすっきりしているが、比較的酸味が弱い。割に強い苦みとともに、多少スパイシーであったりチョコレートのような味を感じることもある。

チェンライの農園で、熟れたコーヒーチェリーを摘む女性。11月になりタイ北部で収穫が始まった。収穫期は翌年の3月まで続く。

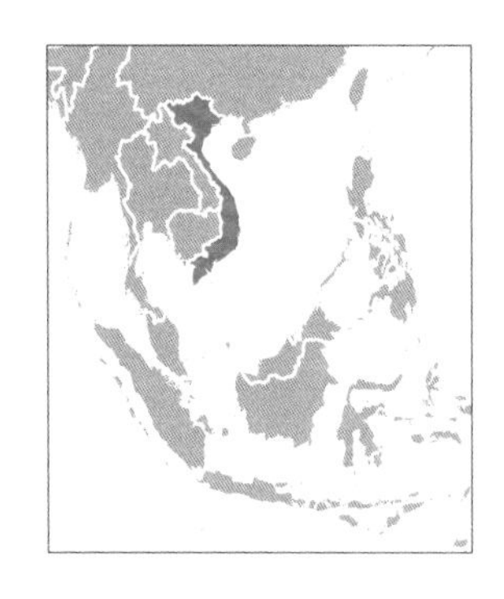

ベトナム

ベトナムで生産されるコーヒーは、圧倒的にロブスタ種が多いため、高品質のスペシャルティコーヒーに焦点を当てている本書に、ベトナムを含めるのは意外に思われるかもしれない。しかし、ベトナムは、世界のコーヒー生産国全体に与える影響が大きく、コーヒーを理解するうえで、この国についても知る価値は高い。

1857年、フランス人がベトナムにコーヒーを持ち込み、プランテーションで栽培を開始したが、1910年頃までは、商業的に成功しなかった。中央高原部にあるバンメトートでの栽培は、ベトナム戦争で中断された。ベトナム戦争後、コーヒー産業は集約化が進み、収益も生産量も下がった。当時は約2万ヘクタールの土地で、生産量は5000〜7000トンだった。その後の25年間で、栽培面積は25倍に増え、国全体の生産量も100倍に増えた。

コーヒー産業の成長は、1986年に採用されたドイモイ（改革開放路線）に帰するところが大きい。私企業による商品作物生産が認められたのだ。1990年代には莫大な数の企業が誕生し、多くがコーヒーの大規模生産に力を入れた。当時、特に1994〜98年は、コーヒー価格が比較的高かったため、コーヒー生産の増大を後押しした。1996〜2000年にベトナムのコーヒー生産は倍増し、世界のコーヒー価格に巨大な影響力を及ぼすようになった。

ベトナムは世界第2のコーヒー生産国になったが、世界のコーヒーは供給過剰となり、大幅な値崩れの原因となった。ベトナムが生産していたのは主にロブスタ種だったが、アラビカ種の価格にも影響があったのは、最大級の買い手の多くがコモディティコーヒー（P7参照）を求めていたからである。低品質なコーヒーの供給過剰は、そういった買い

テイスティングノート

ベトナムでは高品質のコーヒーはほとんど生産されていない。大半のコーヒーはフレーバーに乏しく、木のような臭いがあり、甘味や大きな特徴が感じられない。

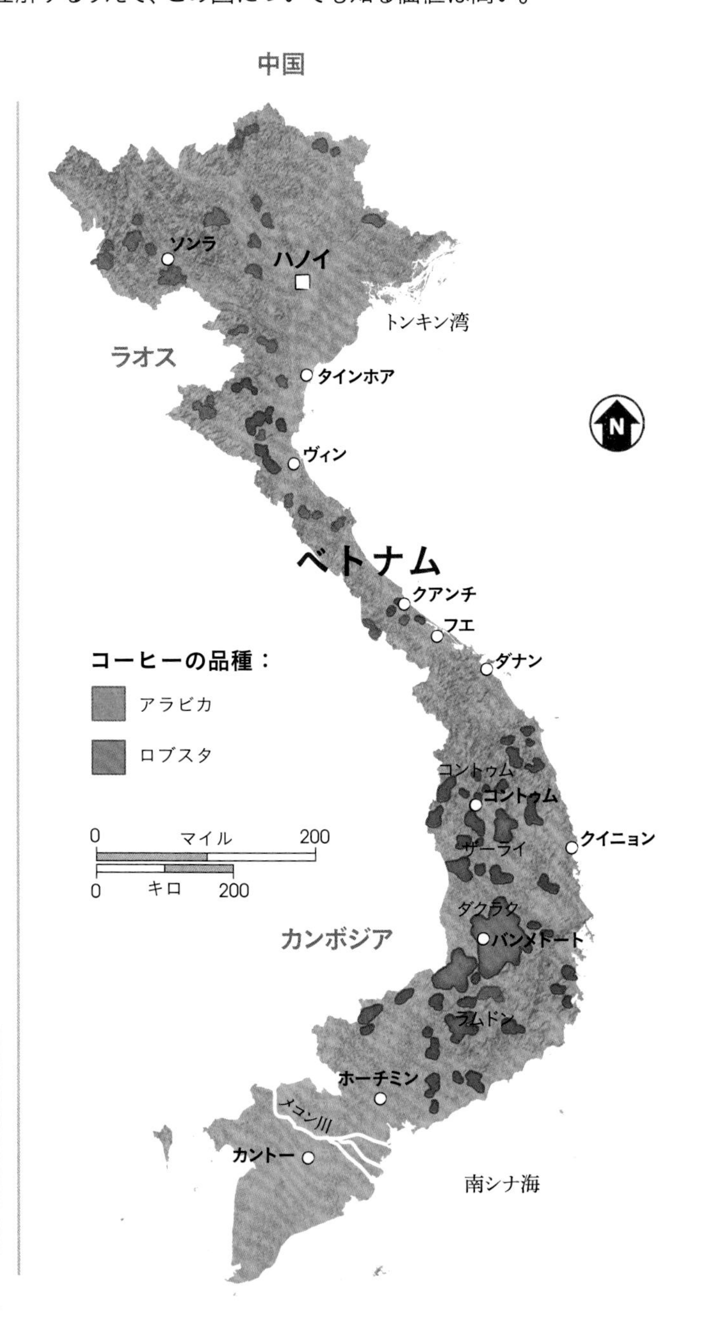

手にとって望ましい状況だった。

ベトナムのコーヒー生産量は、2000年の90万トンをピークに、急激に落ち込んだ。しかし、コーヒー価格が回復するにつれて、ベトナムでのコーヒー生産量も増加に転じた。2012〜13年の収穫量は約130万トンで、世界のコーヒー業界に多大な影響力を持ちつづけている。近年では、アラビカ種の生産を増やす動きも出てきたが、上質なコーヒーを目指すうえで、標高の低さが障壁となっている。

トレーサビリティー

ベトナムには大規模農園が幾つかあり、多国籍企業によって管理されている場合が多いため、生産履歴が確認できる確率は高い。それでも、高品質なロットと出会うのは極めて難しいだろう。

右：中央高原にあるダクラク省の省都バンメトートの農園で、農民たちが収穫したばかりのコーヒーチェリーから、小枝や葉を取り除く。世界第２位のコーヒー生産国であるベトナムでは、コーヒーはほぼすべて手作業で収穫される。

生産地域

人口：9270万人
生産量（1袋当たり60キロ、2016年）：2670万袋

これまでコーヒーのトレーサビリティーがほとんど求められてこなかったため、焙煎業者が銘柄に使うような、明確な生産地域はない。

中央高原部

高原が連なるこの地域には、ダクラク、ラムドン、ザーライ、コントゥムといった省があり、主にロブスタ種が生産されている。ダクラク省の省都バンメトートは、コーヒー産業の中心地だ。主要な産地であるダクラクとラムドンの生産量は、国内で栽培されるロブスタ種の約70％を占めている。中央高原部では100年ほど前から、アラビカ種をラムドン省ダラット市で栽培しているが、国内のコーヒー生産量全体からすると、ごくわずかだ。

標　高：600〜1000メートル（2000〜3300フィート）
収穫期：11月〜3月
品　種：ロブスタ、何らかのアラビカ（恐らくブルボン）

南部

ホーチミンの北東、ドンナイ省で生産。品種は主にロブスタ種で、ネスレをはじめ、サプライチェーンの拡充を目指す大企業から注目されている。

標　高：200〜800メートル（650〜2600フィート）
収穫期：11月〜3月
品　種：ロブスタ

北部

ハノイ周辺のソンラやタインホア、クアンチなどで、アラビカ種が栽培されている。アラビカの生育条件である十分な標高はあるものの、良質なコーヒーにはめったにお目にかかれない。アラビカ種の生産量は、ベトナム国内のコーヒー生産量の3〜5％にすぎないが、世界のアラビカ種の生産量で第15位である。

標　高：800〜1600メートル（2600〜5200フィート）
収穫期：11月〜3月
品　種：ブルボン、セー（スパロウ）、カティモール、ロブスタ

ベトナム南部のビンズオン省にある、共産党が運営する輸出会社の倉庫の内部。数百個もの麻袋が積まれていて、従業員がその１つを運ぶ。ベトナム南部で栽培されているコーヒーは、ほとんどがロブスタ種だ。

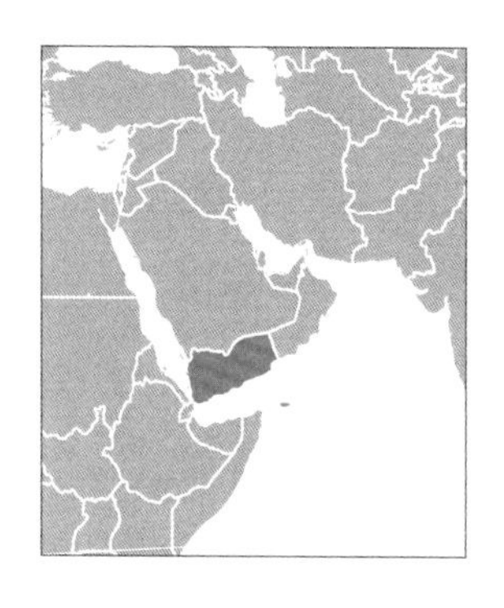

イエメン

イエメンはどの国よりも長い間、コーヒーの商用栽培を行ってきた。この国のコーヒーは独特で、手間はかかるかもしれないが、確実に特別な魅力がある。イエメン産コーヒーは何世紀にもわたって高い需要が続いているにもかかわらず、コモディティ化することは決してなかった。コーヒーの品種から、テラス（棚畑）での栽培、精製、そして取引の方法まで、イエメンは特殊な生産国なのだ。

イエメンにコーヒーを伝えたのはエチオピアだ。貿易、もしくはエチオピアからメッカへ向かう巡礼者たちによって持ち込まれ、15〜16世紀にはイエメンに根付いた。イエメン産コーヒーの輸出により、出荷港であったモカ港の名が世界に広まったが、この「モカ」という用語は、コーヒー用語のなかで最も混乱を招くものだろう。

イエメンで農耕に適した土地は国土のたった3%しかない。水資源の不足が主な理由だ。コーヒーは高地の斜面で栽培され、コーヒーの木を健康に保つためには、灌漑（かんがい）設備を整える必要がある。生産者の多くが地下水に依存していて、枯渇が懸念される。土に肥料をまく習慣があまりなく、土壌が痩せてしまうことも心配な点だ。加えて、生産地域が互いに離れているため、各産地に固有の膨大な種類のアラビカ在来種がある。

イエメンのコーヒーは、収穫期に作業者が何度か木を訪れ、手作業で収穫される。ところが、実を選別しながら摘む習慣があまりないため、かなり未熟な実も過熟実も、一緒に収穫してしまう。通常、収穫後のコーヒーチェリーはすべて、生産者の住居の屋根で天日干しされる。屋根の広さが十分であることはめったにないため、チェリーが厚く積

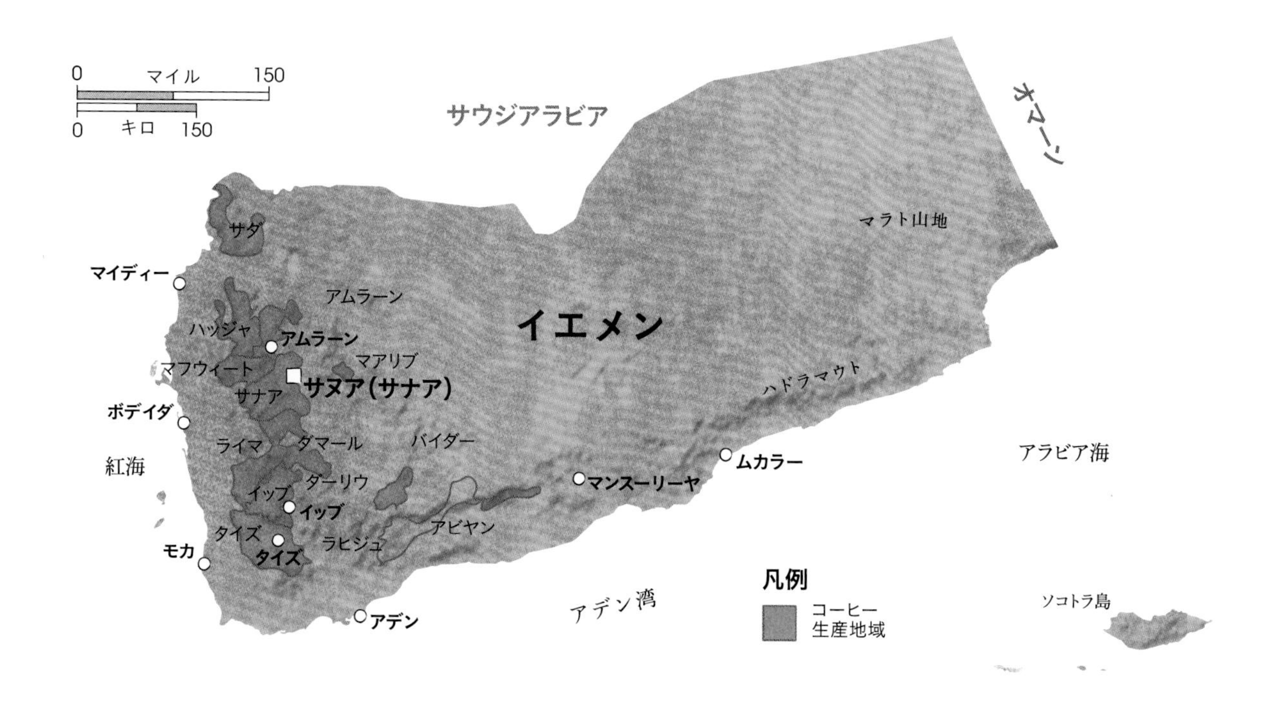

み重なってきちんと乾かず、乾燥むらや発酵、カビなどの問題のある欠点豆ができてしまう。

どの生産者も、コーヒーの栽培量はかなり少ないようだ。2000年の国勢調査によれば、約9万9000世帯がコーヒーを生産しているが、推定生産量から計算すると、世帯当たりの生豆の生産量はわずか113キロだったことになる。

イエメンのコーヒーには海外からの根強い需要があり、輸出の約半分はサウジアラビアへ流れている。生産量が限られているうえに、生産コストも比較的高いため、イエメン産のコーヒーはかなりの高値で取引される。しかし、需要があってもトレーサビリティーが向上しているとはいえない。イエメン産コーヒーは、生産者から中間業者のネットワークを通じて、輸出業者の手に渡る。いちばん古い在庫から売って、新しいものを地下倉庫に収容してしまう業者もいるため、コーヒー豆はかなり長期間（たいていは数年間）出荷港に留め置かれることもある。

2015年に内戦が勃発し、イエメンのコーヒー産業は大打撃を受けた。実際の生産量はわずかに減少しただけだったが、輸出量が内戦前の半分近くにまで落ち込んだ。注意したいのは、偽のラベルを貼ったエチオピアのコーヒーが出回っていることだ。多くはイエメンコーヒーと表示されている。需要が高いのをあてにして、プレミアム価格で売ろうとしているのだ。

「モカ」という用語

「モカ（mocha）」という用語は元々、コーヒーを出荷していたイエメンの港に由来する。すぐにつづりが「moka」に変更され、香りが強く、爽やかな渋みのあるイエメン産コーヒーの呼称となった。エチオピアの「モカ・ハラー」のように、他国のナチュラル精製のコーヒーまでもが、「モカ」と呼ばれることもある。

イエメン産のコーヒーは、ジャワ島産のコーヒーとブレンドされることが多く、「モカ・ジャバ」ブレンドが誕生した。ところが名称は保護されず、「モカ」は、多くの焙煎業者が自家製ブレンドのある種のフレーバーを説明するのに使う流行用語となり、産地名を示す用語としてはあまり使われなくなった。最近では、エスプレッソとホットチョコレートを混ぜたものが「カフェモカ」と呼ばれていて、ますます消費者を混乱させている。

キシル

コーヒーを生産する際の副産物として有名なキシル（Qesher、もしくはQ' shrやQishirとも書く）は、精製工程で除去されたコーヒーチェリーの殻を、焙煎せずに乾燥させたものだ。できた殻は茶のようにして抽出することが多く、コーヒーの代わりの飲み物として、イエメンでかなり浸透している。最近では、中米のコーヒー生産者たちも、キシルと同様の「カスカラ」を生産しようとしている。キシルがコーヒーチェリーの果肉とパーチメントの両方を使うのに対し、カスカラは果肉だけを乾燥させることが多い。

右：サヌアの北西部にある旧市街で、店員が客に出すコーヒーを淹れている。イエメンのコーヒー産業には数百年の歴史があり、イエメン産コーヒーの人気は依然として高い。

トレーサビリティー

イエメンのコーヒーは、どの地域で収穫されたものか知ろうにも、極めてわかりにくい。たいていは、かつての出荷港を指す「モカ」が名前に含まれている。生産履歴は多くの場合、農園でなく、地域を特定するところまでしか遡ることができない。また、「マタリ」のように、品種の区別するために地域名を入れた銘柄もよく目にする。

トレーサビリティーのレベルが高いからといって、必ずしも品質の良さが保証されるわけではない。最も価値の高い銘柄として輸出されるものに、異なる地域で生産された品種の違うコーヒーが混入していることもままある。イエメンのコーヒーに対する需要が高いのは、個性的で野生味のあるフレーバーと爽やかな渋味をもつためだが、精製の際にできた欠点豆から生じる部分も幾分かある。

イエメン産のコーヒーを試したいなら、既にある程度信頼関係を築けている業者から購入することが望ましい。焙煎業者は良いものを探し出すために、ひどい味のサンプルを数多く飲まなければならないからだ。闇雲に購入すると得をしないどころか、腐敗臭のする不快で雑味のあるコーヒーにしか出会えないこともあり得る。

左ページ：イエメンは水資源が不足しているため、農業に適した土地は国土の3%しかない。この小さな要塞都市にあるテラス（棚畑）は、イエメンのコーヒー栽培では一般的な農法である。

テイスティングノート

野生味があり、複雑かつ爽やかな渋味をもつ。世界のどのコーヒーとも違う、非常に独特なコーヒーを体験できる。腐りかけた果実のような野性味のあるものは不快だが、それ以外のものは高く評価されている。

生産地域

人口：2540万8000人
生産量（1袋当たり60キロ、2016年）：
12万5000袋

ここに挙げたイエメンの地名は行政区で、地理的に区分けされた地域ではない。イエメンにある21の行政区のうち、コーヒーを栽培しているのは15地区で、重要な生産者がいる地区はさらに少ない。

サヌア（サナア）

イエメンから輸出されるプレミアムコーヒーの多くは、この地域で栽培される品種の名が付けられている。わかりにくいことに、「マタリ」はバニ・マタル付近の地域を指すこともある。品種名は恐らく地名に由来している。首都のサヌアは、人類が住みつづけている町としては、世界最古の都市の1つで、2200メートルと標高も高い。国内最大のコーヒー生産地域だ。

標　高：1500～2200メートル（4900～7200フィート）
収穫期：10月～12月
品　種：マタリ、イスマイリ、ハラジ、ダワイリ、ダワラニ、サナニ、ハイミなどの在来種

ライマ

2004年に設立された小さな行政区で、ここで生産されるコーヒーはイエメン産コーヒーの一定の割合を占める。また、この地域のコーヒーの生産量を増加させるため、NGOによる水資源管理プロジェクトが集中的に行われている。

標　高：平均1850メートル（6050フィート）
収穫期：10月～12月
品　種：ライミ、ダワイリ、ブラエ、クバリ、トゥファヒ、ウダニなどの在来種

マウィート

サヌアの南に位置するアット・タウィラは、15～18世紀にこの地域におけるコーヒー栽培の中心地として有名になった。輸出用に港へ運ぶコーヒーを集積する場所だったのである。

標　高：1500～2100メートル（4900～6900フィート）
収穫期：10月～12月
品　種：マファイチ、トゥファヒ、ウダニ、コラニなどの在来種

サダ

この行政区は不運にも、2004年から内戦の舞台となっている。紛らわしいが、アラビア語の「サーダ（sada）」という言葉は、中東で広く人気のあるブラックコーヒーを指している。サーダはスパイスを加えて供されることが多い。

標　高：平均1800メートル（5900フィート）
収穫期：10月～12月
品　種：ダワイリ、トゥファヒ、ウダニ、コラニなどの在来種

ハッジャ

生産量の少ない地域。ハッジャの町を中心としている。

標　高：1600～1800メートル（5200～5900フィート）
収穫期：10月～12月
品　種：シャニ、サフィ、マスラヒ、シャミ、バジ、マタニ、ジュアリなどの在来種

南北アメリカ

アメリカ大陸は世界のコーヒー豆の大部分を供給している。だが、輸出される豆の種類や品質は多種多様だ。ブラジルの収穫高が国際的なコーヒー市場の3分の1を占めているものの、パナマで生産されるゲイシャ種のように、より小規模の生産者による個性的な品種に対する興味も高まっている。アメリカ大陸の農園における収穫や栽培の方法は、環境保護志向や持続可能性の観点、そして農業協同組合の仕組みによって変わりつつある。

ボリビア

ボリビアには非常に優れたコーヒーを生産する潜在能力があり、かなり少量ではあるが、実際に生産されてもいる。この国全体の生産量は、ブラジルの大規模農園1つ分よりも少ない。生産量は年々減少しており、コーヒー農家も驚くべき早さでなくなりつつある。ボリビア産のコーヒーは（特に素晴らしいものは）、近いうちに見られなくなるかもしれない。

ボリビアで栽培されているコーヒーの起源や歴史に関して得られる情報は、いらだたしいほど少ない。コーヒーの生産が始まったのは事実上1880年代であるという記録はあるが、それ以上のことは不明だ。この国は広く、エチオピアやコロンビアと同じくらいの面積を持つ。内陸国であるため、コーヒーの輸出に時間とコストがかかるという課題が、古くから付きまとっている。

ボリビアは人口が少なく、1050万人ほどしかいない。国民は非常に貧しいと考えられていて、25%は極貧層とされている。経済は鉱物資源と天然ガス、農業に頼っているが、コーヒーが注目されたことは1度としてない。無視できないのが、麻薬取引のためのコカの栽培が経済と農業に与える影響だ。コカは価格の変動が少ない商品で、農家に大きな安定をもたらすため、コーヒーからコカに移行する農家が増えているのだ。コーヒーの価格が上昇した2010年と2011年には、米国とボリビア政府が資金援助した麻薬防止対策による推奨が功を奏し、多くの農家がコーヒーの生産に切り替えた。しかし、コーヒーの価格が再び下落したため、農家の多くはまたコカへと戻りつつある。

コーヒーを栽培する環境としては、ボリビアは理想的だ。標高は十分高いし、気候は雨期と乾期に分かれていて申し分ない。栽培されるコーヒーの大部分は、ティピカやカトゥーラなど古くからの在来種である。近年では、クリーンで複雑なフレーバーをもつ優れたボリビア産コーヒーも幾つか出てきているが、これは常とは限らない。

かつてはコーヒーの収穫後に、生産者自身が果肉を除去してから中心地にある精製場に輸送していたが、2つの大きな問題があった。第1に、精製場への輸送中に起こる温度変化で、コーヒーが凍ってしまうこと。第2に、ある程度の水分が豆に残っているため、発酵が進んでしまうことだ。結果として、品質が損なわれたり、好ましくないフレーバーがついてしまったりした。そのため、品質を意識して収穫後の作業を自身の農園で行う生産者が増えている。米国は麻薬防止対策の一環として、ボリビア国内に小さなウォッシングステーションを多数建設する資金を投じた。しかし、改善が行われたにもかかわらず、ボリビア産のコーヒーはコロンビアやブラジルなどの近隣諸国のコーヒーに比べ、いまだに評価が低い。

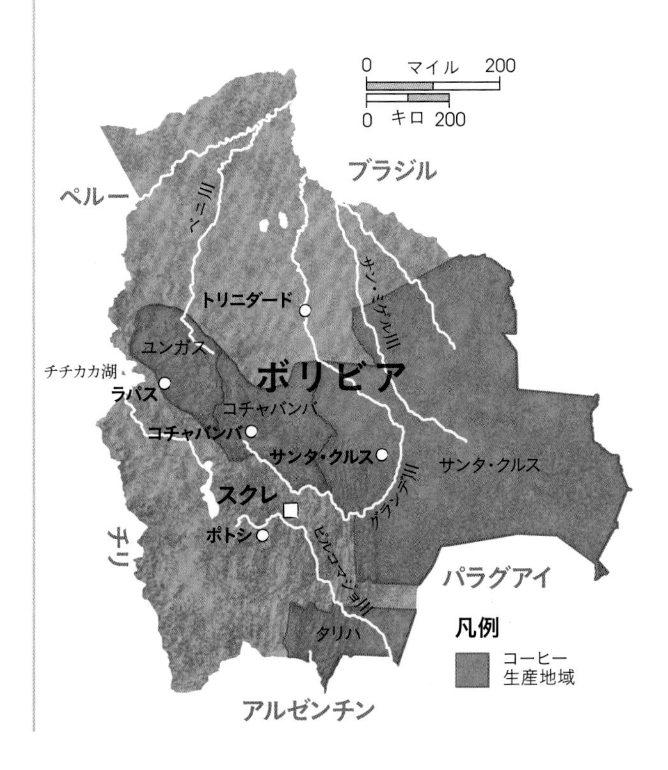

カップ・オブ・エクセレンスなどの品評会は、ボリビアの最高品質のコーヒーが注目されるきっかけとなった。入手できるうちに、探し出して味わうことをおすすめしたい。スペシャルティコーヒーは見返りが大きいが、品質に対する意識が高い農家ですら、コーヒーの生産を諦めつつあるからだ。

トレーサビリティー

ボリビアのコーヒーは通常、農園や農業協同組合まで遡ることができる。1991年以降、土地改革によって広大な農地の所有者は減った。ボリビアでコーヒーを生産する2万3000世帯の農家は、たいていが1.2〜8ヘクタール（3〜20エーカー）と小規模だ。ボリビア産の輸出品を取り仕切っているのは民間の輸出業者で、その数は30程度と少ない。

テイスティングノート

ボリビアの最も品質の良いコーヒーは、非常に甘くクリーンなフレーバーを持つ傾向がある。比較的まれではあるが、とてもフルーティーなフレーバーをもつものもある。

生産地域

人口：1141万1000人
生産量（1袋当たり60キロ、2016年）：8万1000袋

ボリビアのコーヒー生産地は、いまだ明確に定義されていない。そのため、焙煎業者はそれぞれ異なる命名法で、どの地域で生産されたコーヒーなのかを示す。

ユンガス

ボリビア産コーヒーのおよそ95%を生産している地域。その品質は、以前はヨーロッパで高く評価されていたが、最近では評価が下がっている。アンデス山脈はペルーからボリビアを通ってアルゼンチンまで続いているが、その東側に延びる森林一帯をこの地域として定義してよいだろう。世界でも有数の、最も標高の高い場所で育つコーヒーを生産している地域であり、ボリビア最古のコーヒー生産地でもある。ユーカーズの1935年の著書『オール・アバウト・コーヒー』では、この地域のコーヒーは「ジュンガ」と記録されている。

ユンガスはラパスの西に位置しているため、この土地の生産者に会いに行くバイヤーの多くは、「死の道」の名で知られるユンガスの道を通らなければならない。1車線しかない区間やカーブ、山の斜面に落ち込むような所が多く、600メートル（2000フィート）も上るが、谷間への落下を防ぐような囲いがまったくない。

広大な地域であるため、焙煎業者の多くは、より詳細な地名をコーヒーに付けている。例えば、カラナビやインキシビ、コロイコなどは、この地域にある産地を示す地名だ。

標　高：800〜2300メートル（2600〜7600フィート）
収穫期：7月〜11月

サンタクルス

ボリビアの東端にある地域で、たいていの場所は、高品質なコーヒーを生産するには標高が足りない。イチロ郡周辺に幾つかコーヒー生産地があるが、農産物としてはコメや木材に比べ、あまり重視されていない。天然ガスが産出するため、ボリビアの経済においてかなり重要な地域である。

標　高：410メートル（1340フィート）
収穫期：7月〜11月

ベニ

北東に位置する広大で人口が少ない地方。ベニの一部は厳密には、地理的にユンガス地域に含まれる。ユンガス地域に当たる場所以外でのコーヒー生産量は少ない。元来、ここは牛の牧場地帯だったが、コメやカカオ、トロピカルフルーツなど多くの商品作物も栽培している。

標　高：155メートル（500フィート）
収穫期：7月〜11月

左：ボリビアはコーヒー作物にとって理想的な土地だが、地形が輸出と生産を難しいものにしている。ラパスからコロイコにつながるこの旧道は、世界で最も危険な道として有名だ。

ブラジル

ブラジルは、150年以上にわたって世界最大のコーヒー生産地であり続けている。現在、ブラジルは世界総生産量の3分の1のコーヒーを生産しているが、一時は市場で80%ものシェアを占めていた。コーヒーがフランス領ギアナからブラジルに伝わったのは1727年のことで、当時のブラジルはポルトガルの植民地だった。

ブラジル初のコーヒーは、フランシスコ・デ・メロ・パリエッタが、北部にある、現在のパラー州に植えたものだった。言い伝えによると、フランス領ギアナに外交使節団として渡ったパリエッタは当地の総督夫人を誘惑し、帰国する際にコーヒーの種子を隠した花束を彼女から受け取ったという。帰国後に彼が植えたコーヒーは、恐らく国内で消費されるにとどまったと考えられる。やがて南部に伝わるまで、さほど重要な作物にはならなかったのだ。

商業生産の始まり

コーヒーの商業生産が最初に始まったのは、リオデジャネイロ近くのパライーバ川の流域である。この地域は、コーヒーにとって理想的な土地で、リオデジャネイロに近接しているため輸出への利便性もあった。中米では小規模農家が主流だったのに対して、ブラジル初の商業生産は大規模な奴隷制の農園で行われた。当時、こういった産業化は他に例がなく、ブラジルのコーヒー生産だけに見られる特徴であった。その手法は強引で、有力者や説得力のある者が曖昧な土地境界線を巡る論争に勝利し、奴隷1人につき4000〜7000本の木を見張らせていた。集約農業で土壌がやせてしまうと、農園ごと新しい土地へ移転した。

コーヒーの生産は、1820〜30年に急速に発展した。ブラジル国内のコーヒー愛飲者の需要を満たしただけでなく、大きな世界的規模の市場に供給を始めたのだ。コーヒー生産を取り仕切る者は途方もない富と権力を手にし、「コーヒー男爵」とも呼ばれた。彼らの要望は、政府による方針やコーヒー業界への支援に大きな影響を与えた。

1830年までに、ブラジルは世界の総生産量の30%を占めるようになった。1840年には40%に増加したが、供給の増大により、世界のコーヒー価格は下落する。19世紀中頃まで、ブラジルのコーヒー業界は労働力を奴隷に頼り、150万人の奴隷がブラジルに連れてこられ、コーヒー農園で働かされていた。1850年、英国がブラジルに対しアフリカでの奴隷取引を禁止すると、ブラジルは移民労働者や国内の奴隷取引に移行。1888年に奴隷制度が廃止された時は、コーヒー業界が危機に瀕するのではないかと大いに懸念されたが、収穫はその年以降も順調に続いた。

第二次最盛期

1880年代から1930年代は、コーヒーの第二次最盛期となった。この期間は、絶大な影響力を持っていたサンパウロのコーヒー男爵たちとミナスジェライスの酪農家たちが政治情勢を動かしていたため、「カフェ・コン・レイテ（コーヒーとミルク）期」と呼ばれた。ブラジル政府はコーヒーの価格を安定させるために、価格維持政策を取りはじめた。政府は、市場停滞期に生産者から高値でコーヒーを買い上げ、市場が盛り返すまでそれを保管していた。つまり、コーヒー男爵のために価格を安定させ、供給過剰によるコーヒーの低価格化を防いだというわけだ。

ブラジルのコーヒー生産量は1920年代までに世界の総生産量の80%に達し、インフラ整備に使う多額の資金を得た。しかし、衰えを知らない生産力はコーヒーの膨大な余剰を招き、1930年代には、世界大恐慌による価格暴落で受けた損害が大きくなる一方だった。ブラジル政府は

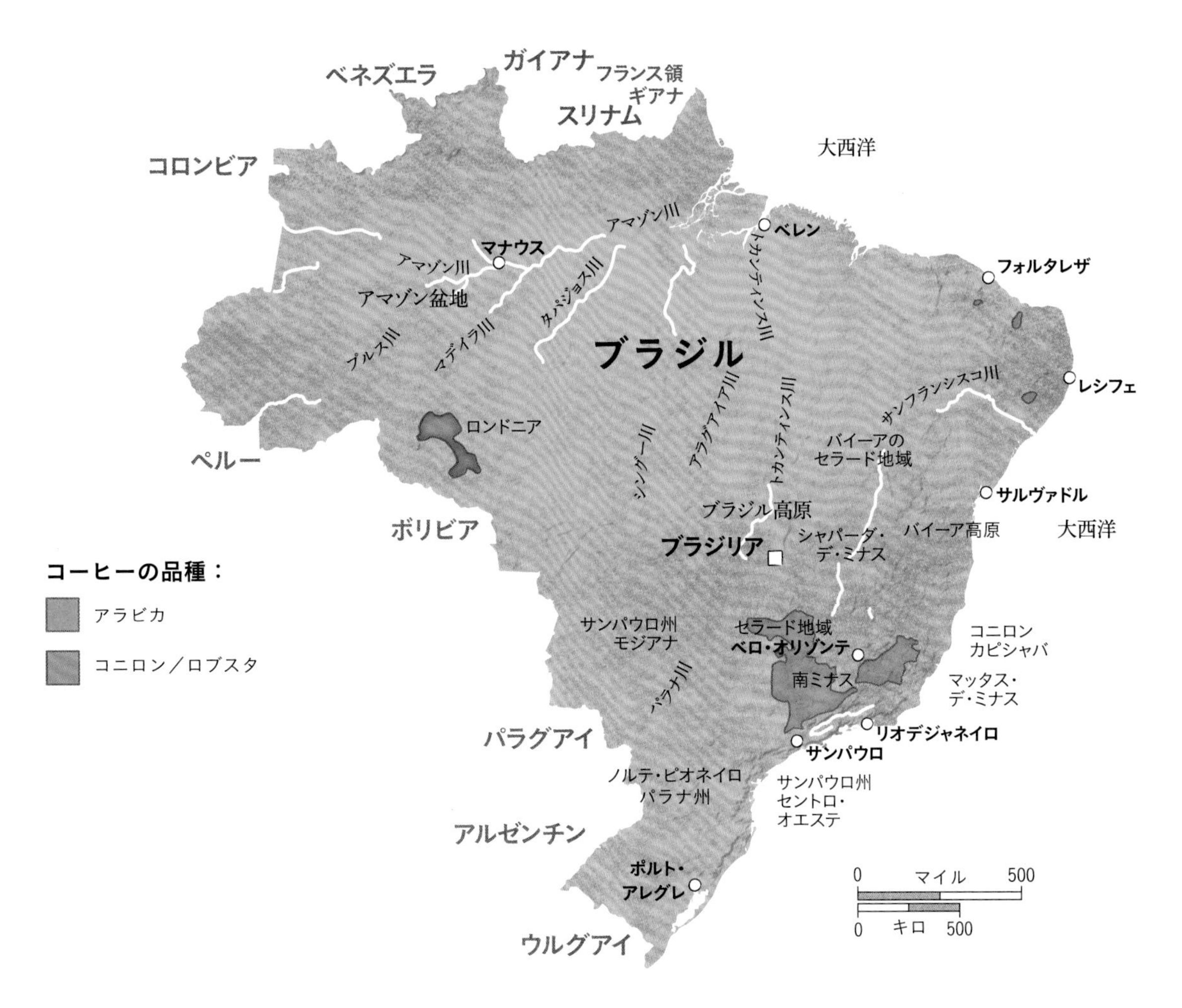

7800万袋余りの在庫を焼却処分した。コーヒー価格を上げることが狙いだったが、ほとんど効果はなかった。

第二次世界大戦中には、ヨーロッパ市場の閉鎖に伴ってコーヒーの価格が下落した。このことが中南米の国々をナチ党員や共産主義に走らせる可能性があると、米国で関心が高まった。コーヒーの価格を安定させようと、輸出割当制度をベースにした国際的な取り決めがなされた。この取り決めはコーヒーの価格を釣り上げ、1950年代半ばに安定するまで続いた。これは1962年に設立されたより規模の大きな国際コーヒー協定（ICA）の起源だと考えられている。協定には後に42の生産国が参加するようになった。割当率は、国際コーヒー機構（ICO）が定めるコーヒーの指標価格によって決定された。もし価格が下がれば割当率も減り、価格が上がれば割当率も増えた。

この協定は1989年まで続いたが、ブラジルが割当率の削減に応じなかったことがきっかけで、効力を失った。ブラジルは自国を極めて有能な生産国だと信じ、取り決めなしでもうまくやっていけると自負していた。ICAが破棄されたことで市場は混乱し、その後コーヒーの価格は5年連続で大幅に崩れた。これがコーヒー危機を招く結果となり、生産者たちがフェアトレード運動を始める流れを作った。

豊作と凶作の繰り返し

世界的にブラジルはコーヒーの独占的な供給国であった。そのためブラジルのコーヒーに何かあると、世界のコーヒー価格に大打撃を与えてしまう。この一因は、ブラジル

ロブスタ種の生産

この本では詳しく取り上げていないが、ブラジルはアラビカ種だけでなく、世界有数のロブスタ種の生産国だということも忘れてはならない。ブラジルでは、ロブスタ種は通常「コニロン」と呼ばれ、ロンドニアなどの地域で生産されている。

の収穫量が不安定な点にあった。長年にわたってブラジルは、収穫量の多い年と少ない年を1年ごとに繰り返していることがわかったのだ。近年の取り組みにより、年々変動は減り、安定してきた。この収穫量の変動の要因は、コーヒーそのものに、収穫量の多い年と少ない年を交互に繰り返すサイクルが備わっているためだろう。これは、軽く剪定(せんてい)することでコントロールできるが、ブラジルでは一般的でない。生産者たちは大幅に刈り込むことを好み、その結果、翌年の収穫量が減ることになる。

1975年には植物の葉を黒くする黒霜による大規模な被害があり、翌年の収穫量は75%近く減少した。霜害の結果、世界のコーヒー価格はすぐさま約2倍に跳ね上がった。2000年と2001年は2年連続で凶作となった。続く2002年は大豊作だったが、世界市場の飽和によって引き起こされたコーヒー相場の長引く低迷と時期を同じくした。

近年のコーヒー生産

ブラジルは紛れもなく、世界で最も先進的で産業化されたコーヒー生産国だ。しかし収穫量に重きを置いているので、最高級のコーヒーを生産しているという評判は得られていない。大多数の大規模農園が、あまり要領が良いとは言えないしごき収穫などの収穫方法を採用し、すべての枝から一気にコーヒーの実をしごき落とす。ブラジルの大規模農園でよく見られるように、もし農園が広大で平らなら、収穫機を使ってコーヒーチェリーを木から振るい落とす。どちらも成熟具合を考慮せずに収穫するため、結果として収穫されたコーヒーにはかなりの数の未熟な実が交ざる。

長年ブラジルでは、大量のコーヒーの実をパティオ（中庭）に敷いて天日干しするナチュラル精製法（P32参照）を採用していた。1990年代初頭に導入されたパルプド・ナチュラルは品質改善に役立った。しかし、ブラジルのスペシャルティコーヒー生産者たちは長年、手摘みで収穫し、豆を洗い、標高の高い場所で興味深い品種のコーヒーを育んできた。「酸味の弱いコーヒーの生産国」という評価にあらがい、ボディーの強いエスプレッソコーヒーに最適な豆を増やしてきたのだ。大多数のブラジル産コーヒーが、高品質のコーヒー作りに最適な標高よりも低い場所で栽培されているにもかかわらず、興味深くておいしいコーヒーを見つけることができる。その一方で、多くの人が間違いなくおいしくて飲みやすいと感じる、クリーンで甘味があり、酸味の弱いコーヒーも作っている。

テイスティングノート

おいしいブラジル産のコーヒーは酸味が少なめで、ボディーは重く甘味が強い。しばしばチョコレートやナッツ系のフレーバーを伴う。

国内消費

ブラジルは、国内のコーヒー消費量を増やそうと積極的に取り組み、成功してきた。幼い頃から、学校で子どもにコーヒーを飲ませることを非難する人もいるかもしれないが、ブラジル国内の消費量は現在、米国に匹敵する。ブラジルにはコーヒーの生豆を輸入できない。つまり、国内で消費されるコーヒーのほとんどが、ブラジルで生産されたものだ。一般に国内で消費されるコーヒーは、輸出されるものよりも低品質だ。主要都市では喫茶店が至る所にあるが、そこで提供されるコーヒーの価格は、米国やヨーロッパの喫茶店で出されるもっとおいしいコーヒーの価格と変わらない。そのためブラジルでは、喫茶店は富裕層と貧困層の格差を助長する象徴にもなっている。

トレーサビリティー

高品質のブラジル産コーヒーは通常、特定の農園（ファゼンダ、大農園）まで生産履歴をたどることができる。一方で低品質のものは交ぜられ、履歴がまったくわからない。「サントス」と表示されているコーヒーは、単純にサントス港から船積みされたという意味で、生産地とは関係がない。ブラジルにはボリビアの総生産量を上回る量を生産するコーヒー農家もあり、トレーサビリティーが品質と結び付くというルールは通用しないのかもしれない。生産量によっては生産履歴をたどれるかもしれないが、結果としてそれが必ずしも高品質だということにはならない。

右ページ：水槽の入口を開けるブラジル人労働者。きれいになった豆は運搬用のトレーラーへと集められる。

生産地域

人口：2 億 735 万人
生産量（1 袋当たり 60 キロ、2016 年）：5500 万袋

ブラジルではさまざまな品種のコーヒーが栽培されている。その多くはブラジル国内で開発された品種か、突然変異したものだ。ムンド・ノーボやイエロー・ブルボン、カトゥーラ、カトゥアイなどが含まれる。

■バイーア州

東ブラジルに位置する広大な州で、国内最北のコーヒー栽培地域だ。近年この地域からは、興味を引くコーヒーが次々と登場している。2009 年のカップ・オブ・エクセレンスでは、上位 10 位のうち 4 つをバイーア産が占め、多くの人を驚かせた。

シャパーダ・ジアマンチーナ

国立公園で有名な、ブラジルでも景観が美しい地域。「シャパーダ」は急な崖を意味し、「ジアマンチーナ」は 19 世紀にこの地で発掘されたダイヤモンドを指す。ルドルフ・シュタイナーが独自に発展させた有機農法である「バイオダイナミック農法」で有名な農園が幾つかある。

標　高：1000 ～ 1200 メートル（3300 ～ 3900 フィート）
収穫期：6 月～ 9 月

下：ブラジルではスクリーン（ふるい）を使ってコーヒーチェリーからチャフを振るい落とす。チャフは風によって飛ばされる。

バイーアと西バイーアのセラード地域

灌漑（かんがい）設備などの工業化が進み、大規模なコーヒー生産に適した地域。1970 年代の終わりと 1980 年代初頭に、政府による農業政策が進められた地域の 1 つ。ここへ移る 600 人余りの農園主には、低利融資と報奨金が保証された。2006 年までに 150 万ヘクタールの土地が耕地化されたが、コーヒーに割り当てられた面積は比較的狭い。安定していて暖かく太陽が降りそそぐ気候は高収量に適しているが、この地域で本当に思いがけないコーヒーを見つけるのは難しい。

標　高：700 ～ 1000 メートル（2300 ～ 3300 フィート）
収穫期：5 月～ 9 月

バイーア高原

小規模な生産に特化している地域。涼しい気候と標高の高さを利用して高品質のコーヒーを生産する。

標　高：700 ～ 1300 メートル（2300 ～ 4300 フィート）

収穫期：5 月～ 9 月

■ミナスジェライス州

ブラジル南部のミナスジェライス州には、国内最高峰の山々があり、コーヒー生産に必要な高度を与えている。

セラード

セラードは「熱帯サバンナ」という意味だが、ブラジルの多くの州にまたがるサバンナ地域を指すこともある。コーヒーに関する話題では通常、ミナスジェライス州西部のセラード地域のことを指す。この地域はコーヒー産地としては比較的新しく、大規模で機械化の進んだ農園が占有している。実際、この地域の 9 割以上の農園は、10 ヘクタール以上の土地を所有している。

標　高：850 ～ 1250 メートル（2800 ～ 4100 フィート）

収穫期：5 月～ 9 月

スル・デ・ミナス

歴史的にこの地域はブラジルにおけるコーヒー生産の拠点であり、代々受け継がれてきた小規模農家がたくさんある。そのためか、この地域には多くの農業協同組合がある。小規模農家の割合は多いが、機械収穫が盛んで、産業化が進んでいる。

カルモ・デ・ミナスを含むこの地域の一部エリアは、最近注目されている。カルモ村を取り囲むエリアで、コーヒー栽培に適した土壌と気候を驚くほどたくさんの生産者が活用している。

標　高：700 ～ 1350 メートル（2300 ～ 4400 フィート）

収穫期：5 月～ 9 月

シャパーダ・デ・ミナス

南部に密集する他のコーヒー生産地から離れ、かなり北方に位置する地域。コーヒー栽培は 1970 年代末にこの地域に定着した。栽培エリアはやや狭く、平らな土地を利用して農園を機械化する農園主も少なくない。

標　高：800 ～ 1100 メートル（2600 ～ 3600 フィート）

収穫期：5 月～ 9 月

マッタス・デ・ミナス

ミナスジェライス州にある、早くからコーヒー栽培が定着した地域。1850 ～ 1930 年の間に、コーヒーと乳製品の生産によって栄えた。近年はさまざまな作物を栽培するようになってきたが、農業収入のうち 80% は今もコーヒーが占める。

急な斜面もあり凹凸のある土地柄、主に手摘み収穫が行われる。小規模農家が多い地域だが（50% 余りの農地は 10 ヘクタール以下）、期待するような品質の評判は確立されていない。しかし品質は向上しつつあり、素晴らしいコーヒーを生産する農家は多い。

標　高：550 ～ 1200 メートル（1800 ～ 3900 フィート）

収穫期：5 月～ 9 月

■サンパウロ州

サンパウロ州には、ブラジル有数のコーヒー栽培地域モジアナがある。1883 年にこの地域で「コーヒー鉄道」を開業した、モジアナ鉄道会社にちなんで名付けられた。モジアナ鉄道によって輸送は改善し、この地域のコーヒー生産量も増大した。

標　高：800 ～ 1200 メートル（2600 ～ 3900 フィート）

収穫期：5 月～ 9 月

■マットグロッソ州／
マットグロッソ・ド・スル州

この地域ではブラジルの年間生産量のうち、少量しか生産していない。広大で平らな高地は、膨大な数の牛の放牧と、大規模な大豆栽培により向いている。

標　高：平均 600 メートル（2000 フィート）

収穫期：5 月～ 9 月

■エスピリトサント州

国内の他のコーヒー生産地に比べると比較的狭いが、年間生産量が 2 番目に多い州だ。また、主要都市のビトリアには輸出に欠かせない港がある。しかし、ここで栽培されるコーヒーのうち 80% 近くはコニロン種（ロブスタ種）だ。この地域の南部では、アラビカ種を栽培する農家も多いが、ここにはもっと興味深いコーヒーも存在する。

標　高：900 ～ 1200 メートル（3000 ～ 3900 フィート）

収穫期：5 月～ 9 月

■パラナ州

この州が世界でいちばん南に位置するコーヒー栽培地域だという意見もある。ブラジルにとっても重要な農業地域だ。国土のわずか 2.5% を占めるにすぎないが、農産物の生産量はおよそ 25% に上る。コーヒーはかつて最大の収穫量を誇っていたが、1975 年の霜害の後、多くの生産者が多角化に乗り出した。一時期は 2200 万袋のコーヒーを生産していたが、現在は 200 万袋ほどだ。初期の入植者たちは沿岸地帯に居を構えたが、コーヒーを育てるために内陸へと移動した。高度が低いので高品質なコーヒー生産には向かないが、涼しいのでコーヒーの実が完熟するのを遅らせることができる。

標　高：平均 950 メートル（3100 フィート）

収穫期：5 月～ 9 月

コロンビア

諸説あるが、コーヒーをコロンビアに初めて持ち込んだのはイエズス会で、1723年のことだったという。商品作物として国内のさまざまな地域へ徐々に広まったが、19世紀末まではそれほど重要な作物ではなかった。1912年には、コーヒーはコロンビアの輸出総額のおよそ50%を占めるまでになった。

コロンビアはかなり早い段階で、マーケティングとブランド力構築の価値を認識していた。1958年に作られた、コロンビアコーヒーを代表する農民のキャラクター、「フアン・バルデス」は最大の功績だろう。フアン・バルデスと彼のラバは、コロンビアコーヒーの象徴として発案され、コーヒーのパッケージや販売活動に使われてきた。長年にわたって3人の俳優が演じてきたフアン・バルデスは、特に米国ではコロンビアコーヒーの目印となり、商品価値を付加してきた。このキャラクターが、初期のマーケティングのキャッチフレーズを流行させた。例えば「山が育てたコーヒー」や繰り返し宣伝される「100%コロンビアコーヒー」は、世界中の消費者の印象に残っているはずだ。

これはコロンビアコーヒー生産者連合会(FNC)によるものだった。1927年に発足したこの連合会は、コーヒー生産において異色の存在だった。輸出やコーヒーの宣伝に携わる団体は他国にもあるが、FNCほど巨大で複雑な組織はほとんど存在しない。生産者の利益を守ることを目的としたNGOで、輸出コーヒーにかかる特別税によって現在も運営されている。コロンビアは世界でも最大級のコーヒー生産国なので、FNCの資金は潤沢で、巨大で官僚的な組織となるに至った。この官僚化は、現在50万人ものコーヒー生産者によって運営されるFNCにとって避けられないことだ。

カリブ海
クリストバル・コロン山
バランキジャ
カルタヘナ
シエラネバダ
バジェドゥパル
ノルテ・デ・サンタンデール
パナマ
ククタ
ベネズエラ
カウカ川
マグダレナ川
ブカラマンガ
アンティオキア
メデリン
サンタンデール
カルダス
メタ川
太平洋
リサラルダ
クンディナマルカ
イバゲ
ボゴタ
キンディオ
トリマ
グアビアーレ川
バジェ・
カリ
カウカ
ウィラ
コロンビア
ナリーニョ
アパポリス川
カケタ川
エクアドル
ブラジル
プトゥマヨ川
ペルー
0 マイル 200
0 キロ 200

FNCと品質

FNCは、マーケティングや生産、経営問題において、明確な役割を果たしている。一方で、生産者のコミュニティーの奥まで入り込み、地方の道路や学校、医療センターといった社会的かつ物理的なインフラ整備も行う。コーヒー以外の産業にも投資し、地方都市の発展や福祉分野の手助けも

上：コロンビアは、世界でも有数のコーヒー産出国で、コーヒーの輸出は国の連合組織が管理している。国内の明確に定義された生産地域では、幅広いコーヒーが生産されている。

している。

近年FNCと、コーヒー産業界でもコーヒーの品質により敏感な層との間で衝突が起きている。FNCが考える生産者の利益が、必ずしもコーヒーの品質向上につながらないというのだ。FNCのセニカフェという研究部門では、特定の品種を栽培している。カスティージョのような品種の栽培を促進するのは、コーヒーの味わいより、生産量を重視しているという意見は多い。この議論は双方とも一理あるが、世界規模での気候変動がコロンビアのコーヒー生産の安定性にますます影響を与えていることを考えると、たとえ素晴らしいコーヒーを犠牲にすることになっても、生産者の生活を保障する品種に異議を唱えるのは難しくなってきている。

トレーサビリティー

コロンビアコーヒーの販売促進のため、FNCは「スプレモ」と「エキセルソ」という等級を作った。これらは豆のサイズのみを示していて、質には何の関係もない。残念ながら、この等級分けではトレーサビリティーが低くなってしまう。この方法で市場に出る豆は、機械でふるいにかけてサイズ分けを行う前に、多くの農家から集めた豆を交ぜてしまうからだ。本質的にはごく一般的なコーヒーなので、名前を付けても品質の保証にはならない。スペシャルティコーヒーを扱う部門では高いトレーサビリティーを維持しようと努めているので、サイズで分けられた豆ではなく、特定の産地で取れた豆を探してほしい。

テイスティングノート

コロンビアのコーヒーは、ずっしりとしてチョコレートフレーバーのするものから、ジャムのように甘くてフルーティーなものまで、フレーバーの幅が非常に広い。地域をまたいで幅広いフレーバーが分布する。

コロンビア西部の中心、リサラルダの山がちな地域にある農園。国を代表するコーヒーが栽培されている。

生産地域

人口：4982万9000人
生産量（1袋当たり60キロ、2016年）：
1423万2000袋

コロンビアには明確に定義された生産地域があり、実に多様なコーヒーを生産している。熟してずっしりとした重みのあるコーヒーでも、力強くてフルーティー（もしくはその中間）なコーヒーでも、コロンビアには期待に沿うコーヒーがあるだろう。生産地域は、行政区分でなく地理的に区分されていて、地域に共通する特徴があるのは珍しくない。もし、ある地域の特定のコーヒーが気に入ったなら、同じ地域で生産されている他のコーヒーの多くもきっと好きになるだろう。

コロンビアでは、コーヒーは年に2度収穫期を迎える。最盛期のメインクロップと、地元ではミタカクロップと呼ばれる2度目の収穫だ。

カウカ

数ある地域の中で、インザ地区とポパヤン近郊で栽培されるコーヒーが最も有名だ。ポパヤン高原は、栽培条件に恵まれている。標高が高く、赤道に近く、周囲の山々にも近いので、太平洋の湿気や南からの貿易風からコーヒーを守ることができる。そのおかげで、年間を通して気候の変動が少なく、素晴らしい火山性土壌にも恵まれている。古くから、毎年1度、10月～12月に雨期が訪れる。

標　高：1700～2100メートル（5600～6900フィート）
収穫期：3月～6月（メインクロップ）、11月～12月（ミタカクロップ）
品　種：ティピカ21%、カトゥーラ64%、カスティージョ15%

バジェ・デル・カウカ

カウカ川が2つの大きなアンデス山脈の間を流れるバジェ・デル・カウカ（カウカ谷）は国内でも最も肥沃な土地の1つだ。この地域はコロンビア内戦の中心地の1つでもあった。コロンビアとしては典型的だが、農園の多くは非常に小さく、7万5800ヘクタールのコーヒー栽培地は、2万6000個の農園に分けられ、2万3000世帯の農家が所有している。

標　高：1450～2000メートル（4750～6600フィート）
収穫期：9月～12月（メインクロップ）、3月～6月（ミタカクロップ）
品　種：ティピカ16%、カトゥーラ62%、カスティージョ22%

トリマ

トリマは、悪名高き反乱軍コロンビア革命軍（FARC）の最後のとりでの1つだ。FARCは比較的最近まで、この地域の支配権を維持していた。近年トリマは戦闘に苦しみ、この地へのアクセスも容易ではなかった。この地の質の高いコーヒーは小規模農家で栽培され、農業協同組合を通して非常に小さなロットで出荷されることが多い。

標　高：1200～1900メートル（3900～6200フィート）
収穫期：3月～6月（メインクロップ）、10月～12月（ミタカクロップ）
品　種：ティピカ9%、カトゥーラ74%、カスティージョ17%

ウイラ

ウイラは豊かな土壌とコーヒー栽培に最適な地理条件を併せもっている。私が今まで味わった最も複雑でフルーティーなコロンビアコーヒーは、この地のものだ。7万人を超すコーヒー生産者がいて、1万6000ヘクタール以上の土地で栽培が行われている。

標　高：1250～2000メートル（4100～6600フィート）
収穫期：9月～12月（メインクロップ）、4月～5月（ミタカクロップ）
品　種：ティピカ11%、カトゥーラ75%、カスティージョ14%

キンディオ

キンディオは国の中央部にある小さな地域で、ボゴタのすぐ西側に位置している。失業率が高いため、コーヒーはこの地域の経済にとって非常に重要である。しかし、気候変動の影響やコーヒーに影響のある病気の頻発など、コーヒー栽培にはリスクが伴うため、多くの栽培者がかんきつ類やマカダミアナッツの栽培に移ってしまった。

キンディオには、コーヒーやコーヒー栽培に関するテーマパーク、国立コーヒー公園がある。1960年以降、毎年6月末に地方自治体のカラルカーがナショナル・コーヒー・パーティーを開催し、美人コンテストを含むコーヒーの祭典が行われる。

標　高：1400～2000メートル（4600～6600フィート）
収穫期：9月～12月（メインクロップ）、4月～5月（ミタカクロップ）
品　種：ティピカ14%、カトゥーラ54%、カスティージョ32%

リサラルダ

この地も安定したコーヒーの産地で、多くの農家が農業協同組合に属している。そのため、さまざまな認証団体から注目されている。この地域ではコーヒーが多くの雇用を生み出し、社会的にも経済的にも重要な役割を果たしてきた。1920年代に、多くの人がコーヒーを栽培するために移住してきたが、2000年前後の不景気で、大量の人々が他の地域や外国に移ってしまった。リサラルダの県都ペレイラは、カルダスやキンディオへの交通の拠点でもあり、これらの地域をつなぐ道路網はコーヒー・ハイウェーと呼ばれている。

標　高：1300～1650メートル（4300～5400フィート）
収穫期：9月～12月（メインクロップ）、4月～5月（ミタカクロップ）
品　種：ティピカ6%、カトゥーラ59%、カスティージョ35%

ナリーニョ

この地域で栽培されるコーヒーは品質が良く、非常に魅力的で複雑である。通常このような高地では「立ち枯れ病」にかかりやすいため、コーヒー栽培は難しい。しかしナリーニョは赤道に近いため、気候がコーヒーの栽培に適している。

ナリーニョに4万人いる生産者の大部分は小規模農家で、2ヘクタール以下の農地しか所有していない。彼らの多くはグループや団体を作り、助け合ったりFNCと連携したりしている。実は平均的な農地の大きさは1ヘクタールに満たず、この地域で5ヘクタール以上の農地を所有している生産者はわずか37人だ。

標　高：1500～2300メートル（4900～7500フィート）
収穫期：4月～6月
品　種：ティピカ54%、カトゥーラ29%、カスティージョ17%

カルダス

キンディオ、リサラルダと並んで、カルダスはコーヒー三角地帯と呼ばれるコロンビアコーヒー栽培の軸をなしている。国内のコーヒーの大部分がこの三角地帯で栽培されている。歴史的にはコロンビアで最高のコーヒーを生み出す地域だと考えられていたが、今では他の地域との競争が激しくなってきている。

カルダスは、FNCが運営するセニカフェと呼ばれる国立コーヒー研究センターの本拠地でもある。セニカフェは、コーヒー生産のあらゆる面を研究する世界でも一流の機関だとされており、コロンビアに特有の品種（病害に強いコロンビア種やカスティージョ種など）が作られたのもここである。

標　高：1300～1800メートル（4300～5900フィート）
収穫期：9月～12月（メインクロップ）、4月～5月（ミタカクロップ）
品　種：ティピカ8%、カトゥーラ57%、カスティージョ35%

アンティオキア

アンティオキアは、コロンビアのコーヒーと、FNCの発祥の地である。約12万8000ヘクタールのコーヒー栽培地を有し、他の地域を抑えて極めて重要な地域となっている。コーヒーの生産は、大規模農園と小規模農家の協同組合とが混在して行っている。

標　高：1300～2200メートル（4300～7200フィート）
収穫期：9月～12月（メインクロップ）、4月～5月（ミタカクロップ）
品　種：ティピカ6%、カトゥーラ59%、カスティージョ35%

クンディナマルカ

クンディナマルカは、首都のボゴタを囲む県である。ボゴタは世界で最も高い場所にある首都の1つであり、海抜は2625メートル（8612フィート）で、コーヒーが生育可能な標高よりも高い。国内で2番目に輸出用のコーヒーを生産した地域であり、第二次世界大戦の直前に生産のピークを迎えた。当時は国内のコーヒーの約10%を生産していたが、それ以降は下降が続いている。過去には100万本を超すコーヒーの木がある大規模農園を有していた。

標　高：1400～1800メートル（4600～5900フィート）
収穫期：3月～6月（メインクロップ）、10月～12月（ミタカクロップ）
品　種：ティピカ35%、カトゥーラ34%、カスティージョ31%

サンタンデール

コロンビアで初めて輸出用のコーヒーを生産した地域の1つである。他の地域よりやや標高が低く、ジューシーで複雑というよりは、熟して甘味があるフレーバーにそれが表れている。この地域で生産されるコーヒーの大部分はレインフォレスト・アライアンス認証（P44参照）を取得していて、地域の種の多様性は非常に重要だと考えられている。

標　高：1200～1700メートル（3900～5600フィート）
収穫期：9月～12月
品　種：ティピカ15%、カトゥーラ32%、カスティージョ53%

ノルテ・デ・サンタンデール

国の北部に位置し、ベネズエラに接している。かなり古くからコーヒーの生産が行われている地域で、コロンビア最初のコーヒー栽培地かもしれない。

標　高：1300～1800メートル（4300～5900フィート）
収穫期：9月～12月
品　種：ティピカ33%、カトゥーラ34%、カスティージョ33%

シエラネバダ

この地域も標高が低く、コーヒーも同様に、華やかで爽快というよりは、ずっしりとして熟している。コーヒーはアンデスの山々で栽培されるが、斜面の傾斜が50～80度と非常に急で、栽培には困難が伴う。スペイン語を公用語としている国によくあるシエラネバダという地名は、「山にかかる雪」という意味である。

標　高：900～1600メートル（3000～5200フィート）
収穫期：9月～12月
品　種：ティピカ6%、カトゥーラ58%、カスティージョ36%

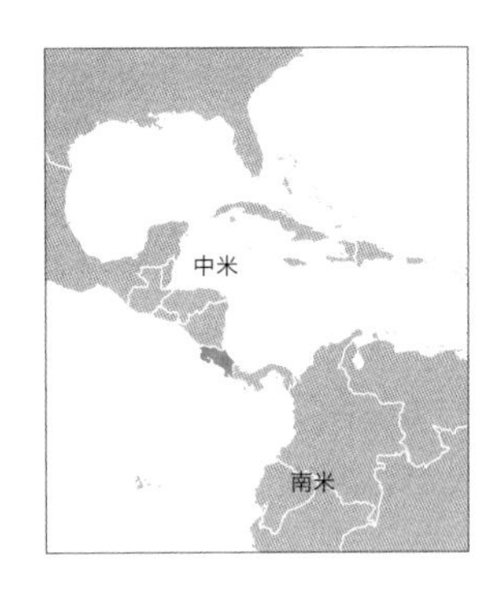

コスタリカ

コスタリカでは、19世紀初頭からコーヒーの栽培が行われてきた。1821年にスペインからの独立を宣言した際、地方自治体ではコーヒーの種を無料で配布し、生産を推奨した。当時コスタリカには、約1万7000本のコーヒーの木があったという記録がある。

1825年、政府はコーヒーの税金を免除することでコーヒー栽培の推奨を続け、1831年には、休閑地に5年間コーヒーを栽培した者は土地の所有権を取得できる、という法令を発布した。

1820年には少量のコーヒーがパナマに向けて輸出されたが、本格的な輸出が始まったのは1832年のことだ。最終的な輸出先は英国だったが、コーヒーはまずチリに出荷され、そこで詰め替えられ、「チリのバルパライソのコーヒー」と名前を変えられた。英国への直接輸出は、英国がコスタリカへの投資を増加させて間もない1843年に始まった。このことが1863年のアングロ・コスタリカ銀行の設立につながり、資金援助の増加でコーヒー産業が発展した。

1846～90年の約50年間、コーヒーはコスタリカの唯一

下：アラフエラ州サン・イシドロにあるドカ農園では、コスタリカで典型的な組織的コーヒー栽培が行われている。19世紀に広く導入されたウェットミルは、輸出貿易の強みの1つである。

の輸出品だった。コーヒーが稼いだ外貨でインフラ整備が進んだ。地方と大西洋を結ぶ国内初の鉄道が建設され、サン・フアン・デ・ディオス国立病院、国内初の郵便局や政府印刷局に資金が提供されたのだ。国内初の図書館やサント・トマス大学、国立劇場も、初期のコーヒー景気の産物だ。コスタリカにおけるコーヒー産業は長い間、国際市場で高値が付くことが強みだった。1830年にウォッシュト（水洗式）の精製方法が導入され、1905年までに全国に200カ所ものウェットミルが造られた。ウォッシュトのコーヒーは消費者の評判が良く、高値が付いた。

コーヒー産業は、地理的に限界が近づくまで成長しつづけた。人口はさらに増加して、首都のサンホセから他の地域にまで広がり、コーヒー農家は栽培のために新しい土地を探しつづける。しかし、国中のすべての土地が、コーヒー栽培に適しているわけではなかった。それが、現在に至るまでコーヒー産業の発展を妨げる要因でもある。

コスタリカ産のコーヒーは、興味を引くような独特な味ではなく、概して雑味がなく、爽やかな味だ。それにもかかわらず、コスタリカのコーヒーは長い間評判が良く、高値が付けられてきた。20世紀後半には、在来種から多収性の品種に移行する流れがあった。多収性品種は経済的には意味があるが、スペシャルティコーヒー業界にいる人の多くは、コーヒーの味わいが落ち、つまらない味になってしまったと感じていた。しかし最近は、この国の高品質なコーヒーに、再びたくさんの関心が寄せられている。

政府の役割

コスタリカでは、当初からコーヒーの生産が強く奨励され、栽培を希望する人には土地が供給された。1933年、政府はコーヒーの生産者団体からの圧力を受けて、コーヒー保護協会を設立した。協会の最初の任務は、小規模農家が踏み台にされるのを防ぐことだった。彼らのコーヒーチェリーを安価に買い上げ、精製して高値で売り、大きな利益を得ていた者がいたのだ。協会は大規模な精製業者が得られる利益を制限し、小規模農家を保護した。

1948年には、コーヒー産業を統括する政府機関は、一部農務省に移行した他は、コーヒー管理事務局に移った。この組織は現在、コスタリカ・コーヒー協会（ICAFE）になっている。ICAFEの仕事は多岐にわたり、試験的に研究農園を運営したり、コスタリカ産のコーヒーの品質を世界的に宣伝したりしている。資金はコスタリカから輸出されるコーヒーに課せられる1.5%の税金で賄われている。

マイクロミル革命

コスタリカのコーヒーは、長年にわたってその品質が高く評価され、コモディティコーヒーの市場で特別な価格が

左：コスタリカでは、観光業の急速な発展により、コーヒー農園を見学するツアーが全国的に盛んになっている。有機農法を採用する農園もある。

右ページ：アラフエラ州カリサル地区で、収穫したばかりのコーヒーチェリーを計量するために、労働者が列を作る。大規模農園は、輸出用の高品質なコーヒーを栽培し、販売することに特化している。

付けられていた。ただ、スペシャルティコーヒーの市場が成長すると、トレーサビリティーの点で、多くのことが不足していた。20世紀から21世紀への変わり目のころにコスタリカから輸出されたコーヒーには概して名前が付いていたが、それらは基本的に、ベネフィシオと呼ばれる大規模な精製工場が名づけた銘柄だった。この銘柄のせいでかえって、コーヒーの正確な産地や独特の土壌（テロワール）、品質の情報がわかりにくくなってしまった。精製工程で、産地ごとにコーヒーを区別しておくことはほとんどなかった。

ところが、20世紀半ばから終盤にかけて、小規模精製所であるマイクロミルが劇的に増加した。農家は、収穫後の処理を行う自分専用の小規模施設に投資し、より多くの加工処理を自分たちで行うようになった。農家は自らのコーヒーとその多様な種類の管理ができるようになり、コスタリカ全域で生産されるコーヒーの種類が飛躍的に増加した。過去には、近隣の農園のコーヒーと交ぜ合わされていたが、現在はもう行われていない。

マイクロミル革命のおかげで、コスタリカのコーヒーを開拓するのが非常に面白くなった。隣り合った地域で生産された数種類のコーヒーを味わい、地形による味の変化を見分けることが、これまでになく簡単にできるからだ。

コーヒーと観光

コスタリカは中米の国々で最も発展し、かつ安全だと考えられているため、旅行先として、特に北米の人々に極めて人気がある。観光は、外貨の主な収入源として、コーヒーに取って代わりつつあるだけでなく、衝突したり、協力したりもしている。エコツアーは特に人気で、全国にある数多くのコーヒー農園を観光することができる。一般に、ツアーを開催しているのは大規模農園で、品質にはあまり重点が置かれていない。それでも、コーヒーがどのように生産されているかを間近で見学するいい機会となる。

トレーサビリティー

現在コスタリカでは、生産者自身が土地を所有するのが極めて一般的だ。この国の生産者の90％が、小規模もしくは中規模の農園を所有している。そのため、個々の農園または協同組合まで、生産履歴をたどることが可能だ。

テイスティングノート

コスタリカのコーヒーは通常、とても雑味が少なく甘味があるが、ボディーはとても軽い。しかし最近は、マイクロミルを使ってさまざまなフレーバーや加工方法のコーヒーが生産されている。

生産地域

人口：458万6000人
生産量（1袋当たり60キロ、2016年）：148万6000袋

コスタリカはこれまでも、産地名でコーヒーを売り込むことに成功してきた。しかし、それぞれの産地で、実に幅広い品種のコーヒーが栽培されている。個々の産地で何が生産されているか、詳しく調査する価値は十分ある。

セントラルバレー

首都サンホセのあるこの地域は、コスタリカで最も人口密度が高く、最も古くからコーヒーを生産している地域でもある。通常、サンホセ、エレディア、アラフエラの3地区に分けられる。セントラルバレーには、イラス、バルバ、ポアスの3つの主要な火山があり、地形と土壌に影響を与えている。

標　高：900～1600メートル（3000～5200フィート）
収穫期：11月～3月

ウエストバレー

ウエストバレー地域には、19世紀に初めて定住した農民が、コーヒーを持ち込んだ。サン・ラモンを中心に、パルマレス、ナランホ、グレシア、サルチ、アテナスの6つの地区に分けられる。サルチの名は、ビジャ・サルチ（P25参照）と呼ばれる、コスタリカ固有の品種名にも使われている。標高が最も高い地区はナランホ周辺で、地区全域で驚くほど見事なコーヒーを見つけることができる。

標　高：700～1600メートル（2300～5200フィート）
収穫期：10月～2月

タラス

タラス地域は長年にわたって品質が高く評価され、何年もの間、ここで生産されるコーヒーはほとんどが高品質だと考えられてきた。しかし実際には、コーヒー豆はさまざまな農園から寄せ集め、交ぜ合わされ、量が増やされている。タラスは長い間、極めてブランド力が強いため、他の地域で生産されたコーヒーが、価値を上げるために、タラスとして市場に出されているのだ。国内で最も標高の高いコーヒー農園があり、他の地域と同様に、収穫期に特徴的な乾期の恩恵を受けている。

標　高：1200～1900メートル（3900～6200フィート）
収穫期：11月～3月

上：ドカ農園で、摘んだばかりのコーヒーチェリーを入れたかご。労働者は、熟した実の割合が多く、そのサイズが大きければ、多くの利益を手に入れることができる。

トレス・リオス

サンホセのすぐ東に位置する小規模な産地。トレス・リオスも、イラス火山による恩恵を受けている。最近までこの地域は、都市部から比較的遠い場所だと考えられていた。だが今では、コーヒー栽培が直面している最大の問題は、電力やインフラの整備ではなく、都市開発の脅威だ。住宅供給のために広い土地が必要で、不動産開発の目的で土地が売却されているため、この地域のコーヒー生産量は年々減少している。

標　高：1200 〜 1650 メートル（3900 〜 5400 フィート）
収穫期：11 月〜 3 月

オロシ

ここも小規模な産地だが、サンホセから東にさらに離れた場所に位置する。オロシでは 1 世紀以上にわたって、コーヒー生産が続けられている。この地域は元来、長く延びた渓谷で、オロシ、カチ、パライソの 3 つの地区が合わさっている。

標　高：1000 〜 1400 メートル（3300 〜 4600 フィート）
収穫期：8 月〜 2 月

ブルンカ

ブルンカはパナマと国境を接するコト・ブルスと、ペレス・セレドンの 2 つの地区に分けられる。コト・ブルスのほうがコーヒー依存度が高く、その経済に不可欠なものとなっている。イタリアからの入植者が第二次世界大戦後にこの地にやってきて、地元の人々とともにコーヒー農園を始めた。

ペレス・セレドンのコーヒーは、19 世紀末ごろ、セントラルバレー地区からの移住者が初めて植え付け、栽培した。ここでたくさん生産されてれるコーヒーの品種は、カトゥーラかカトゥアイだ。

標　高：600 〜 1700 メートル（2000 〜 5600 フィート）
収穫期：8 月〜 2 月

トゥリアルバ

この地域の収穫期は、気候、特に雨量のために、ほとんどの地域よりも早い。明確な雨期と乾期があるわけではないが、この地域のコーヒーの木には、複数回、開花期が見られることもある。非常に高品質なコーヒーが比較的少ないのは、コーヒーの生産に、気候が何らかの影響を及ぼしているためかもしれない。

標　高：500 〜 1400 メートル（1600 〜 4600 フィート）
収穫期：7 月〜 3 月

グアナカステ

西部にあるこの地域は広大だが、コーヒーの生産地域は、比較的狭い範囲だけである。ここはコーヒーよりもむしろ、肉牛の飼育やコメの生産に依存している。それでもコーヒーの生産量は相当に多いが、多くが標高の低い地域で栽培されていて、魅力的なコーヒーはあまりない。

標　高：600 〜 1300 メートル（2000 〜 4300 フィート）
収穫期：7 月〜 2 月

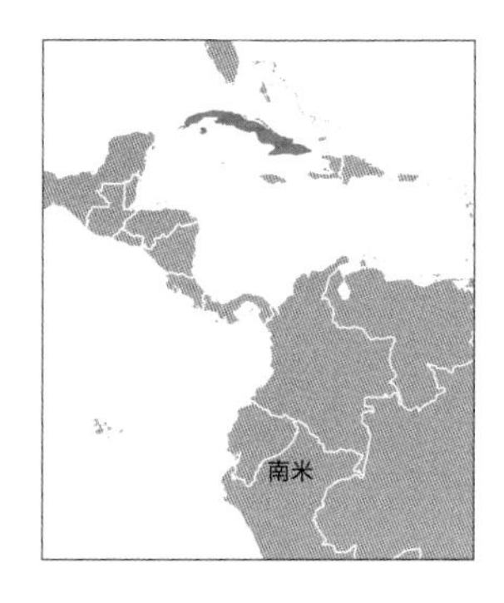

キューバ

イスパニョーラ島から現在のキューバにコーヒーが伝わったのは、1748年のことだ。しかし、1791年のハイチ革命から逃れてきたフランス人移民が流入するまで、言及するほどのコーヒー産業はほとんどなかった。1827年にはキューバには2000ほどのコーヒー農家があり、コーヒーは砂糖よりも利益の上がる、主要な輸出品になった。

1950年代に起きた革命により、1961年に社会主義共和国となったキューバでは、コーヒー農園は国営化され、生産量はすぐに落ち込んだ。コーヒー栽培を進んで引き受けた人々は経験がなく、以前その土地で働いていた人々は、革命から逃れるためにキューバから亡命した。島でのコーヒー生産は大変困難で、政府からの報奨金と支援は産業を支えられるほどのものではなかった。生産量のピークは、1970年代の約3万トンだ。キューバのコーヒー産業が低迷していた頃、多くの中米諸国は輸出量を増やし、国際市場で成功を収めつづけていた。

ソ連の崩壊で、キューバはますます孤立した。米国が禁輸措置を採ったため、キューバは主要な潜在市場を失った。日本はキューバ産コーヒーの主な輸入国だが、ヨーロッパにも大きな市場がある。最良のコーヒーの多くは輸出されるが、総生産量の5分の1ほどで、残りは国内消費に充てられる。自国の生産だけでは需要を賄えないので、2013年には国家予算の約4000万ドルをコーヒーの輸入に充てた。キューバに輸入されるコーヒーは最高品質ではなく、比較的安価なものだが、それでも市場価格が高いので、量を増やすために焙煎済みの豆を生豆に混入する事態が再び起こっている。

現在、キューバのコーヒー生産量は低迷したままで、年間約6000〜7000トンだ。設備の大半は古く、多くの生産者は依然としてラバに頼る。道路は断続的な雨と干ばつでひどく損傷し、あまり手入れがされていない。コーヒーは通常、天日干しされるが、機械で乾燥させることもある。輸出用コーヒーの大半はウォッシュトで精製される。キューバの気候と地形はコーヒー栽培に適していて、希少性も相まって、キューバ産コーヒーに付加価値を与えるかもしれない。しかし、高品質のコーヒーを作りたいと願う生産者たちは、多くの困難に直面している。

キューバのコーヒー飲料

コルタード、カフェ・コン・レチェ、キューバン・コーヒー（カフェ・クバーノ）といった、キューバのコーヒー飲料のレシピの多くは、世界中に広まっている。キューバン・コーヒーとは、コーヒーの粉に砂糖を加えて抽出することで、甘くしたエスプレッソを指す。

他の地域でもそうだが、特に米国で「キューバのコーヒー」が宣伝されているのを見かけるのは、決して珍しくない。米国では禁輸措置により、本物のキューバ産コーヒーは違法だが、キューバン・コーヒーを示すのに使われている。キューバ産コーヒーに近いフレーバーを表現するのに、ブラジル産コーヒーを使う場合が多いが、購買者の混乱と商品の不正表示についての懸念はある。

トレーサビリティー

キューバのコーヒーは特定の農園まで生産履歴を遡ることはできそうになく、地域、あるいはそれよりも少し狭い地区までしか遡れない。

テイスティングノート

キューバ産コーヒーは典型的な島のコーヒーで、重厚なこくがあり、酸味は比較的弱い。

生産地域

人口：1123 万 9000 人
生産量（1 袋当たり 60 キロ、2016 年）：10 万袋

キューバは、カリブ海の最も大きな島にある国だ。国土のほとんどが比較的低いところに広がる平野だが、コーヒー栽培に適した山岳地域もある。

マエストラ山脈

この地域は、南岸の端から端に沿って連なる山岳地帯で、16 世紀から 1950 年代の革命まで、ゲリラ戦の長い歴史がある。キューバでのほとんどのコーヒー生産はここで行われている。

標　高：1000 ～ 1200 メートル（3300 ～ 3900 フィート）
収穫期：7 月～ 12 月
品　種：主にティピカ。ブルボン、カトゥーラ、カトゥアイ、カティモールも

エスカンブライ山脈

少量のコーヒーが、島の中央の山岳地帯で栽培されている。

標　高：350 ～ 900 メートル（1100 ～ 3000 フィート）
収穫期：7 月～ 12 月
品　種：主にティピカ。ブルボン、カトゥーラ、カトゥアイ、カティモールも

ロサリオ山脈

1790 年以来コーヒー農園はこの地域にあるが、現在は比較的少量のコーヒーが生産されている。この山脈にはキューバの最初の生物圏保護区があり、保護区域となっている。

標　高：300 ～ 550 メートル（1000 ～ 1800 フィート）
収穫期：7 月～ 12 月
品　種：主にティピカ。ブルボン、カトゥーラ、カトゥアイ、カティモールも

上：キューバの気候と地形はコーヒー栽培に適しているが、コーヒー産業はインフラと設備の不足に悩まされている。

ドミニカ共和国

カリブ海に浮かぶイスパニョーラ島のスペイン植民地、現在のドミニカ共和国となる地域にコーヒーが伝えられたのは、1735年のことだ。最初にコーヒーが植えられたのは、ネイバの近くにあるバオルコ・パンソの丘だと考えられている。18世紀末には、コーヒーは砂糖に次ぐ重要な作物になっていたたが、1791年のハイチ革命まで、2つの作物の栽培は奴隷制度にかなり依存していた。

コーヒーの生産は1822〜44年に、特に南部山地のバルデシア地域に根付いた。ここにはコーヒーの栽培地区が幾つかあり、1880年にはこの国の主要な生産地になっていた。1956年には、主にバニ、オコア、バルデシアといった特定の地域で生産されたコーヒーが輸出されていた。1960年代にこれらの地域の農場経営者が組織を作り、1967年に会員155人で精製施設を建てた。

20世紀末の価格の暴落やその不安定さから、多くのコーヒー生産国では、輸出におけるコーヒー依存度が減少した。多くの生産者が豆やアボカドといったさまざまな作物を生産するようになったが、彼らの多くが、価格が回復した場合に備えて、少量のコーヒーの栽培を続けていた。

バルデシアは政府指定の主要なコーヒー栽培地域ではないが、産地名を守るために、2010年に「カフェ・デ・バルデシア」という銘柄のコーヒーの販売を始めた。

輸出と内需

1970年代後半以降、ドミニカ共和国のコーヒー生産量はほとんど変動がないようだが、輸出量は著しく落ち込み、総生産量のわずか約20%だ。その理由は、国内消費量が1人当たり年間約3キロと多いためだ。2007年には、輸出用コーヒーの約半分がプエルトリコを経由して米国に出荷され、残りはヨーロッパと日本に輸出された。

2001年以来、ますます多くの輸出用コーヒーが有機栽培されるようになり、認証を受けて価値を付加し、コーヒー産業に収益をもたらしている。有機栽培によるコーヒー生産はおおむね良いことだが、必ずしも、よりおいしいコーヒーが作れるわけではないことを、改めて指摘しておく。

この国の国内消費率の高さは、国内市場で他国のコーヒーとの競合が起きず、全体として品質の低下をもたらし

テイスティングノート

島のコーヒーらしい特徴がある。高品質のコーヒーは非常にまろやかで、酸味は弱いか普通で、比較的雑味がない。

ているという見解もある。それでもなお、ドミニカ共和国では素晴らしいコーヒーが見つかる。

トレーサビリティー

トレーサビリティーが明確なコーヒーを入手することは可能だが、通常は農場までしか遡ることができない。輸出用コーヒーの大半は、遡れるのは栽培地域までだ。コーヒーの格付けは豆のサイズで行われることが多く、「スプレモ」などと表示される。スプレモのコーヒーは上質とされるが、コーヒーの味わいに基づく評価ではない。

生産地域

人口：1007万5000人
生産量(1袋当たり60キロ、2016年)：
40万袋

ドミニカ共和国の気候は、多くのコーヒー生産国とは少し異なっている。気温から見ても、降雨量の点でも、明確な季節がない。1年を通して収穫できるが、主な収穫期は11月〜5月だ。

バラオナ

島の南西部にあり、バオルコ山脈でコーヒーを栽培する。イスパニョーラ島の他の地域に比べて、高い品質で名声を確立した。主要産業が農業である地域で、コーヒーが主な生産物だ。

標　高：600〜1300メートル(2000〜4300フィート)
収穫期：10月〜2月
品　種：ティピカ80%、カトゥーラ20%

シバオ

コメやカカオとともに、コーヒーが重要な作物である地域。島の北側に位置するシバオは、「岩壁で周りを囲まれた場所」という意味だ。厳密に言うと、中央山脈と北部山脈の間にある谷を指している。

標　高：400〜800メートル(1300〜2600フィート)
収穫期：9月〜12月
品　種：ティピカ90%、カトゥーラ10%

シバオ・アルトゥーラ

シバオの中で標高の高い地区を指すと定められている。

標　高：600〜1500メートル(2000〜4900フィート)
収穫期：10月〜5月
品　種：ティピカ30%、カトゥーラ70%

中央山脈

国内で最も高い山脈で、「ドミニカ共和国のアルプス」とも呼ばれる。石灰質土壌である周辺地域と異なり、花崗(かこう)岩土壌でコーヒーを栽培する島唯一の地区だ。

標　高：600〜1500メートル(2000〜4900フィート)
収穫期：11月〜5月
品　種：ティピカ30%、カトゥーラ65%、カトゥアイ5%

ネイバ

この地域は、島の南西部にある中心都市ネイバにちなんで名付けられた。かなり平坦で標高が低く、主にブドウやプランテーン(調理用バナナ)、砂糖が栽培されているが、ネイバ山脈の高地でコーヒーが栽培されている。

標　高：700〜1400メートル(2300〜4600フィート)
収穫期：11月〜2月
品　種：ティピカ50%、カトゥーラ50%

バルデシア

恐らくこの島で最も知名度のある栽培地域だろう。この地域から輸出する作物の価値を守るため、原産地呼称が認定された。この地域からの輸出品は明確に規定と保護がされていて評判が良く、少しプレミアムが付いている。

標　高：500〜1100メートル(1600〜3600フィート)
収穫期：10月〜2月
品　種：ティピカ40%、カトゥーラ60%

エクアドル

コーヒーがエクアドルに伝来したのはかなり遅く、1860年ごろにマナビに持ち込まれたのが最初である。コーヒー生産は全土に広まり、1905年ごろには、マンタ港からヨーロッパへの輸出が始まった。エクアドルはアラビカ種とロブスタ種の両方を栽培する数少ない国の1つである。

1920年代にカカオ豆の大半が病気で損害を受けて以来、多くの農民がコーヒー栽培に力を入れるようになった。1935年から輸出が増えはじめ、当初22万袋だったものが、1985年には約180万袋になった。1990年代の世界的なコーヒー危機では生産減少を余儀なくされたが、2011年には年間約100万袋まで回復した。1970年代まで、コーヒーはエクアドルの主要な輸出品目だったが、後に石油やエビ、バナナに取って代わられた。

エクアドル人はインスタントコーヒーを多く消費するが、国内のコーヒー生産は高コストなので、インスタントコーヒー用の豆はベトナムから買い付けている。

高品質のコーヒーという点では、エクアドル産に対する評価はあまり高くない。生産されているコーヒーの40%がロブスタ種であるうえ、輸出用コーヒーの大半は依然として低品質である。生産コストを抑えるために、コーヒー豆の乾燥は収穫前、木に実っている状態か、パティオで行う「カフェ・エン・ボラ」方式だ。この方式で精製したコーヒーの大半はインスタントコーヒーになるが、輸出用コーヒーの実に約83%がそれに当たる。主要な輸出先の1つにコロンビアがある。コロンビアのインスタントコーヒー企業が、エクアドルの業者より高値で買ってくれるためだ。コロンビア産コーヒーは外国市場でのブランド力が強いために高額であり、インスタントコーヒーにはなかなか使えない。

コーヒー生産の長い歴史をもつエクアドルでは、今になってようやく、コーヒーをこの国の将来性豊かな秘宝と考える人々が現れた。地理的にも気候の面でも、素晴らしいコーヒーを生産する条件はそろっている。スペシャルティコーヒー産業の投資により、将来エクアドルから新しく良質なコーヒーが登場したら、きっと面白いに違いない。

トレーサビリティー

特定の農園まで生産履歴を遡ることが可能なコーヒーはまれである。コーヒー豆は生産者グループ単位で同じロットにまとめられたり、時には輸出業者ごとにまとめられていたりもするが、それでもなお品質は高い可能性がある。

テイスティングノート

エクアドル産のコーヒーは以前よりも甘味が強く、味も複雑になりつつあり、質に対する期待に応えはじめている。心地よい酸味が加わったことで、さらに興味深いものとなっている。

生産地域

人口：1614万4000人
生産量（1袋当たり60キロ、2016年）：
60万袋

スペシャルティコーヒー産業で、エクアドル産コーヒーへの関心が高まりつつある。低地の栽培地域は良質のコーヒーに恵まれない傾向にあるが、標高の高い地域は大いに将来性がある。

マナビ

エクアドルのアラビカ種の半分近くはここで生産されているが、ほとんどすべてのコーヒーが標高700メートル（2300フィート）以下の土地で栽培されている。良質なコーヒーを作るには標高が低すぎる。
標　高：500～700メートル（1600～2300フィート）
収穫期：4月～10月
品　種：ティピカ、カトゥーラ、ロブスタ

左ページと下：エクアドル産コーヒーは、質においては評価されていない。収穫後、そのほとんどが、現地では「カフェ・エン・ボラ」と呼ばれる自然乾燥式で精製されるためだ。

ロハ

エクアドル産コーヒーのうち、アラビカ種の約20%は、この南部の山岳地域で栽培されていて、地理的条件から見て、高品質コーヒー生産の将来性は最も高い。スペシャルティコーヒー業界の関心は、ほとんどここに集まっている。しかし、この地は悪天候の影響を受けやすく、その結果、2010年に起きたように、コーヒーチェリーを食べてしまう虫、ベリーボーラーによる被害が増えてしまう（16ページ参照）。
標　高：最高2100メートル（6900フィート）
収穫期：6月～9月
品　種：カトゥーラ、ブルボン、ティピカ

エルオロ

アンデス山脈の一部を含む南西部の沿岸地域で、生産量は国全体の10%以下。主にサルマ周辺（サモラ地方と混同してはいけない）で栽培されている。
標　高：1200メートル（3900フィート）
収穫期：5月～8月
品　種：ティピカ、カトゥーラ、ブルボン

サモラ・チンチペ

ロハの東隣にある地域で、良質のコーヒーを産出するのに十分な標高に位置しているが、国全体のアラビカ種の4%しか生産していない。この地域では、有機栽培が割合一般的である。
標　高：最高1900メートル（6200フィート）
収穫期：5月～8月
品　種：ティピカ、カトゥーラ、ブルボン

ガラパゴス諸島

少量のコーヒーがガラパゴス諸島で生産されている。ここでのコーヒー生産を支持する人は、ここよりもはるかに標高の高い地域と気候が似ているため、高品質のコーヒーを栽培できると主張している。この種のコーヒーは非常に高額となる可能性があり、その質が価格と見合うことはまれだ。
標　高：350メートル（1100フィート）
収穫期：6月～9月および12月～2月
品　種：ブルボン

エルサルバドル

エルサルバドルで、商業目的でコーヒーの生産が開始されたのは1850年代のことである。すぐに優遇措置を受ける作物となり、生産者には減税が適用された。コーヒー生産は経済の重要な部分を占め、この国の主要な輸出品となった。1880年には、エルサルバドルは世界第4位のコーヒー生産国となり、現在の2倍以上のコーヒーを生産していた。

19世紀半ばに化学染料が発明された後、エルサルバドルは主要作物を天然インディゴから他の作物へ転換しつつあった。コーヒー産業が成長した理由の一端もそこにある。インディゴの生産に使用していた土地は、少数の地主の上流階級が管理していた。コーヒー生産にはインディゴとは異なるタイプの土地を必要とするため、地主たちは、貧しい先住民たちを彼らが住んでいた土地から排除する法律を通過させるべく、政府に働きかけた。こうして、先住民の土地は新しいコーヒー農園に組み込まれていったが、土地収奪に対する保障はほとんどなく、コーヒー農園で季節労働の機会を提供されるだけのこともあった。

20世紀初頭に中米諸国で初の幹線道路が整備され、港や鉄道、豪華な公共建物への投資が進み、エルサルバドルは中米で最も発展した国の1つになろうとしていた。コーヒー生産は、インフラ整備や、先住民社会の国家経済への統合を推し進め、地主の上流階級が国の政治および経済面への支配を続けるための装置としての役割も果たした。

当時の上流階級は、1930年代から続いていた軍事政権を支持することで影響力を行使し、比較的安定した時代となった。その後数十年続いたコーヒー産業の成長は、綿産業や軽工業の発展も支えた。1980年代に内戦が勃発するまでは、エルサルバドルのコーヒー生産は、品質と効率の

上：エルサルバドルは非常に珍しいことに、在来種の比率が高い。農学的な観点からも恵まれた農地を持っているため、名産の甘いフレーバーのコーヒーの輸出が増加する将来性は十分にある。

良さに定評があり、輸入国とも良好な関係を築き上げていた。しかし、内戦により生産量は低下し、海外のコーヒー市場も他国に目を向けるようになってしまった。

在来種

生産量や輸出の減少にも関わらず、内戦はコーヒー産業に予期せぬ恩恵をもたらした。当時、中米のほとんど全域において、コーヒー生産者は在来種から、新たに改良された多収性品種に乗り換えつつあった。新しい品種のコーヒーの味わいは在来種に及ばなかったが、生産性が品質より優先されたのである。しかし、エルサルバドルはこの過程を経験しなかったため、今なお在来種であるブルボン種の比率が高く、生産量の約68%を占める。水はけが非常によく、ミネラル分が豊富な火山性土壌と相まって、驚くほど甘味のあるコーヒーを産出する可能性がある。

これは、エルサルバドルが近年のコーヒーマーケティン

パーカス種

1949 年、アルベルト・パーカスは、ブルボン種が突然変異した品種を自分の農園で発見した。その品種は彼にちなんでパーカス種と名づけられ、後に粒の非常に大きい品種であるマラゴジッペ種と交配して、パカマラ種が作り出された。パーカス種とパカマラ種はどちらも魅力的な品種で、当地や近隣諸国で今なお生産されている（品種については P22 ～ 25 参照）。

エルサルバドル西部、グアテマラとの国境近くにある町エル・パステで、熟したコーヒーチェリーを作業員がシャベルですくい、精製の準備をしている。アパネカ・イラマテペケ地方は、同国最大のコーヒー産地である。

グにおいて非常に重視していることである。コーヒー生産国としての名声を取り戻し、コーヒー消費国との関係を再構築するべく、懸命に努力している。エルサルバドルには今も大規模農園が残っているが、小規模農園もまた多数存在する。甘味と複雑さにあふれた素晴らしいコーヒーがいくつもあり、探索するにはもってこいだ。

トレーサビリティー

インフラが整備されているため、高品質コーヒーの生産履歴を農園まで確実に遡ることができている。また、多くの農園で、精製方法や品種などをマイクロロットで細かく分けて生産することが可能だ。

テイスティングノート

エルサルバドル産のブルボン種は甘味とバランスの良さ、そしてカップに調和をもたらす柔らかで心地よい酸味で知られている。

生産地域

人口：637万7000人
生産量（1袋当たり60キロ、2016年）：
62万3000袋

ほとんどの焙煎業者が、コーヒーの銘柄に産地名を使用していない。生産地によって特徴ははっきり違うものの、小国であるエルサルバドルは国自体が1つの生産地域として捉えられ、その中で小さな産地に分けられていると考える人もいる。

アパネカ＝イラマテペケ山岳地帯

この産地は火山活動が活発な地域だが、コーヒーの品質の高さに定評があり、品評会での優勝豆を多く輩出している。最近では、2005年にサンタ・アナ火山が噴火し、コーヒー生産へのダメージが数年間続いた。国内最大の生産地であり、恐らくエルサルバドルで最初にコーヒーが栽培された地域でもあるだろう。

標　高：500〜2300メートル（1600〜7500フィート）
収穫期：10月〜3月
品　種：ブルボン64%、パーカス26%、その他10%

アロテペック＝メタパン山岳地帯

この地域は降水量が平均の1.3倍以上あり、エルサルバドルでも水に恵まれた地域だ。グアテマラとホンジュラス両方と国境を接し、産地同士が近接しているにも関わらず、この地域のコーヒーは独特で他とはっきりと異なる特徴がある。

標　高：1000〜2000メートル（3300〜6600フィート）
収穫期：10月〜3月
品　種：ブルボン30%、パーカス50%、パカマラ15%、その他5%

エル・バルサモ＝ケサルテペケ山岳地帯

首都のサンサルバドルを見下ろすケサルテペケ火山の高所に、コーヒー農園が幾つかある。この地域は、現在もエルサルバドル文化を象徴する、羽毛をもつ蛇神ケツァルコアトルを崇拝する古代文明の舞台だった。また地域名は、この地で採れる芳香性樹脂で、香水や化粧品、薬品に使われるペルーバルサムにちなんでいる。

標　高：500〜1950メートル（1600〜6400フィート）
収穫期：10月〜3月
品　種：ブルボン52%、パーカス22%、混合豆その他26%

左：火山活動によって生産が脅かされる恐れはあるものの、素晴らしい土壌に恵まれたアパネカ・イラマテペケ地域の農園からは、品評会で優勝するコーヒー豆がたびたび輩出されている。

標高による等級

エルサルバドルでは、現在でも産地の標高でコーヒーを格付けすることがある。しかし、標高によって決まる等級は、品質やトレーサビリティーとはまったく関係ない。

ストリクトリー・ハイ・グロウン(SHG)：標高1200メートル（3900フィート）以上で栽培

ハイ・グロウン(HG)：標高900メートル(3000フィート）以上で栽培

セントラル・スタンダード：標高600メートル（2000フィート）以上で栽培

チチョンテペク火山

エルサルバドル中央部にあるこの地域にコーヒーが伝わったのは遅く、1880年には50袋分を生産するのがやっとだった。しかし、極めて肥沃な火山性土壌に恵まれているため、現在では多くのコーヒー農園がこの地域に集まっている。コーヒーの木とシェードツリー用のオレンジの木を交互に並べて植える伝統的な栽培方法が今も続く。なかには、こうすることでオレンジの花の性質がコーヒーに加わると考える人もいるが、一方で、かんきつ系を思わせるほのかな酸味は、この地域で育つブルボン種に特有の要素だという意見もある。

標　高：500～1000メートル（1600～3300フィート）

収穫期：10月～2月

品　種：ブルボン71%、パーカス8%、混合豆その他21%

テペカ＝チナメカ山岳地帯

国内で3番目に大きいコーヒー生産地。この地域の人々は、トウモロコシ粉と塩をこねて砂糖をまぶしたり、パネラ（きび砂糖）を少量混ぜたりして作るトゥスタカスと呼ばれるトルティーヤを、コーヒーと一緒に出す。

標　高：500～2150メートル（1600～7100フィート）

収穫期：10月～3月

品　種：ブルボン70%、パーカス22%、混合豆その他8%

カカワティケ山岳地帯

1859～61年にこの国の大統領を務めたヘラルド・バリオス将軍は、コーヒーの経済的価値を見込んだ初の大統領である。一説によれば、カカワティケ村、現在シウダー・バリオスと呼ばれている地区の近くにあった自分の土地でいち早くコーヒー栽培を始めたとも言われる。この山岳地帯は、つぼや大皿、装飾品など陶器の材料となる粘土が豊富に採れることで知られている。ここの生産者たちはしばしば粘土質の土壌に大きな穴を掘り、そこに肥沃土を入れてから苗を植えなければならない。

標　高：500～1650メートル（1600～5400フィート）

収穫期：10月～3月

品　種：ブルボン65%、パーカス20%、混合豆その他15%

エルサルバドルのマハダ農園では、パウダー状に残ったコーヒーチェリーの殻を堆肥として再利用する。残りかすに含まれるミネラル分や微量元素が、コーヒーの育つ土壌に栄養分を与える。

グアテマラ

グアテマラに初めてコーヒーが持ち込まれたのは1750年ごろ、イエズス会士たちによると考えている人が多いが、1747年には既に栽培され、飲まれていたという報告もある。エルサルバドルと同様、主要な換金作物だった天然インディゴの需要が1856年以降、化学染料の発明によって減少したことで、コーヒーはグアテマラの重要な作物となった。

政府は早くから、インディゴからの脱却と生産の多角化を試みていた。1845年、政府はコーヒー栽培促進委員会を設置し、コーヒー生産者向けの教材作成や、価格や品質の設定を進めた。1868年、政府はコーヒー産業の振興のため、100万個ものコーヒーの種を配布した。

フスト・ルフィノ・バリオスは1871年に政権を握ると、コーヒーを経済の中心に据えた。彼の改革により、公有地とされていた40万ヘクタールもの土地が売買の対象とされ、先住民は土地をさらに奪われた。奪われた土地には大規模なコーヒー農園が設けられた。コーヒー生産を促進するための取り組みは効果を上げ、1880年にはコーヒーがグアテマラの輸出の約90%を占めた。

1930年頃の世界恐慌を受け、コーヒーは再び国の政治に巻き込まれる。大統領になったホルヘ・ウビコは輸出を伸ばすため、コーヒー価格を下げることに尽力した。彼は大がかりなインフラ整備を行うとともに、後に巨大企業へと成長する米国のユナイテッド・フルーツ・カンパニー(UFC)に、多くの権力と土地を与えた。しかし、ゼネストや抗議運動が起き、ウビコは退陣した。

その後は、言論の自由を認める民主化の時代が続き、農地改革法を成立させたアルベンス大統領は1953年、農業用に土地を再分配することを目的として、土地（大半はUFCが占有）の没収に着手した。大規模農園の農園主や、米国務省の支援を受けていたUFCは、この改革に反発。

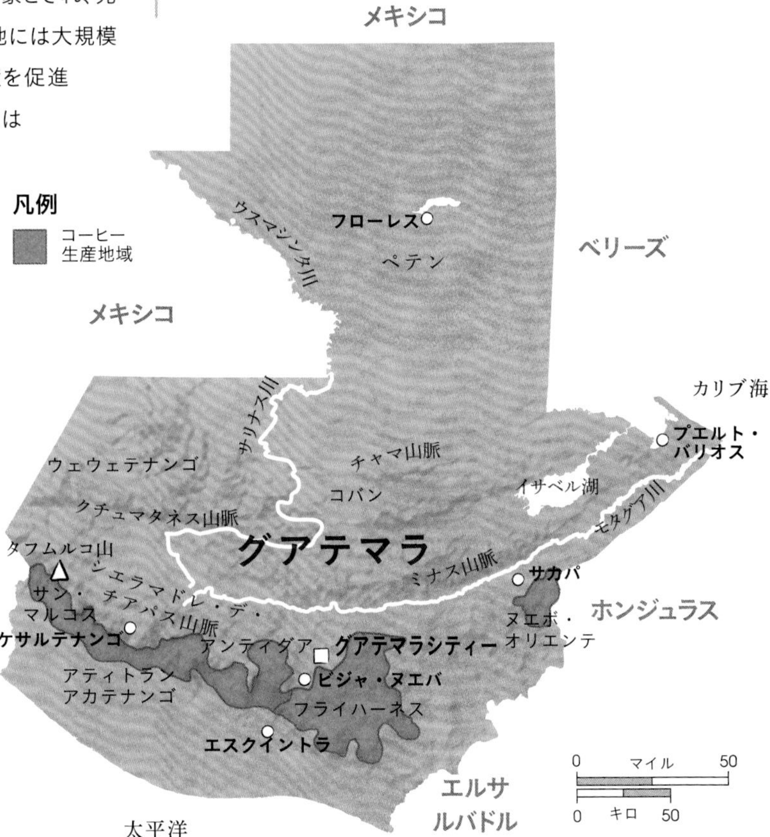

左ページ：グアテマラのアグア・ドゥルセにあるビスタ・エルモサ・コーヒー農園でコーヒー豆を水洗いしている。

1954年に米中央情報局(CIA)がアルベンス政権を転覆させたため、農地改革が実現することはなかった。この出来事によって国は内戦に突き進み、1960年から1996年まで争いは続いた。内戦を引き起こした要因の多く、貧困、土地分配、飢餓、そして先住民に対する人種差別は、現在も残る問題である。

グアテマラのコーヒー生産のピークは21世紀に入る頃で、2001年のコーヒー危機以降は、多くの生産者がコーヒーから離れ、マカダミアナッツやアボカドの栽培に転じた。また、コーヒーサビ病による生産への大きなダメージが深刻化し、全国の生産者を悩ませている。

テイスティングノート

グアテマラ産コーヒーは、甘味が強いものから、フルーティーなもの、複雑な味わいのコーヒーまで、また口当たりの軽いものから、より重厚でリッチなもの、チョコレートのようなコクのある種類まで、フレーバーの幅が広い。

トレーサビリティー

グアテマラ産コーヒーは農園、または農協や生産者団体まで生産履歴をたどることが可能なはずだ。現在、幾つかの地域が原産地呼称の保護対象となっている。トレーサビリティーの歴史も長く、ウェットミルを完備し、自分たちで精製を行っている生産者が多いため、農園が長きにわたって品質の高いコーヒーを生産している。

生産地域

人口：1617万6000人
生産量(1袋当たり60キロ、2016年)：350万袋

グアテマラは他のコーヒー生産国と比べ、主要な生産地域を明確に定め、地域ごとにコーヒーを徹底的に特徴づけて市場へ出すことに成功している。私の経験でも、フレーバーの特徴をはっきり感じる地域が幾つかあるが、確固たる基準はない。

サン・マルコス

サン・マルコスはグアテマラのコーヒー生産地で最も温暖かつ雨の多い地域だ。太平洋側の山の斜面には早くから雨が降るため、開花時期も他の地域より早い。雨が降ると、収穫後の乾燥に支障を来すことがあるため、天日乾燥と機械乾燥を併用する生産者もいる。農業が経済を大きく支えているこの地域では、穀物、果物、食肉や羊毛も生産している。

標　高：1300～1800メートル(4300～5900フィート)
収穫期：12月～3月
品　種：ブルボン、カトゥーラ、カトゥアイ

アカテナンゴ

地域内にある火山から名前を採ったアカテナンゴ渓谷がコーヒー生産の中心地だ。かつては生産者の多くが「コヨーテ」と呼ばれる仲買人に、収穫したコーヒーチェリーを売っていた。コヨーテはアンティグア地区にチェリーを運び、そこで精製していた。アンティグアはコーヒー産地としての知名度が高かったため、高値を付けることができたからだ。この習慣が現在あまり見られなくなったのは、アカテナンゴ産の優れたコーヒーの名が徐々に広まり、トレーサビリティーをきちんと維持したほうが利益を見込めるためだ。

標　高：1300～2000メートル(4300～6600フィート)
収穫期：12月～3月
品　種：ブルボン、カトゥーラ、カトゥアイ

アティトラン

この地域のコーヒー農園はアティトラン湖の周囲にある。標高1500メートルにたたずむ湖の息をのむような美しさは、長年にわたって作家や旅行者の心をつかんでいる。この地の昼前や午後の早い時刻には、よく強風「ショコミル」が吹く。「罪を運び去る風」という意味だ。

この地域には民間の自然保護区が多数あり、この地域の生物多様性を保ち、森林破壊の阻止にも一役買っている。コーヒー生産は、人件費の高騰と労働力の争いの波に押されている状況だ。郊外への人口流出も土地利用にますます重くのしかかる問題となっている。なかには、コーヒーの栽培を続けるよりも、土地を売ったほうが多くの利益を見込めると判断する生産者もいる。

標　高：1500～1700メートル(4900～5600フィート)
収穫期：12月～3月
品　種：ブルボン、ティピカ、カトゥーラ、カトゥアイ

コバン

コバンという町の名前が付けられた地域。この地域の発展を支え、繁栄させたのはドイツ人のコーヒー生産者で、第二次世界大戦の終わりまで強大な権力を持っていた。豊かな熱帯雨林を育む気候は非常に雨量が多く、コーヒーの乾燥を難しいものにしている。また、この地域はややへき地にあるため、輸送が難しくコストも高くつくが、それでもなお、素晴らしいコーヒー

標高による等級

他の中米の国々と同様に、グアテマラでも標高による格付けを採用している。

プライム・ウォッシュト（PW）：標高 750 ～ 900 メートル（2500 ～ 3000 フィート）で栽培

エクストラ・プライム・ウォッシュト（EPW）：標高 900 ～ 1050 メートル（3000 ～ 3500 フィート）で栽培

セミ・ハード・ビーン（SH）：標高 1050 ～ 1220 メートル（3500 ～ 4000 フィート）で栽培

ハード・ビーン（HB）：標高 1220 ～ 1300 メートル（4000 ～ 4300 フィート）で栽培

ストリクトリー・ハード・ビーン（SHB）：標高 1300 メートル（4300 フィート）以上で栽培

を出荷している。

標　高：1300 ～ 1500 メートル（4300 ～ 4900 フィート）
収穫期：12 月～ 3 月
品　種：ブルボン、マラゴジッペ、カトゥアイ、カトゥーラ、パチェ

ヌエボ・オリエンテ

「新しい東」を意味するヌエボ・オリエンテという名前にたがわず、国の東方、ホンジュラスとの国境近くにある地域。気候は、グアテマラの他の地域よりも乾燥している。ここで生産されるコーヒーは、ほとんどが小規模農家によるものだ。コーヒー生産が始まったのは 1950 年代初頭と、かなり最近のことである。

標　高：1300 ～ 1700 メートル（4300 ～ 5600 フィート）
収穫期：12 月～ 3 月
品　種：ブルボン、カトゥアイ、カトゥーラ、パチェ

ウェウェテナンゴ

グアテマラの有名な生産地域の 1 つで、口にするのが楽しい地名だ。ナワトル語で「太古の場所」「先祖の場所」という意味をもつ。中米で最も高い非火山系の山岳地帯があり、コーヒー栽培に非常に適している。恐らく、輸出用コーヒーへの依存度がいちばん高い地域で、実に驚嘆すべきコーヒーを生産している。

標　高：1500 ～ 2000 メートル（4900 ～ 6600 フィート）
収穫期：1 月～ 4 月
品　種：ブルボン、カトゥアイ、カトゥーラ

フライハーネス

首都グアテマラシティーを囲むように位置するコーヒー生産地。この地域は火山活動が活発で規則的に起こり、土壌を豊かにする一方で、人命を脅かしたり都市機構に弊害を生じたりもする。残念ながら、都市開発や土地利用の変化に伴って、コーヒー栽培地の面積は縮小し続けている。

標　高：1400 ～ 1800 メートル（4600 ～ 5900 フィート）
収穫期：12 月～ 2 月
品　種：ブルボン、カトゥーラ、カトゥアイ、パチェ

アンティグア

アンティグアは、グアテマラだけでなく世界的にも、最もよく知られているコーヒー生産地の 1 つだろう。地名の由来となった都市アンティグアは、スペイン統治時代の建造物があることで有名で、ユネスコ世界遺産にも登録されている。

アンティグア産と偽装表示されたコーヒーによって市場での評価が下がってしまったため、この地域では 2000 年から、本物のアンティグアコーヒーに対して原産地統制呼称を開始した。これにより、他の産地のコーヒーがアンティグア産として売られることは防げるようになったが、他の地域からここにコーヒーチェリーを持ち込んで精製する不正行為を止めるには至っていない。とはいえ、明確な生産履歴をもつアンティグア産コーヒーを探すことは可能だ。なかには高すぎる値が付いているものもあるが、大半は品質が素晴らしく、探し出す価値はある。

標　高：1500 ～ 1700 メートル（4900 ～ 5600 フィート）
収穫期：1 月～ 3 月
品　種：ブルボン、カトゥーラ、カトゥアイ

グアテマラのコーヒー生産量や精製方法は、土地利用の変化や温度の多様性に影響を受けている。それでも、大半のコーヒーは伝統的な方法で処理されており、天日乾燥が行われる。

ハイチ

ハイチがフランスの植民地だった1725年に、マルチニーク島から最初のコーヒーが持ち込まれた。初めは島の北東部にあるテリエ・ルージュという町の辺りで栽培されていたようだ。その10年後には、北部の山の中にもコーヒープランテーションができていた。ハイチのコーヒー生産量は急速に伸び、1750年から1788年まで、世界に流通していたコーヒーの50〜60%を生産していたともいわれている。

コーヒー産業は1788年にピークを迎えたが、1804年の革命を経てハイチは独立し、数年の間に生産量は急激に落ち込んだ。奴隷の解放がコーヒーの生産に打撃を与えただけでなく、輸出しようにもハイチは国際社会で孤立していた。その後、コーヒー産業は徐々に回復の兆しを見せ始め、1850年には再びピークを迎えたが、やがてまた低迷期に入る。コーヒー産業が3度目の好景気に沸いたのは、1940年代に入ってからのこと。1949年には、世界のコーヒーの3分の1をハイチが生産していた。

デュバリエ独裁政権（1957〜1986年）はハイチの経済をさまざまな側面から苦しめていたが、コーヒー産業も例外ではなかった。また自然災害に見舞われたことも、業界の衰退にいっそう拍車をかけた。国際コーヒー協定が廃止され、ハイチはさらに混乱。1990年の報告によると、農民はコーヒー畑を焼き払い、炭を作って売っていたという。

1990年代半ば、ネイティブコーヒー生産者組合（FACN）という組織が設立された。FACNでは乾燥したパーチメントコーヒーを買い入れ、それらを挽き、仕分けしてブレンドしていた。コーヒーはナチュラル（自然乾燥式）よりもウォッシュト（水洗式）で精製されることが多かった。

FACNはその豆にハイチブルーというブランド名をつけた。名前の由来は、水洗処理されたあとの生豆の青い色。また販売ルートも管理した。そうすることで、しばらくは生産者へ高い報酬を支払うことができた。今日のスペシャルティコーヒーに期待するようなトレーサビリティーはなかったが、産地や豆の出来によってプレミアムを上乗せするようにした。ところが組合のずさんな経営によって売買高が減り、焙煎業者との契約不履行から状況は悪化。やが

生産地域

人口：1084万7000人
生産量（1袋当たり60キロ、2016年）：
35万袋

ハイチ産コーヒーの生産はめっきり減ってしまい、今では生産地域を分けて紹介するほどでもない。

標　高：300〜2000メートル（980〜6560フィート）
収穫期：8月〜3月
品　種：ティピカ、カトゥーラ、ブルボン

てFACNは破綻した。

2010年に大地震がハイチを襲い、すでに衰退の途にあったコーヒー産業に壊滅的なダメージを与えた。2000年に700万ドルだった生産高が、2010年には100万ドルにまで激減した。しかし今でもコーヒー産業や同じ主要作物であるマンゴーには、国の経済を回復させる牽引役という期待がかかっている。さまざまなNGO（非政府組織）が出資をし、高品質のウォッシュトコーヒーも輸出されてはいるが、産業はまだ非常に小さく、成長スピードは遅い。

テイスティングノート

典型的なハイチコーヒーには、比較的コクと土臭さがあり、スパイシーな香りがするものもある。少ないながら酸味もある。良いコーヒーは柔らかな甘みを感じる。

トレーサビリティー

ハイチ産の高品質のコーヒーは、高い確率で生産者の共同組合が出している。ハイチには単独でコーヒーを売る農家はない。ハイチで生産したコーヒーはほぼ国内で消費されてしまうため、輸出に回る量はほんのわずかだ。

上：西県のフロワド川のほとりでコーヒーを淹れる。

左ページ：ポルトー・プランスの通りに並べられ、収集されるのを待つコーヒーの袋。1940年代、ハイチが世界のコーヒーの3分の1を生産していた頃の1枚。

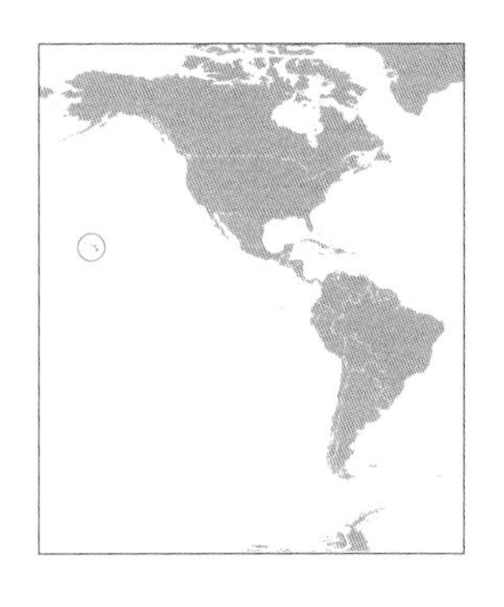

米国ハワイ州

ハワイは先進国で唯一コーヒーを生産している地域で、コーヒーの経済だけでなく、市場にも変化をもたらす存在である。生産者は、消費者と直接やりとりすることに成功していて、コーヒーがハワイを訪れる目的となる場合も多い。しかし、コーヒー専門家の多くは、品質が価格に見合っていないと感じている。

コーヒーが初めてハワイに持ち込まれたのは1817年だが、当初はうまく栽培できなかった。1825年、オアフ島総督のボギ首長は、ヨーロッパからの帰途に立ち寄ったブラジルから、数本のコーヒーの苗木を持ち帰った。この苗木が繁茂し、島全体にコーヒーの生産が広まった。

ブルボン種がハワイ島に持ち込まれたのは恐らく1828年のことで、商業生産は1836年、カウアイ島で始まったのが最初だ。しかし、カウアイ島のハナレイ渓谷地区での栽培は、1858年にアブラムシの一種により壊滅的な状態となった。コーヒー栽培の初期から現在まで生産しつづけている地域は、ハワイ島のコナ地区だけである。

19世紀後半になると、コーヒー産業に引き付けられ、中国や日本からの移民が農園で働くためにやって来た。1920年代には多くのフィリピン人が訪れ、収穫期にはコーヒー農園で、春にはサトウキビ農園で働くようになった。

ハワイ経済にとってコーヒーが非常に重要な位置を占めるようになったのは、1980年代以降である。砂糖生産が十分な利益をもたらさなくなり、州全体が改めてコーヒーに関心を寄せるようになったのだ。

ハワイで最も有名な生産地域であるハワイ島のコナ地区は、世界的にも大変有名だ。この地域は、長年にわたるコーヒー生産によって名声を確実なものにしたが、それが

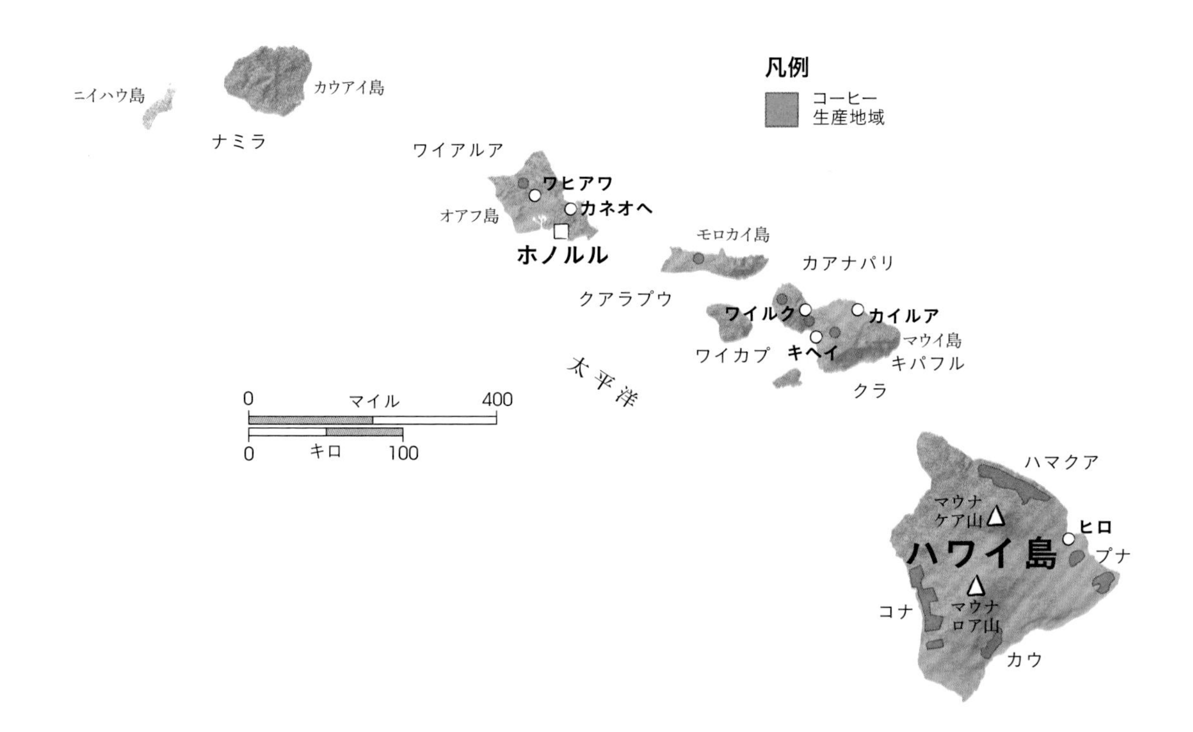

コーヒーの偽装表示を引き起こす原因ともなった。現在では、島の法規制により、コナ・ブレンドと名乗る場合はコナコーヒーの配合量を必ず示さなければならないし、「100%コナコーヒー」の商標も注意深く管理されている。以前、コナ・カイという名前のカリフォルニアの農園が商標の認可や保護を巡って裁判で争ったが、1996年にその農園の経営者が「コナコーヒー」の袋にコスタリカ産の豆を詰めていたことが判明し、有罪となった。

最近になって、この地域はベリーボーラーによる虫害(P16参照)の問題を抱えるようになった。数多くの駆除対策が考え出され、成功を収めたものもある。それでも一時は、既に高価なコナコーヒーが、生産量の低下によってさらに高値になるのではないかと危惧されていた。

上：ワイアルアにあるドール・フード・カンパニーのコーヒーとカカオの農園。豆を広げて天日乾燥している。ワイアルアはオアフ島で最大の生産地域で、ティピカ種を栽培している。

コナの等級

コナは独自の格付け方法を採用している。基本的には豆のサイズを基準とするが、さらにタイプ 1 とタイプ 2 に分類する。タイプ 1 は通常のコーヒー豆で、コーヒーチェリーに 2 つの豆が入っているもの。タイプ 2 のコーヒーは、1 つの豆しか入ってないピーベリー (P21 参照) に限定している。

タイプ 1：最も大きな豆は、コナ・エクストラファンシー。続いてサイズが大きい順に、コナ・ファンシー、コナ No.1、コナ・セレクト、コナ・プライムと続く。
タイプ 2：2 つの等級しかない。No.1 ピーベリーと、それより小さいピーベリー・プライムだ。

ほとんどの等級には欠点豆の最大含有量が設定されているが、基準がとても緩く、品質の指標とするほどの信頼性はない。

トレーサビリティー

先進国に対してトレーサビリティーへの期待が高いのは当然のことだ。通常、生産履歴を追えば、農園を特定できる。ほとんどの場合、農家は自らコーヒーを焙煎し、直接消費者や旅行者に販売している。収穫の何割かを輸出している農家も多い。輸出先の大部分は米国本土だ。

テイスティングノート

概して酸味が控えめで、ボディーがやや強め。飲みやすいが、複雑でフルーティーなものはめったにない。

生産地域

人口：140万4000人
生産量（1袋当たり60キロ、2016年）：
4万909袋

ハワイに下される評価の大半は、コナを対象としたものだ。しかし、ボディーが強めで酸味と果実味が少ないという島特有のコーヒーをお望みなら、他の島々のコーヒーも試してみる価値はある。

カウアイ島

ここでコーヒーを生産しているのは1社のみで、カウアイ・コーヒー・カンパニーが1255ヘクタールの農園を取り仕切っている。1980年代後半にサトウキビからの多角化を図り、コーヒーの栽培を始めた。広大で高度に機械化された農園である。
標　高：30～180メートル（100～600フィート）
収穫期：10月～12月
品　種：イエロー・カトゥアイ、レッド・カトゥアイ、ティピカ、ブルーマウンテン、ムンド・ノーボ

オアフ島

ワイアルア・エステートが生産を独占。ドール・フード・カンパニーが所有する農園で、60ヘクタールほどの面積をもつ。1990年代半ばに生産を始め、現在は完全に機械化生産されている。カカオも栽培。
標　高：180～210メートル（600～700フィート）
収穫期：9月～2月
品　種：ティピカ

マウイ島

カアナパリという大規模な商業コーヒー農園があり、土地の一部を小区画に分け、家付きで売り出すという形態を取る。それぞれの区画の所有者は異なるが、コーヒー生産は集中的に行われている。この大農園は1860～1988年はサトウキビ農園だったが、その後コーヒーに移行した。
標　高：100～550メートル（350～1800フィート）
収穫期：9月～1月
品　種：レッド・カトゥアイ、イエロー・カトゥーラ、ティピカ、マウイ・モカ

クラ（マウイ島）

狭い地域だが、ハレアカラ火山の斜面を利用し、コーヒー栽培に最適な標高を得ている。コーヒー生産は比較的最近始まった。
標　高：450～1050メートル（1500～3500フィート）
収穫期：9月～1月
品　種：ティピカ、レッド・カトゥアイ

ワイカプ（マウイ島）

ハワイで最も新しいコーヒー生産地。農園は1つだけで、隣のモロカイ島に本拠地を置くコーヒーズ・オブ・ハワイ社が運営。
標　高：500～750メートル（1600～2450フィート）
収穫期：9月～1月
品　種：ティピカ、カトゥアイ

キパフル（マウイ島）

マウイ島の南東沿岸にある低地。コーヒーは有機農園で、多角化作物の1つとして栽培されていることが多い。
標　高：90～180メートル（300～600フィート）
収穫期：9月～1月
品　種：ティピカ、カトゥアイ

クアラプウ（モロカイ島）

コーヒーズ・オブ・ハワイ社が独占状態し、機械化された大規模農園がある。機械化は人件費を抑えるためだ。
標　高：250メートル（800フィート）
収穫期：9月～1月
品　種：レッド・カトゥアイ

コナ（ハワイ島）

630以上の農家がコーヒーを生産。大半の農園は2ヘクタール以下で、家族経営であることが多く、面積当たり生産量は恐らく世界中で最も高い。かなり規模が小さいため、収穫は手摘みが一般的である。
標　高：150～900メートル（500～3000フィート）
収穫期：8月～1月
品　種：ティピカ

カウ（ハワイ島）

1996年に製糖工場が閉鎖されて以降コーヒー生産が始まった。2010年までは、収穫後のコーヒーを精製するために、プナやコナなどの近隣地域まで行かなければならなかったが現在では精製所が建設され、問題は解消された。
標　高：500～650メートル（1600～2150フィート）
収穫期：8月～1月
品　種：ティピカ

プナ（ハワイ島）

19世紀末のコーヒー栽培面積は2400ヘクタールほどあったが、砂糖生産が急増し、コーヒー生産はストップ。1984年に製糖工場が閉鎖されると、幾つかの農家がコーヒー栽培を再開した。農家の大半は規模が小さく、1.2ヘクタールほど。
標　高：300～750メートル（1000～2450フィート）
収穫期：8月～1月
品　種：レッド・カトゥアイ、ティピカ

ハマクア（ハワイ島）

コーヒーが導入されたのは1852年で当初は8つの農園で栽培していたが、砂糖が人気作物となり、コーヒー生産は減少した。しかし1990年代半ばから、幾つかの農園がコーヒーを再開している。
標　高：100～600メートル（350～2000フィート）
収穫期：8月～1月
品　種：ティピカ

右ページ：カウアイ島のカララウ渓谷。ハワイの農園の典型的な光景だ。

ホンジュラス

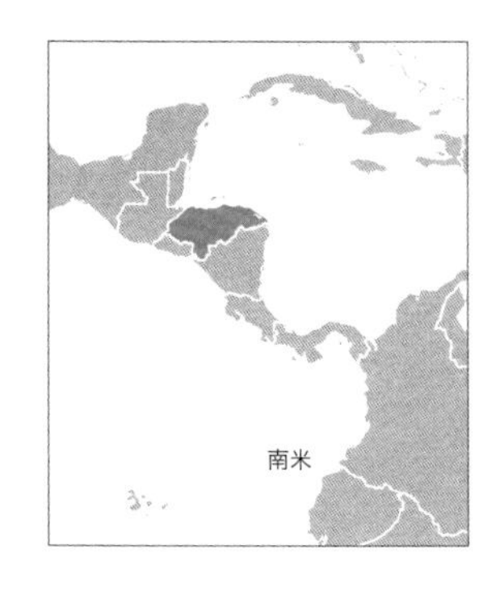

今や中米において最大の生産国だが、ホンジュラスにコーヒーが伝わった経緯は、驚くほどわかっていない。最初期の記録と考えられているのは、1804年に、生産したコーヒーの品質について話し合いがなされたというものだ。コーヒー豆が収穫できるようになるまで数年かかるため、コーヒーが伝わったのは1799年以前だと推定された。

ホンジュラスでのコーヒー生産量が飛躍的に増えたのは2001年以降で、ほんのつい最近のことだ。19世紀、コーヒー産業の成長により、中米諸国ではインフラが整備されたが、ホンジュラスは遅れをとった。インフラ整備の遅れは品質にとって問題で、生産されたコーヒーの多くは、コモディティコーヒー市場へ行く運命となった。ホンジュラス産の素晴らしいコーヒーを目にするようになったのは、ごく最近になってからのことだ。

国の機関であるホンジュラス・コーヒー協会（IHCAFE）は1970年に設立され、品質向上に取り組んでいる。6つの生産地域にそれぞれ特徴があり、地方の生産者を援助するためにテイスティング用の施設が建てられた。

ホンジュラスの2011年の年間生産量は、約600万袋。コスタリカとグアテマラの生産量の合計より多い。11万世帯近くがコーヒー生産に関わっている。将来的には、コーヒーサビ病の影響が心配されている（P16参照）。作物への被害がひどかった2012～13年には、国家非常事態が宣言された。コーヒーサビ病の影響は通常数年続く。

左ページ：コーヒー栽培はホンジュラスの土壌に適しているが、降雨量が多いため、コーヒー豆を乾燥させるのが一苦労だ。

気候の問題

ホンジュラスは良質なコーヒーを栽培するのにとても適

コーヒーの格付け

ホンジュラスは、エルサルバドルやグアテマラに似て、栽培地の標高で呼称を決めて、格付けする。1200メートル(3900フィート)以上なら「ストリクトリー・ハイ・グロウン(SHG)」と呼ばれる。1000メートル(3300フィート)以上なら「ハイ・グロウン(HG)」だ。標高の高さと品質には多少の相関関係が認められる。一方、運ばれてきた当初はより詳細な履歴がわかっていたにもかかわらず、この方法で格付けされることで、かえってわかりにくくなってしまう。

テイスティングノート

ホンジュラス産コーヒーには、さまざまなフレーバーが見られる。なかでも最良のコーヒーは、複雑なフルーティーさと、みずみずしい酸味を感じることが多い。

した土地だが、気候には問題がある。降雨量の多さが、精製したコーヒーの乾燥を妨げるのだ。天日乾燥と機械乾燥を組み合わせる生産者もいる。ホンジュラスは素晴らしいコーヒーを生産すると評判だが、その評判はすぐに消えるかもしれない。しかし、この問題を解決するためにさまざまな取り組みがなされている。また、コーヒーの大半は、港から出荷される前にプエルト・コルテス近くの極度に暑い倉庫で保管され、状態が悪化する。ただし常に例外はあり、最上級のホンジュラス産コーヒーは概して時間がたっても良い状態を維持している。

トレーサビリティー

ホンジュラスでは詳細な生産履歴を知ることができる。農家までたどることもできるし、特定の農業協同組合や生産者団体もわかる。

生産地域

人口：825万人
生産量（1袋当たり60キロ、2013年）：
593万4000袋

IHCAFEはコーヒー栽培地と評していないが、多くの焙煎業者がラベルに「ホンジュラス・サンタバルバラ産」と記している。幾つかのコーヒー生産地は、地方行政区分としてのサンタバルバラ地区にかかっているためだ。サンタバルバラ産という表記も別途必要だと主張する人もいるが、公式ガイドラインにのっとって、下記の生産地域名を使うほうが適切だろう。サンタバルバラ産のパーカス種には素晴らしいものもある。うまく精製すれば、独特の極めて強烈なフルーティーさを引き出せる。間違いなく、見つけ出すに値するものだ。

コパン

コパンはホンジュラス西部にあり、マヤ遺跡で有名な都市コパンから名付けられた。グアテマラに隣接し、生産国別ではなく、正確な生産地がどこかに着目する重要性を思い出させる地域だ。地政学的な国境は任意で決められたものだが、ホンジュラス産のコーヒーに対する消費者の期待値とグアテマラ産に対する期待値は、残念ながらかなり大きな隔たりがある。コパンの一部は、サンタバルバラ地区北部を占める。

標　高：1000～1500メートル（3300～4900フィート）
収穫期：11月～3月
品　種：ブルボン、カトゥーラ、カトゥアイ

モンテシージョス

この地域には、注目すべき地区が幾つかある。最も重要なのは、原産地呼称保護制度で認定されているマルカラと、ラパスだ。マルカラはラパスにある地方自治体だ。焙煎業者は、より正確に産地を特定するために、モンテシージョスという大まかな地名よりも、これらの名前を使うことが多い。

標　高：1200～1600メートル（3900～5200フィート）
収穫期：12月～4月
品　種：ブルボン、カトゥーラ、カトゥアイ、パーカス

左：ホンジュラスの農園の多くがブルボンやカトゥーラ、ティピカ、カトゥアイといった品種を栽培している。しかし、国全域に広まったコーヒーサビ病により、近年作物に壊滅的な被害が出ている。

アガルタ

ホンジュラス北部に広がる地域。大部分が保護された森林で、エコツーリズムが地域経済において多大な役割を担っている。

標　高：1000～1400メートル（3300～4600フィート）
収穫期：12月～3月
品　種：ブルボン、カトゥーラ、ティピカ

オパラカ

オパラカは、インティブカやレンピラ同様、サンタバルバラ地区の南部にまたがる地域。地域全体に広がるオパラカ山脈から名付けられた。

標　高：1100～1500メートル（3600～4900フィート）
収穫期：11月～2月
品　種：ブルボン、カトゥーラ、ティピカ

コマヤグア

ホンジュラス中西部のこの地域は、熱帯雨林が密生している。都市コマヤグアはかつてホンジュラスの首都だったこともある。

標　高：1100～1500メートル（3600～4900フィート）
収穫期：12月～3月
品　種：ブルボン、カトゥーラ、ティピカ

エルパライソ

ホンジュラスで最も古くて広い生産地域。東部に位置し、ニカラグアとの国境に程近い。近年、コーヒーサビ病による甚大な被害を受けた。

標　高：1000～1400メートル（3300～4600フィート）
収穫期：12月～3月
品　種：カトゥアイ、カトゥーラ

ジャマイカ

この島でのコーヒーの物語は、1728年に総督ニコラス・ローズ卿がマルティニーク島の総督より、コーヒーの苗を受け取ったことから始まる。ローズ卿には幾つか作物の栽培経験があったため、セント・アンドリュー地区にコーヒーの苗を植えてみた。当初の生産量は限られていて、1752年にジャマイカから輸出されたコーヒーの総量は27トンだった。

本当のブームは18世紀後半に始まる。この頃、コーヒーはセント・アンドリューからブルーマウンテンズへと広まっていった。1800年には686のコーヒー農園が栽培していて、1814年の年間生産量は約1万5000トンにもなった（もっと多かったという推定もある）。

このブームの後、コーヒー産業はゆっくりと陰りを見せはじめる。原因はいろいろあったが、恐らく労働力不足が最大の要因だろう。奴隷貿易は1807年に廃止されたが、ジャマイカ島では1838年まで奴隷を解放しなかった。その後、元奴隷を労働者として雇おうとしたが、他の産業との間に労働力を巡る争いが起きた。また、お粗末な土壌管理に加えて、英国が植民地を増やしたことによって有利な貿易条件を失い、コーヒー生産が急激に落ち込んだ。1850年に残っていた農園は180余り、収穫量は1500トンだった。

19世紀末には、ジャマイカはおよそ4500トンのコーヒーを生産していたが、品質に関する真剣な議論は始まったばかりだった。1891年、品質向上のために、コーヒー生産の知識を広める法案が可決し、精製と格付けを一元化するためのインフラが整えられた。この取り組みはまずまず成功し、1944年には輸出前にすべてのコーヒーが必ず通過する中央コーヒー情報センターが設立され、1950年にはジャマイカ・コーヒー委員会が設立された。

この時点から、ブルーマウンテン産コーヒーは、ゆっくりと着実に名声を得ていき、世界最高峰のコーヒーという評判を得るまでになった。しかし当時はうまく精製されたジャマイカ産コーヒーはほとんど手に入らなかったし、今でも中南米や東アフリカ産の最高級品には太刀打ちできない。

ジャマイカ産コーヒーはすっきりしていて甘味が強く、マイルドで飲みやすい。スペシャルティコーヒーに期待されている、味の複雑さや個性は不足している。しかし、ジャマイカは他の生産国よりもずっと前から、すっきりしていて甘味の強いコーヒーを絶えず生産しつづけ、賢くマーケティングを行ってきた。これが、長い間ジャマイカ産のコーヒーのはっきりとした強みとなってきた。

下：20世紀初頭から、ジャマイカ産のコーヒーはすっきりしていて甘味が強く、マイルドで飲みやすいフレーバーであることが知られていた。

テイスティングノート

すっきりしていて甘味のあるコーヒー。複雑でみずみずしくフルーティーなフレーバーにはめったにお目にかかれない。

生産地域

人口：295万人
生産量（1袋当たり60キロ、2013年）：
2万7000袋

ジャマイカで注目すべき栽培地はたった1カ所だ。世界で最も有名な栽培地の1つだろう。

ブルーマウンテン

コーヒーの歴史において最もマーケティングに成功した場所の1つ。ジャマイカのこの地域は明確に定義され、原産地呼称保護制度で認定されている。セント・アンドリュー、セント・トーマス、ポートランド、セント・メアリーの4つの行政区で、標高900～1500メートル（3000～4900フィート）の場所で栽培されたコーヒーだけが、「ブルーマウンテン」を名乗ることができる。450～900メートル（1500～3000フィート）で栽培されたものは「ハイマウンテン」、それより低地で栽培されたものは「シュプリーム」「ローマウンテン」などと呼ばれる。

ブルーマウンテン産コーヒーのトレーサビリティーは少し複雑で、精製場の名前で販売される。大規模農園のコーヒーは別にする場合もあるが、精製場では通常、この地域でコーヒーを栽培する無数の小規模農家からコーヒーチェリーを買い付け、精製するのだ。

長年、ジャマイカ産ブルーマウンテンコーヒーの大半は日本に売られていた。輸送には通常の麻袋ではなく、小さな木のたるが使われる。高値を付けるためにかなりの量のコーヒーが産地偽装され、ブルーマウンテンの名前で不正に売られている。

標　高：900～1500メートル（3000～4900フィート）
収穫期：6月～7月
品　種：ジャマイカ・ブルーマウンテン（ティピカの派生種）、ティピカ

左：ブルーマウンテン産コーヒーは、栽培場所の標高によって厳密に管理されている。独特の木のたるがブランドを強調している。

メキシコ

メキシコに初めてコーヒーの木が持ち込まれたのは1785年頃で、キューバもしくは現在のドミニカ共和国からだったと考えられている。1790年にはベラクルス地方に農園があったという記録が残っている。しかし、メキシコには豊富な鉱床があり、そこからの収入が多かったため、コーヒー産業を活気づけ、作り上げていこうという動きは、長年にわたってほとんど起こらなかった。

コーヒー栽培が小規模農家にも広まったのは、1920年にメキシコ革命が終わってからのことだ。1914年、先住民や労働者への土地の再分配が行われ、コーヒー栽培に従事させられていた人々は解放された。彼らはコーヒー栽培の技術を身につけて、地元社会へ戻った。この土地の再分配により、大農園は解体され、メキシコで小規模農家による栽培が始まることとなった。

1973年、政府はメキシコ・コーヒー協会（INMECAFE）を作った。INMECAFEの任務は、生産者に技術的な援助と財政的な信用を与え、国際コーヒー協定（ICA）の枠組みの中で生産量の割当を守ることである。コーヒー産業へのこの投資により、コーヒーの生産と栽培用地は飛躍的に増えた。生産量が900％増加した農村地域もあった。

しかし、多額の借金と原油価格の下落から債務不履行に陥り、1980年代に政府は方針を変えた。コーヒー産業への援助は徐々に減少し、1989年にはINMECAFEは完全に倒産、政府の所有するコーヒー精製設備は売却された。コーヒー産業は大きなダメージを受け、信用がなくなり、多くの生産者はコーヒーを販売する場を探すのに苦労した。「コヨーテ」と呼ばれるブローカーが増加し、生産者から非常に安くコーヒーを買い叩いて、利益を上乗せして

下：1980年代後半から、メキシコのコーヒー生産者の多くは共同体を作り、コーヒー農園を購入、運営してきた。フェアトレード認証とオーガニック認証を取得したコーヒーの輸出が増加しつつある。

転売した。

INMECAFEの倒産と、1989年に国際コーヒー協定が停止したことによるコーヒー価格の危機とが相まって、生産されるコーヒーの品質にも大きな影響があった。収入が減ったことで、膨大な数の生産者が肥料の使用や害虫駆除への投資をやめ、除草や農園経営に割く時間や予算を減らした。コーヒーの栽培自体をやめた生産者もいた。

興味深いことに、特にオアハカ州、チアパス州、ベラクルス州では、INMECAFEが担っていた仕事の多くを引き継ぐ共同体を作る生産者もいた。引き継いだ仕事には、精製場の購入や運営、技術支援、政治的なロビー活動、買い手との直接的な関係を築く支援などが含まれていた。

メキシコのコーヒー生産者は、コーヒー認証制度を積極的に活用してきた。特に、フェアトレード認証とオーガニック認証は当然のことになっている。メキシコはコーヒーの多くを米国に輸出しているので、米国以外で品質の良いメキシコ産コーヒーを見つけることはなかなか難しい。

トレーサビリティー

メキシコで生産されているコーヒーの大部分は、大規模農園でなく、小規模農家が栽培したものだ。生産者団体や共同体まで生産履歴を遡ることができ、農園までたどれる場合もある。

テイスティングノート

メキシコでは地域全体で、コクが浅くて繊細なコーヒーから、カラメルのような甘味のあるコーヒー、トフィー（キャンディーの一種）やチョコレートのフレーバーがするものまで、幅広いコーヒーを生産している。

生産地域

人口：1億1953万1000人
生産量（1袋当たり60キロ、2016年）：
310万袋

下記の主要生産地域以外でもコーヒー栽培は行われていて、信頼できる焙煎者や小売業者から勧められたら、過小評価せずに試そう。そういった地域での生産は、主要地域と比較すると非常に少ない。

チアパス州

南東部のグアテマラに接する地域。シエラマドレ山脈のおかげで、良質なコーヒーの生産に必要な高度と肥沃な火山性土壌の両方に恵まれている。

標　高：1000～1750メートル（3300～5750フィート）
収穫期：11月～3月
品　種：ブルボン、ティピカ、カトゥーラ、マラゴジッペ

オアハカ州

南部にあるこの地域の生産者の多くは、2ヘクタール以下の土地しか所有せず、大きな農業組合が幾つかある。大規模農園も少数存在し、なかには観光業へ乗り出しはじめている農園もある。

標　高：900～1700メートル（3000～5600フィート）
収穫期：12月～3月
品　種：ブルボン、ティピカ、カトゥーラ、マラゴジッペ

ベラクルス州

メキシコ湾岸にある大きな州。生産量の低い地域もあるが、コアテペク周辺の標高の高い農園は質の良いコーヒーを作る。

標　高：800～1700メートル（2600～5600フィート）
収穫期：12月～3月
品　種：ブルボン、ティピカ、カトゥーラ、マラゴジッペ

右：メキシコ、タパチュラ近郊にある小さな農業組合。天日乾燥のためにポーチに広げたコーヒー豆をひっくり返している。

ニカラグア

ニカラグアに初めてコーヒーが持ち込まれたのは1790年、カトリック宣教者によるもので、当初は珍しさから栽培されていた。1840年頃になり、世界でコーヒーの需要が高まったのに応じて、経済的に重要なものとなった。最初の商用農園はマナグア周辺に造られた。

1840年から1940年の100年間は、ニカラグアで「コーヒーブーム」と呼ばれている。この間、コーヒーはニカラグアの経済に劇的な影響を与えた。コーヒーの重要性と価値が高まり、多くの資源と労働力が必要となった。1870年にはコーヒーはニカラグアの主要輸出産品となっていて、政府は外国企業によるコーヒー産業への投資と土地の獲得を容易にしようとした。かつての公用地は個人に売却され、政府は、5000本以上のコーヒーの木を植えた者には、超えた木1本につき補助金を0.05ドル支払うという法律を作り、大規模農園の建設を奨励した。この法律は1879年と1889年に成立している。19世紀末には、ニカラグアはコーヒー輸出への依存度が高い、不安定な状態になっていた。コーヒーから得た利益は国外に出てしまうか、少数の現地の地主の手に渡ってしまうのだ。

最初の生産者協同組合は20世紀初頭に作られた。この協同組合のアイデアは、1936〜79年のソモサ一族による独裁時代に幾度となく推進された。しかし、1979年のサンディニスタ革命でソモサ一族が倒され、社会主義が到来したことで、コーヒー産業に苦難の時代が訪れた。サンディニスタ民族解放戦線による新政府に対抗するため、米国の支援を受けた反政府軍コントラが組織され、標的の1つとしてコーヒー産業が狙われた。コントラはコーヒー農園の労働者を運ぶ車を襲撃し、コーヒー工場を破壊した。

妨害はあったものの、1992年にはコーヒーはニカラグアの主要輸出品であった。しかし1999〜2003年のコーヒー価格の暴落が、再度コーヒー業界にダメージを与えた。国内の6大銀行のうち3つが、コーヒー産業に依存しすぎたために倒産した。1998年のハリケーン・ミッチによる打撃と、世紀の変わり目に起きた干ばつによって、ダメージはさらに拡大した。現在、ニカラグア産コーヒーは回復の兆しを見せ、多くの生産者が質の向上に取り組んでいる。かつてはトレーサビリティーが低く、コーヒーの大半は精製場のブランドか、特定の地域産として売られていた。現在ではトレーサビリティーは非常に高い。

トレーサビリティー

特定の農園まで、もしくは生産者団体や農業協同組合まで生産履歴を遡ることができる。

テイスティングノート

ニカラグア産コーヒーのフレーバーには幅がある。典型的なものは非常に複雑で、心地よいフルーツのようなフレーバーと、すっきりとした酸味をもっている。

生産地域

人口：607万1000人
生産量（1袋当たり60キロ、2013年）：150万袋

ニカラグアには、マドリス、マナグア、ボアコやカラソなどの狭い生産地域が多数ある。これらは以下には挙げていないが、素晴らしいコーヒーを生産している。

ヒノテガ

この地域の県都から名づけられた地域で、ナワトル語の「ヒノテンカトル」という言葉にちなむ。この言葉の意味するところには諸説あり、「老人の町」か「ガンボリンボの木の近く」だと言われているが、恐らく後者だろう。この地域の経済は長年コーヒーに依存し、現在も主要生産地域である。

標　高：1100～1700メートル（3600～5600フィート）
収穫期：12月～3月
品　種：カトゥーラ、ブルボン

マタガルパ

この地域の県都から名付けられた地域。コーヒー博物館がある。農園と農業協同組合の両方がコーヒーを生産している。

標　高：1000～1400メートル（3300～4600フィート）
収穫期：12月～2月
品　種：カトゥーラ、ブルボン

ヌエバ・セゴビア

北部国境に接し、近年、ニカラグアで最高品質のコーヒーを生産することで有名になった。国内の品評会、カップ・オブ・エクセレンスで成功を収めている。

標　高：1100～1650メートル（3600～5400フィート）
収穫期：12月～3月
品　種：カトゥーラ、ブルボン

左と左ページ：コーヒーはニカラグアの重要な輸出品の1つで、政変や自然災害を乗り越えて、取引が続けられてきた。

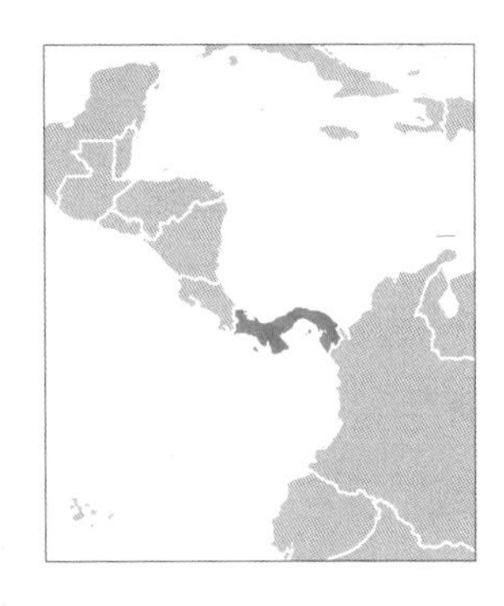

パナマ

パナマにコーヒーが初めてもたらされたのは、恐らく19世紀初頭のことで、ヨーロッパからやって来た入植者によると考えられている。かつてパナマ産コーヒーは評判があまり芳しくなく、生産量も隣国のコスタリカの10分の1ほどだった。しかし現在、パナマ産の高品質のコーヒーに、スペシャルティコーヒー業界からの関心が高まっている。

パナマのコーヒー産地には、局地的な気象条件が数多く存在する。現在コーヒーを栽培している生産者は、極めて熟練していて熱心で、傑出したコーヒーが生産されているが、希望価格は高くなりがちだ。

価格が高くなるのには、主な要因がもう1つある。それは地域の産業にも影響を与えている、不動産だ。北米の人々が、物価が安く、美しく安定した国に居を構えたいと望んでいるため、土地の需要が高いのだ。かつてコーヒーを生産していた農園の多くは、今では外国人居住者のための住宅地として販売されている。またパナマは、労働法に高い基準を設けているため、コーヒーを摘む労働者に高い賃金を支払う傾向があり、そのコストが消費者にも転嫁される。

エスメラルダ農園

コーヒーの価格を話題にするなら、パナマにある特別な農園は言及に値する。中米でコーヒー産業にこれほどまでに強い影響を与えた農園は、他にない。その農園は「エスメラルダ農園」。ピーターソン家が所有、運営している。

コーヒー価格が比較的低い時代に、パナマ・スペシャルティコーヒー協会は、ベスト・オブ・パナマと呼ばれる品評会を開催した。パナマのさまざまな農園で生産された最高のコーヒーに順位を付け、インターネット・オークションに

右ページ：独特なゲイシャ種は通常、パナマのコーヒーと密接な関わりがある。花のようなかんきつ系のフレーバーと、高品質を維持するための農家による努力により、需要は増す一方だ。

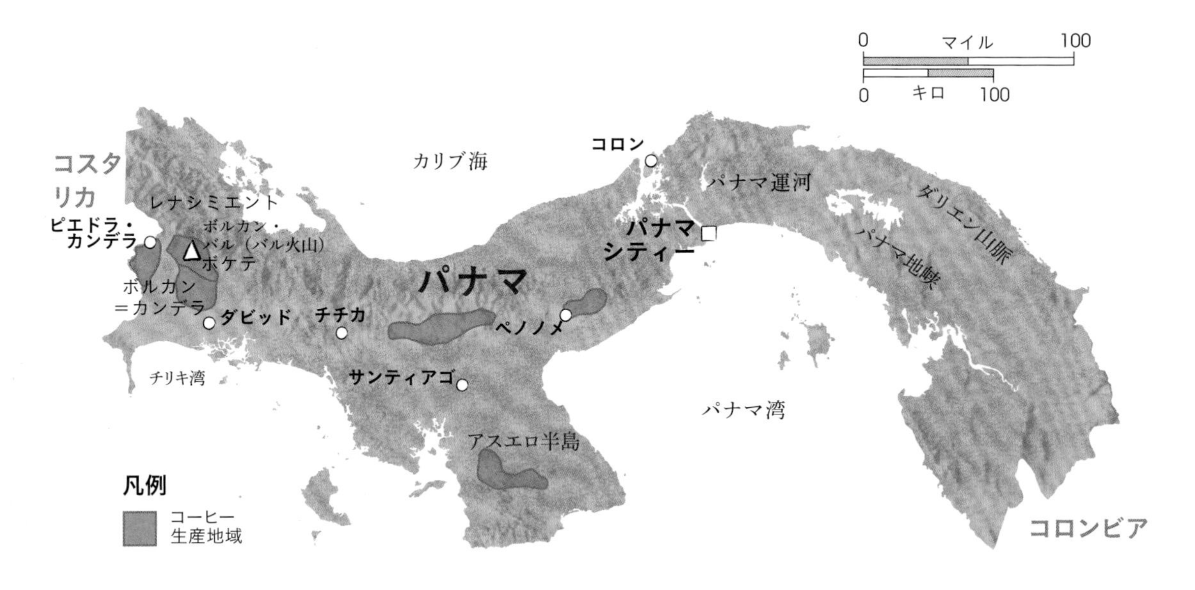

かけたのだ。エスメラルダ農園は、ゲイシャ（P24参照）と呼ばれる独特な品種を数年にわたって栽培していたが、この品評会によって多くの人に知られることとなった。エスメラルダ農園はこの品評会で、2004〜07年の4年連続と、2009年、2010年に優勝し、2013年には部門別で優勝した。このコーヒーは価格も記録破りで、初めて優勝した2004年には21米ドル／重量ポンドの価格を付け、2010年には170米ドル／重量ポンドまで上昇した。2013年には、ナチュラル精製された少量のロットが、350.25米ドル／重量ポンドの値を付けた。これは紛れもなく、単一の農園が生産したコーヒーとしては、世界最高の価格だった。

ジャコウネコのふんから採取する奇抜なコピ・ルアクや、ジャマイカのブルーマウンテンなど、非常に高価な他のコーヒーとは異なり、エスメラルダ農園のコーヒーは、純粋に高品質という理由で高値を達成した。ただし、高い需要や素晴らしいマーケティングがその一端を担ったことは、疑う余地がない。この記録的なコーヒーは、独特で極めてフローラル、そしてかんきつ系のフレーバーだが、ボディーは非常に軽くて紅茶のようだ。この特徴はゲイシャ種に起因している。

この農園の影響は、パナマにある農園と、ゲイシャを植えつけた中米の農園すべてで確認できる。多くの生産者にとって、この品種は高値を約束してくれるようなものだ。ゲイシャは通常、他品種よりも高値で販売されるため、高値が付くことはある程度、証明されているのだ。

トレーサビリティー

パナマにおけるトレーサビリティーは、レベルが高いと考えてよい。コーヒーの大半は特定の農園まで生産履歴をたどることができる。ある農園の個別のロットまで追跡できるのも珍しいことではなく、そのコーヒーの収穫後に行った精製方法や、コーヒーの明確な品種もわかる場合もある。

テイスティングノート

上質なコーヒーは、かんきつ系で花のような香りであることが多く、さっぱりとしていて、繊細で複雑なフレーバーだ。

生産地域

人口：405万8000人
生産量（1袋当たり60キロ、2013年）：
11万5000袋

パナマの生産地域は、地理的条件よりも販売方法で定義される。以前はもっと広い地域で栽培していた。下記の地域は狭くて密集している。

ボケテ

パナマで最も有名な産地。山がちな地形で、さまざまな局地的な気象条件が形成される。かなり冷涼な気候と頻繁に発生する霧により、コーヒーチェリーがゆっくりと成熟する。これは、標高の高い場所がもたらす効果に似ているとも考えられている。

標　高：400～1900メートル（1300～6200フィート）
収穫期：12月～3月
品　種：ティピカ、カトゥーラ、カトゥアイ、ブルボン、ゲイシャ、サン・ラモン

ボルカン＝カンデラ

パナマの食料生産の大半を支える地域で、魅力的なコーヒーも生産している。コスタリカと国境を接するボルカン・バル（バル火山）と、ピエドラ・カンデラ地区の名前から名付けられた。

標　高：1200～1600メートル（3900～5200フィート）
収穫期：12月～3月
品　種：ティピカ、カトゥーラ、カトゥアイ、ブルボン、ゲイシャ、サン・ラモン

レナシミエント

コスタリカと国境を接するチリキ県にある。かなり狭い地域で、スペシャルティコーヒーの主要生産地ではない。

標　高：1100～1500メートル（3600～4900フィート）
収穫期：12月～3月
品　種：ティピカ、カトゥーラ、カトゥアイ、ブルボン、ゲイシャ、サン・ラモン

左　ボルカン地区にある農園。この地域では見事なコーヒーを生産する農園が多い。

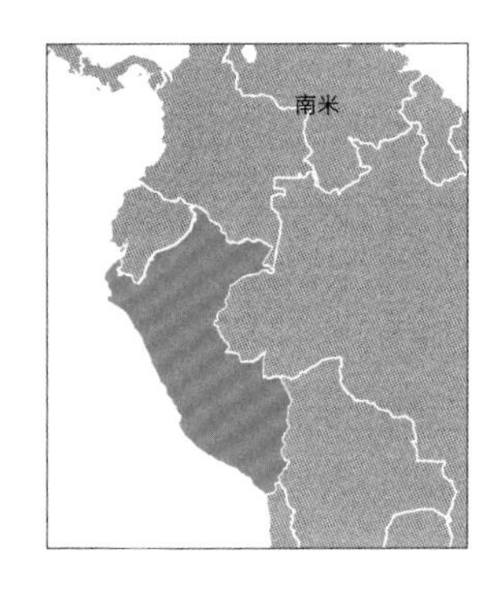

ペルー

コーヒーが初めてペルーに持ち込まれたのは、1740〜60年の間だ。当時ペルーの副王が、現在の国土よりも広い地域を統治していた。その気候は大規模なコーヒー生産に適していたが、初期の100年ほどの間に栽培されたコーヒーは、すべて国内で消費された。ドイツや英国に初めてコーヒーが輸出されたのは、1887年のことだ。

20世紀に入り、ペルー政府が英国政府からの貸し付けの債務不履行に陥り、返済代わりに、ペルー中部の200万ヘクタールの土地を英国に譲渡した。その4分の1は、コーヒーなどの作物を栽培している農園に引き渡された。高地から移住した労働者はそれらの農園で働き、なかには最終的に幾らかの土地を自己所有することになった人々もいた。その他の労働者は後に、ペルーを離れる英国人から土地を購入した。

1970年代、フアン・ベラスコ政権が制定した法律で成長が妨げられたのは、コーヒー産業にとって不運だった。また、国際コーヒー協定（ICA）がコーヒーの販売や価格をコントロールしていたため、インフラ整備の費用をほとんど捻出できなかった。国の支援が打ち切られると、コーヒー産業は混乱に陥った。コーヒーの品質とペルーの国際市場での地位は、ペルー共産党センデロ・ルミノソにより、打撃を受ける。センデロ・ルミノソのゲリラ活動により、作物は全滅し、農民は農園から追いやられた。

ペルーのコーヒー産業に残された空白地帯は、現在フェアトレードのようなNGOによって埋められている。現在、ペルーから輸出される多くのコーヒーはフェアトレード認証を受けている。また、多くの土地がコーヒーの栽培に充てられるようになり、その面積は1980年には6万2000ヘクタールだったものが、現在では9万5000ヘクタールにまで増え、世界でも有数のコーヒー生産国となった。

ただし、ペルーではいまだにインフラ整備が進まず、極めて上質なコーヒーを生産することへの障害となっている。農園の近くに位置する精製所はほとんどない。つまり、精製所までの運搬時間が必要となるため、コーヒーチェリーを収穫してから精製を始めるまでの時間が、理想よりも長くかかってしまうことになる。また一部のコーヒーは、輸出のために沿岸へ向かう途中で買い上げられ、他のコーヒーと交ぜて転売される。この国にある10万の小規模農家のうち約4分の1

が現在、農業協同組合の組合員だ。とはいえ、フェアトレード認証は、農業協同組合によって生産されたコーヒーにだけ適用できることを忘れてはならない。ペルーでは有機栽培の文化も根強いが、有機栽培によって、味わいの高いコーヒーが生まれることはめったにない。ペルーで生産される有機栽培のコーヒーは非常に安価なことが多く、高品質のコーヒーを生産しているかどうかにかかわらず、すべての農家に支払われる報酬が低くなる。

有機栽培と、ティピカ種が広く栽培されていることが原因で、ペルーではコーヒーサビ病が問題となりつつある。2013年の生産量は多かったが、サビ病の発生が深刻だったため、近い将来、生産量がかなり減るかもしれない。

テイスティングノート

一般に、ペルーのコーヒーは雑味がないが、若干柔らかく平坦な味だ。甘味があり、ボディーは比較的重いが、それほど複雑な味ではない。徐々に、みずみずしくて特徴のあるコーヒーが出回るようになってきている。

生産地域

人口：3115万2000人
生産量（1袋当たり60キロ、2016年）：
380万袋

下記の主な地域以外で生産されるコーヒーもあるが、量は少なく、認知度も低い。ペルーは立地条件が良く、気候変動によって気温が上がったとしても対処できるとも言われている。標高が高い土地に恵まれているため、将来的にはコーヒー栽培に適した土地になるかもしれない。

カハマルカ

カハマルカは州都にちなんで名付けられたペルー北部の州で、アンデス山脈の最北端に広がっている。コーヒーの生産に適した赤道付近の気候と土壌から、恩恵を受けている。この地域の生産者はほとんどが小規模農家だが、しっかり組織化されていて、生産者組合に属していることが多い。組合は、技術援助や指導、資金の貸し付け、地域開発などの支援を行っている。この地域の組合であるセンフロカフェには1900もの農家が加入し、コーヒーの焙煎を普及させたり、農家の多角化を助けるために地元でカフェを運営したりしている。

標　高：900～2050メートル（3000～6750フィート）
収穫期：3月～9月
品　種：ブルボン、ティピカ、カトゥーラ、パチェ、ムンド・ノーボ、カトゥアイ、カティモール

フニン

ペルーのコーヒーの20～25%を生産している地域で、ここのコーヒーは熱帯雨林に囲まれて育つ。この一帯は1980年代～1990年代にゲリラ活動によって深刻な被害を受け、コーヒーの木を放置したために、植物の病気が広まった。コーヒー産業は1990年代後半に、ほとんど何もない状態から再始動せざるを得なかった。

標　高：1400～1900メートル（4600～6200フィート）
収穫期：3月～9月
品　種：ブルボン、ティピカ、カトゥーラ、パチェ、ムンド・ノーボ、カトゥアイ、カティモール

クスコ

ペルー南部に位置する地域。ここではコーヒーはある意味で合法的な農産物で、この地域で栽培される別の人気作物であるコカに代わるものだ。コーヒーの大半は大規模農園でなく、小規模農家が生産している。観光で栄えている地域でもあり、多くの観光客がマチュピチュを見に行く途中で、クスコ市内を観光する。

標　高：1200～1900メートル（3900～6200フィート）
収穫期：3月～9月
品　種：ブルボン、ティピカ、カトゥーラ、パチェ、ムンド・ノーボ、カトゥアイ、カティモール

サン・マルティン

アンデス山脈の東側にある地域で、多くの農家が5～10ヘクタールの土地でコーヒーを生産している。かつてはコカ生産の主要地域だったが、現在は地域の農業協同組合が、コーヒーやカカオ、蜂蜜など他の作物を栽培することで、農業の多様化を推進しようとしている。近年、この地域での貧困レベルは、人口の70%から31%へと劇的に低下した。

標　高：1100～2000メートル（3600～6600f）
収穫期：3月～9月
品　種：ブルボン、ティピカ、カトゥーラ、パチェ、ムンド・ノーボ、カトゥアイ、カティモール

ペルーはインフラ整備が不十分で、優れた品質のコーヒーを生産する妨げになっている。配送や収穫したコーヒーチェリーの精選処理は遅れがちで、精製所は農園から何キロも離れた所にしかない。

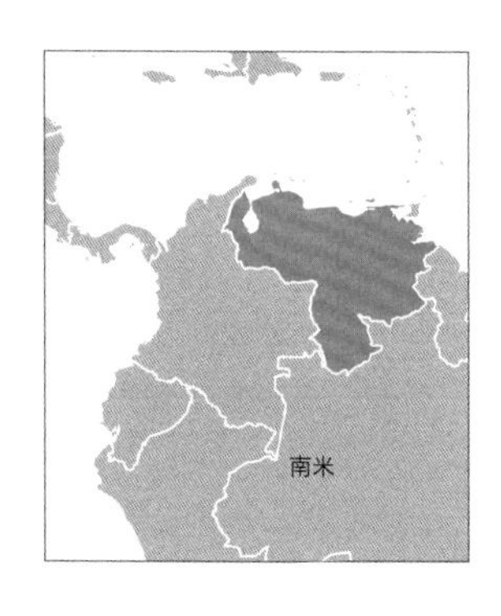

ベネズエラ

1730年頃、ホセ・グミラという名のイエズス会の神父がベネズエラにコーヒーを伝えたと、広く信じられている。ベネズエラは、奴隷労働によって支えられていたタバコやカカオの農場で知られるが、1793年頃には大きなコーヒー農園もあったという証拠がある。1800年頃から、コーヒーはベネズエラ経済において、ますます重要な役割を果たすようになった。

1811～23年のベネズエラ独立戦争の間、カカオの生産量は減少しはじめたが、コーヒーの生産量は急増した。この国初のコーヒーブームは1830～55年で、当時、ベネズエラは世界のコーヒーの約3分の1を生産していた。コーヒーの生産量は伸びつづけ、1919年にピークを迎えたときには、輸出総数は137万袋だった。コーヒーとカカオを合わせると、国の総輸出収入の75%を占めていたのだ。コーヒーの大半は米国に輸出された。

1920年代に、ベネズエラの経済は石油に依存するよう

下：ベネズエラのコーヒー生産は、20 世紀初頭には盛んだったが、現在ではコーヒーの木自体が減ってしまい、政治の混乱や農業従事者の賃金が低いことなどから、コーヒー生産が妨げられている。

になったが、コーヒーはよい収入源でありつづけた。収益のほとんどは国のインフラ整備に使われたが、1930年代にコーヒー価格が下落し、コーヒー産業とインフラ整備はそのあおりを受けた。この時期、公用地で農場労働者がコーヒーを栽培する権利の大半を奪うなどして、コーヒー産業を民営化する動きが見られた。

この時期以降、ベネズエラは石油製品と他の鉱物の輸出に依存している。コーヒーの生産量と輸出量は、コロンビアの生産量にほぼ匹敵するほど高いままだったが、ウーゴ・チャベス政権下でそれは変わった。2003年、政府はコーヒー生産に厳しい規制を導入したが、国内消費分はニカラグアやブラジルからの輸入コーヒーに頼らざるを得なくなった。ベネズエラは1992〜93年にはコーヒー47万9000袋を輸出していたが、2009〜10年には1万9000袋まで減少。政府が設定した販売価格は生産コストをかなり下回っていて、コーヒー産業に損害を与えた。チャベスの死でこの状況がどう変わるのか、予測は難しい。

トレーサビリティー

ベネズエラから輸出されるコーヒーは多くなく、高品質のベネズエラのコーヒーを見かけることはめったにない。農園まで生産履歴を遡ることができるものもあるはずだが、地域名が表記されているコーヒーを見かけることのほうが多い。概して、標高の低さと、カップに注いだときのコーヒーの味わいへ関心が向いていないことから、信頼できる焙煎者に提供された場合に限り、ベネズエラのコーヒーを試してみよう。

テイスティングノート

ベネズエラ産の良質なコーヒーはかなり甘味が強く、酸味は弱く、口当たりと舌触りは比較的芳醇(ほうじゅん)だ。

生産地域

人口：3177万5000人
生産量（1袋当たり60キロ、2016年）：40万袋

ベネズエラ産のコーヒーは、現在かなり珍しい。将来的にこの状況が変わることが望まれるが、近い将来には変化がありそうにない。

西部地域

ベネズエラのコーヒーの大部分が生産される地域。この地域に含まれるタチラ州、メリダ州、スリダ州といった州名が記された輸出用コーヒーが見つかるだろう。この地域のコーヒーと、隣国のコロンビアのコーヒーを比較する人もいる。

標　高：1000〜1200メートル（3300〜3900フィート）
収穫期：9月〜3月
品　種：ティピカ、ブルボン、ムンド・ノーボ、カトゥーラ

中西部地域

ベネズエラの主要なコーヒー生産地域であるポルトゥゲサ州やララ州、ファルコン州やヤラクイ州を含む地域。ベネズエラで最高品質のコーヒーは、比較的コロンビアとの国境に近い、この地域で産出されたものだと考えられる。これらのコーヒーは通常、コーヒーが輸出される港の名前にちなんで、マラカイボスと呼ばれる。

標　高：1000〜1200メートル（3300〜3900フィート）
収穫期：9月〜3月
品　種：ティピカ、ブルボン、ムンド・ノーボ、カトゥーラ

中北部地域

少量だが、この地域にあるアラグア州、カラボボ州、連邦政府直轄領、ミランダ州、コヘデス州、グアリコ州でコーヒーが生産されている。

標　高：1000〜1200メートル（3300〜3900フィート）
収穫期：9月〜3月
品　種：ティピカ、ブルボン、ムンド・ノーボ、カトゥーラ

東部地域

この地域には、スクレ州、モナガス州、アンソアテギ州、ボリバル州がある。この地域で生産された、カラカスというコーヒーを見つけることができるかもしれない。

標　高：1000〜1200メートル（3300〜3900フィート）
収穫期：9月〜3月
品　種：ティピカ、ブルボン、ムンド・ノーボ、カトゥーラ

用語集

浅煎り　酸味とフルーティな香味を保つような方法で焙煎されたコーヒー。この用語は、明るい茶色のコーヒー豆を指す。

アラビカ種　アラビカコーヒーノキの略称。最も広く栽培されているコーヒーの木の品種。ロブスタ種や、一般的に栽培されている他の品種より品質が優れていると見なされている。

ウェットミル　→ウォッシングステーションの項参照

ウォッシュト　コーヒーチェリーを押しつぶし、コーヒー豆を押し出す収穫後の精製方法。その後コーヒー豆に付着している、粘着性のミュシレージを分解するために豆を発酵させる。それから、水で洗いコーヒーをゆっくりと注意深く乾燥させる。

ウォッシングステーション　コーヒーチェリーが持ち込まれ、さまざまな収穫後の処理法を用いて、乾燥したパーチメントコーヒーができるまでの処理を行う設備。

臼歯式ミル　通常は金属でできた、ギザギザ付きの2枚の円盤があり、コーヒー粉を思い通りの粒度に調整できる、コーヒーミル。

香り成分　コーヒー豆を挽いたり、コーヒーを淹れたりするときの香りの原因となるコーヒー内部の化合物。

過抽出　コーヒーを淹れるときに、望ましい量よりも多くの溶解性の物質を抽出することを言う。その結果、苦く不快な、好ましくないコーヒーができる。

カッピング　コーヒー業界で、プロのテイスターによって用いられる、コーヒーを淹れ、においを嗅ぎ、味わう工程。

カップ・オブ・エクセレンス　ある国で産出された高品質のコーヒーを見つけ、評価し、格付けするために創設された品評会。上位に入賞したコーヒーは、国際的なインターネットオークション制度で販売される。COEと略される。

口当たり　コーヒーを飲んだときの、舌触りや触感の質を表現するのに使われる用語。紅茶のように軽いものから、芳醇でクリーミーなものまで多岐にわたる。

クレマ　高圧で淹れることによって、エスプレッソの表面にできる茶色の泡の層。

欠点豆　好ましくない味の原因となる、コーヒー豆の欠陥。

国際コーヒー協定　1962年に初めて調印された、多くのコーヒー生産国と幾つかの輸入国の間の割当制度。世界市場での需要と供給の変動を防ぎ、価格を安定させるために導入された。

コーヒーチェリー　コーヒーの果実のこと。チェリーやベリーとも呼ばれる。コーヒーチェリーの中には通常、2つの種子が入っていて、この種子がコーヒー豆である。

コーヒーの濃さ　この用語は、1杯のコーヒーにどれくらいのコーヒーが溶け出しているかを示す。一般的に1杯のコーヒーには1.3～1.5%のコーヒーが溶け出していて、残りは湯だ。エスプレッソの場合、溶け出しているコーヒーの割合は8～12%近くになるかもしれない。

コモディティコーヒー　トレーサビリティーが重要でも明確でもなく、その品質に特別な価値のないコーヒーのこと。

在来種　長年伝統的に栽培されてきたコーヒー品種。

サビ病　コーヒーの木の葉を、オレンジまたは茶色にする菌で、葉を駄目にし、木を枯死させる。

サビ病耐性品種　木の葉を弱らせ、最終的には枯死させるサビ病、または「ロヤ」と呼ばれる菌に耐性のある、アラビカとロブスタの品種。

Cプライス　株式市場で取引されるコモディティコーヒーの価格。この価格がコーヒーの取引における基準価格と見なされる。

しごき収穫　摘む人が1回の動作ですべてのチェリーを摘み取るために、手を枝の下の方へ動かす収穫のやり方。素早く摘み取ることができるが、未熟豆も熟した実と一緒に収穫されるので、後でチェリーを選別する必要がある。

自然乾燥式　→ナチュラルの項参照

小規模農家　小さな土地を所有し、コーヒーを栽培する生産者。

シルバースキン　コーヒー豆にくっついている非常に薄くて紙のような層。「チャフ」と呼ばれ、焙煎している間に剥がれる。

水洗式　→ウォッシュトの項参照

スクリーンサイズ　コーヒー豆は、さまざまな大きさの穴のある大きなふるいを使って、大きさによって選別される。これはコーヒーが輸出される前の、格付け過程の一部である。

スペシャルティコーヒー市場　品質と香味に基づいて取引されるコーヒーの市場。この言葉は、生産者、輸出入業者、焙煎業者、カフェ、消費者といった、この産業のあらゆる面を含む。

スマトラ式　インドネシアで一般的な収穫後の精製方法。コーヒーを、水分量が多い状態のままパーチメントの層から脱殻し、その後乾燥させる。この精製方法は、コーヒーのフレーバーに特有の土っぽい臭いをもたらす。→パルプドナチュラルの項参照

スローロースト　ゆっくりと緩やかに焙煎する工程。一般的にできるだけコーヒーをおいしく味わう方法を探している人々がこの方法で焙煎する。焙煎機と技術によるが、1回の焙煎に10～20分を要する。

セミウォッシュト　→パルプドナチュラルの項参照

ダイヤルイン　コーヒーの味を良くし、適切に抽出されるようにエスプレッソ用のミルを調整する工程。

タンピング　エスプレッソを作るときに、高圧で淹れる前にコーヒー粉を均等で平らにするために押す工程。これで均等にエスプレッソを淹れることができる。

抽出　コーヒーを淹れること。コーヒー粉と湯の比率が

重要になる。

抽出時間　コーヒーを淹れるときに、湯がコーヒーと接触する時間の合計。

抽出比率　抽出時に使用するコーヒー粉と湯の比率。

ティピカ種　最も古いアラビカ種の品種で、コマーシャルコーヒーの生産に用いられる。

テロワール　ある地域の地形や土壌と気候がコーヒーの味に与える、複合的な効果。

ドライミル　輸出の準備のために、パーチメントコーヒーの脱殻、選別、格付けをする設備。

トレーサビリティー　コーヒーの生産履歴の透明性。あるコーヒーロットを誰が生産、加工したのかを正確に知ることができる。

ナチュラル　コーヒー豆を摘み取り、その後チェリー全体が乾燥するまで注意深く天日で乾燥させる、収穫後の精製方式。自然乾燥式とも。

生豆（なままめ）　生で冷凍していないコーヒーのことを指す。コーヒーはこの状態で国際的に取引される。

寝かせる　「レスティング」とも呼ばれ、脱殻されて格付けされ輸出される前に、生豆がパーチメントに収まったままの状態の期間を表す。コーヒー豆の中の水分を安定させるのに重要な工程だと考えられている。

農業協同組合　相互の利益のために一緒に仕事をする農業経営者の集団のこと。

パーチメント　コーヒー豆の周りの薄い保護層。輸出する前に取り除かれる。

パーチメントコーヒー　収穫され精製処理されたコーヒーだが、コーヒー豆の周りの、薄い層がついたままのもの。この保護層は、コーヒーが輸出される前に品質が低下するのを防ぐ。

ハニープロセス　パルプドナチュラルに似た、収穫後の精製方法。コーヒー豆は実から押し出されるが、量にむらのあるミュシレージは、乾燥させる間残したままにする。

パルプドナチュラル　パティオや乾燥棚で乾燥する前に、実から機械でコーヒー豆を押し出す収穫後の精製方式。

ピーベリー　コーヒーチェリーの中の種子が２つではなく、１つの種子が形成されたものを指すのに使われる用語。

ファストロースト　コーヒーを通常５分以内という非常に短い時間で焙煎する、商業的な技術。インスタントコーヒーまたはソリュブル・コーヒーを作る工程の一部。

フェアトレード運動　コーヒーの農業協同組合に、彼らのコーヒーに対して割増金と最低金額を保証するとともに、認証を与え、利益を与えようとしている団体。

深煎り　豆の表面に油脂が出て、豆がこげ茶色になるまで、時間をかけて焙煎したコーヒー。

フリーウォッシュト　コーヒー豆を実から押し出し、乾燥させる前に発酵させ洗浄する、収穫後の精製方式。

ベリーボーラー　実の中に穴を掘って実の内側を食べる、コーヒー作物に害を与える害虫。

ポテト臭　東アフリカの一部の地域でよく見られる欠陥で、コーヒー豆を挽いたり、コーヒーを淹れたりするときに、ある１粒の豆が強いポテトの皮の臭いを発生することによって引き起こされる。

マイクロフォーム　ミルクが適切に蒸気処理されたときにできる小さな泡。

マイクロロット　１つの農場、または生産者グループが生産したコーヒーで、10袋以下ものを指す（1袋の重さは60キロまたは69キロ）。

ミエルプロセス　→ハニープロセスの項参照

未抽出　コーヒーを淹れる過程で、コーヒー粉の望ましい可溶物のすべてが溶けなかったときに起こる。酸味があり渋いコーヒーができる。

蒸らし　ドリップで淹れるときにはまず、抽出を始めるために、コーヒーに少量のお湯を注ぐ。コーヒー粉に湯がしみこむと、コーヒー粉が膨らむので、この工程は「ブルーム（開花）」と呼ばれる。

モンスーン処理　インドのマラバール海岸沿いで収穫されたコーヒー豆を、３～４カ月間モンスーンの雨にさらすことで、酸味を失わせるようにする処理。

ラテアート　エスプレッソにフォームドミルクを注意深く注いで作る模様。

粒度　コーヒー粉の粒の大きさ。より細かく、より小さい粒になるほど、コーヒーのフレーバーを抽出しやすくなる。

ロット　何らかの選別過程を経た、明確な分量のコーヒー。

ロブスタ種　商業的に生産される主な２つのコーヒーの品種のうちの１つで、ロブスタ種はアラビカ種よりも低品質だと見なされるが、ロブスタ種の方が低地でも栽培するのが簡単であり、害虫や病気にも抵抗力がある。

索引

サ行

タ行

ナ行

ハ行

マ行

ヤ行

ラ行

写真・図版クレジット

Alamy Stock Photo Chronicle 129; F. Jack Jackson 192; Gillian Lloyd 154; hemis/Franck Guiziou 94-95; Image Source 62-63; imageBROKER/Michael Runkel 174; Jan Butchofsky 176-177; Jon Bower Philippines 178; Joshua Roper 212; Len Collection 236; mediacolor's 244-245; Phil Borges/Danita Delimont 220; Philip Scalia 228-229; Stefano Paterna 226-227; Vespasian 23; WorldFoto 138.
Blacksmith Coffee Roastery/www.BlacksmithCoffee.com 24l.
Corbis 2/Philippe Colombi/Ocean 253; Arne Hodalic 102; Bettmann 8; David Evans/National Geographic Society 201, 202; Frederic Soltan/Sygma 104; Gideon Mendel 32b; Ian Cumming/Design Pics 246; Jack Kurtz/ZUMA Press 250-251; Jane Sweeney/JAI 18; Janet Jarman 252; Juan Carlos Ulate/Reuters 210, 213, 214-215; KHAM/Reuters 188-189; Kicka Witte/Design Pics 241; Michael Hanson/National Geographic Society 134-135; Mohamed Al-Sayaghi/Reuters 191; Monty Rakusen/cultura 46; NOOR KHAMIS/Reuters 142; Pablo Corral V 262; Reuters/Henry Romero 32a; Rick D'Elia 147; Stringer/Mexico/Reuters 248; Swim Ink 2, LLC 116; Yuriko Nakao/Reuters 239.
Dreamstime.com Luriya Chinwan 163; Phanuphong Thepnin 184; Sasi Ponchaisang 182.
Enrico Maltoni 97, 98.
Getty Images Alex Dellow 48-49; B. Anthony Stewart/National Geographic 110; Bloomberg via Getty Images 26, 166-167; Brian Doben 256-257; Bruce Block 152; Dimas Ardian/Bloomberg via Getty Images 170-171; Frederic Coubet 136; Gamma-Keystone via Getty Images 42; Glow Images, Inc. 29a; Harrriet Bailey/EyeEm 51; Ian Sanderson 6; Imagno 50; In Pictures Ltd./Corbis via Getty Images 157; Jane Sweeney 20; John Coletti 29b; Jon Spaull 218-219; Jonathan Torgovnik 156; Juan Carlos/Bloomberg via Getty Images 223, 224-225; Kelley Miller 16b; Kurt Hutton 106-107; Livia Corona 205; Luis Acosta/AFP 206-207; Mac99 260-261; MCT via Getty Images 38; Melissa Tse 173; Michael Boyny 197; Michael Mahovlich 30, 230, 233; Mint Images 68; Mint Images RF 66; National Geographic/Sam Abell 169; Philippe Bourseiller 140-141; Philippe Lissac/GODONG 133; Piti A Sahakorn/LightRocket via Getty Images 183; Polly Thomas 247; Prashanth Vishwanathan/Bloomberg via Getty Images 154; Ryan Lane 55; SambaPhoto/Ricardo de Vicq 16a; SSPL via Getty Images 13; Stephen Shaver/Bloomberg via Getty Images 187; STR/AFP 217; TED ALJIBE/AFP 181; WIN-Initiative 242.
Gilberto Baraona 25r.
James Hoffmann 36.
Lineair Fotoarchief Ron Giling 125.
Mary Evans Picture Library INTERFOTO/Bildarchiv Hansmann 58.
Nature Picture Library Gary John Norman 158-159c.
Panos Sven Torfinn 148-149; Thierry Bresillon/Godong 126-127; Tim Dirven 128, 130.
REX Shutterstock Florian Kopp/imageBROKER 237; Imaginechina 162.
Robert Harding Picture Library Arjen Van De Merwe/Still Pictures 144-145.
Shutterstock Alfredo Maiquez 255; Anawat Sudchanham 221; Athirati 28; ntdanai 17; Stasis Photo 16c; trappy76 14.
SuperStock imagebroker.net 151.
Sweet Maria's 234-235.
Thinkstock iStock/OllieChanter 72-73; iStock/Paul Marshman 158l.

謝辞

リサーチ担当：ベン・ソーボディー
リサーチ協力、翻訳、応援：アリシア・ラッド

リック・ラインハートとピーター・ジュリアーノは多大なる時間と知恵を惜しみなく与えてくれた。
スクエア・マイル・コーヒー・ロースターの過去、そして現在のスタッフ全員は、絶えず私を勇気づけ、支えてくれた。

本書は、私の家族に捧げる。

ビジュアル　スペシャルティコーヒー大事典
2nd Edition　普及版

2024年1月9日　第1版1刷

著者　ジェームズ・ホフマン
日本語版監修　丸山 健太郎
訳者　宇井 昭彦　内田 貴子　大西 祐子
清永 香菜　内藤 千華子　中嶋 慈
矢崎 美香　依田 純子　大島 聡子
編集　尾崎 憲和　長友 真理
装丁　汐月 陽一郎　堀越 友美子
保高 千晶（chocolate.）
制作　朝日メディアインターナショナル

発行者　滝山 晋
発行　株式会社日経ナショナル ジオグラフィック
〒105-8308　東京都港区虎ノ門4-3-12
発売　株式会社日経BPマーケティング

ISBN978-4-86313-591-8
Printed and bound in China

乱丁・落丁本のお取替えは、こちらまでご連絡ください。
https://nkbp.jp/ngbook